《设计工程师丛书》编委会

主　　任：　王景先　盛选禹

副 主 任：　孙江宏　张　欣　罗云启　李名雪

委　　员：　(排名不分先后)

设计工程师丛书

Pro/ENGINEER Wildfire 4.0 基础与实例教程

田 彧 主编

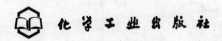

化学工业出版社

·北 京·

内 容 提 要

Pro/ENGINEER 是一套使用参数化特征造型技术的大型 CAD/CAM/CAE 集成软件。具有造型设计、零件设计、装配设计、二维工程图绘制、结构分析、运动仿真、模具设计、钣金设计、管路设计、数控加工和数据库管理等功能。本书以其最新版本 Pro/ENGINEER Wildfire 4.0 为蓝本进行编写。

本书是"设计工程师丛书"系列之一，以"轻松上手"和"实例为主"为编写理念，全面系统地介绍了 Pro/ENGINEER Wildfire 4.0 的基本操作方法和技巧。具体内容包括：Pro/ENGINEER 简介，Pro/ENGINEER 的基本操作，草绘，基准特征，基础实体特征，工程特征，基本曲面特征，特征的基本操作，设计变更工具，零件装配，工程图基础，尺寸标注与公差表示，图框、表格与模板，结构/热力分析，机构/运动分析，钣金设计与应用和综合实例等。本书前面每章都有典型性和实用性强的实例，最后一章是综合性的实例，以帮助读者提高实际设计能力。为了方便读者的学习，本书配套光盘中提供了本书所有范例的源文件和结果文件。

本书内容全面、结构合理、实例丰富，适合于初、中级用户使用。本书可作为工科院校相关专业学生的教材或自学参考书，也可作为各种培训班的培训教材，并可供从事 CAD/CAM/CAE 相关工作的工程技术人员参考。

图书在版编目(CIP)数据

Pro/ENGINEER Wildfire 4.0 基础与实例教程 / 田彧主
编. —北京：化学工业出版社，2009.1
(设计工程师丛书)
ISBN 978-7-122-03989-7
ISBN 978-7-89472-008-5(光盘)

Ⅰ. P… Ⅱ. 田… Ⅲ. 机械设计：计算机辅助设计-应
用软件，Pro/ENGINEER Wildfire 4.0-教材 Ⅳ. TH122

中国版本图书馆 CIP 数据核字(2008)第 164371 号

责任编辑：王思慧　　　　　　　　　　　　　装帧设计：尹琳琳

出版发行：化学工业出版社(北京市东城区青年湖南街 13 号　邮政编码 100011)
印　　装：化学工业出版社印刷厂
787mm×1092mm　1/16　印张 25¾　字数 613 千字　2009 年 1 月北京第 1 版第 1 次印刷

购书咨询：010-64518888(传真：010-64519686)　　售后服务：010-64518899
网　　址：http://www.cip.com.cn
凡购买本书，如有缺损质量问题，本社销售中心负责调换。

定　　价：49.00 元(含 1CD)

丛 书 序

近年来全球经济特别是我国经济在飞速发展，找到一份知识和技术含量不太高的工作可能不是什么难事。但是，要找到一份知识和技术含量都比较高的工作，就比较困难。许多人因此必须学习更多的东西，来提升自己的竞争力。面对社会的需求、知识的更新和就业的压力，不同类型、不同行业的人们都迫切需要掌握一种技能。其中最受重视的，除了英语及文字处理能力之外，设计(包括工业设计、平面设计、造型设计、结构设计和运动仿真等)和制造领域的计算机应用有日渐重要的趋势。随着计算机的出现及不断的更新换代，计算机辅助设计和制造软件也如雨后春笋般涌现出来，熟练地掌握这些软件是找到一份相关专业工作的必不可少的条件，也是现代社会真正成为一个设计工程师的基本要求。

《设计工程师丛书》是一套指导读者快速掌握现今流行设计和制造软件使用的基础与实例教程丛书。在教会读者学会每个软件的基本功能和基本操作的基础上，每章都通过典型实例对本章所学内容作一个概括性的总结，并在每本书的最后通过一些精彩的实例训练提高读者全面、综合运用软件的能力，让读者学以致用，真正对所学软件做到融会贯通并熟练掌握。

一、软件领域

设计和制造领域的软件种类繁多，包括二维平面设计软件、三维造型与动画设计软件、CAD/CAM/CAE 软件以及电子设计自动化软件等。本丛书所精选的设计软件皆为国内外著名软件公司的知名产品，也是当今国内应用较为广泛、流行的软件。

二、版本选择

本丛书对于软件版本的选择原则是：选用最新中文版或汉化版。本丛书在版本上紧紧把握更新的步调，力求使推出的图书采用软件最新版本，充分保证图书的技术先进性；对于兼有中西文版本的软件，选用中文版或者汉化版，若个别软件汉化不彻底，则在英文名后的括号中附注中文名，以尽力满足国内读者的需要。

三、读者定位

本丛书明确定位于初、中级水平的读者。初级水平的读者可以通过使用本丛书所述的软件，快速入门；中级水平的读者可以通过学习书中介绍的典型实例和精彩综合实例训练踏上一个新的台阶，达到掌握、熟练和应用自如的目的，以提高读者的综合应用能力。

四、内容设计

本丛书以"轻松上手"和"实例为主"为编写理念。要求内容完整、实用、结构合理、通俗易懂，给出的实例具有代表性和实用性，让读者学以致用，触类旁通，让读者用最短的时间掌握软件的基本操作方法和技巧并能解决设计中遇到的实际问题。

- 内容全——书中对软件的介绍较为完整，重点讲解了其实用模块的功能。
- 实例多——每章都有经典和实用性很强的实例，以培养读者的实际设计能力。
- 结构合理——全书内容由浅入深，切实考虑培训学员和自学读者的要求，合理地安排章节顺序和内容。
- 配书光盘——每本书都配有随书光盘，根据软件不同随书光盘的内容也不同，主要包括实例源文件、素材文件、结果文件和习题答案等，个别图书附有试用版软件。

五、风格特色

在全面分析了过去和现在销量排名靠前图书的特点的基础上，本丛书力求文字精炼、版式和装帧统一，以方便读者的学习。另外，书中还特别设计了一些特色段落，或者引起读者的注意，或者对难点内容有进一步的提示，或者指出一些快捷的方法，或者精心设计一些典型实例。

- 提示—— 提示某些知识点比较难以掌握、容易混淆，让读者多加注意和练习、仔细领会、重点掌握。
- 注意—— 提醒操作中应注意的有关事项，避免错误的发生，让读者在实际操作和设计中少犯错误。
- 技巧—— 指点一些快捷方法、绝招高招，让读者事半功倍，技高一筹。
- 例题—— 精心设计各种操作练习，让读者边学边用、轻松上手、融会贯通。

六、创作团队

本丛书的作者由北京各高校与设计单位的中青年教师和工程师组成，这些作者具有数十年教学和设计经验，是目前国内在其相应领域的佼佼者。这些高校和设计单位包括清华大学、北京航空航天大学、北京理工大学、北京信息科技大学、北京建工学院、解放军装甲兵工程学院、汉王科技股份有限公司和英国路径公司北京代表处等。

经过数月的精心策划、创作和编辑，本丛书将陆续与读者见面。尽管这些书的出版倾注了许多人的心血，但疏漏和不足之处在所难免，请读者提出宝贵意见，以便我们对本丛书进行进一步完善、充实和提高。

《设计工程师丛书》编委会

前　言

1. Pro/ENGINEER 软件介绍

Pro/ENGINEER（简称 Pro/E）是美国 PTC 公司于 1988 年推出的参数化建模软件，历经十几年的发展和完善，现已成为世界上最普及的三维 CAD/CAM 软件，被广泛应用于航空航天、机械、电子、汽车、家电、玩具等各行各业中。Pro/ENGINEER 功能强大，囊括了零件设计、产品装配、模具开发、NC 加工、钣金件设计、铸造件设计、造型设计、自动量测、机构仿真设计、应力分析和数据库管理等多种功能。它的出现改变了传统的 CAD/CAM 作业方式，参数化设计及全关联性数据库使产品的设计变得更加容易，大大缩短了用户开发新产品的时间。

2. 本书导读

本书是"设计工程师系列丛书"中的《Pro/ENGINEER Wildfire 4.0 基础与实例教程》，具体内容如下。

第 1 章～第 2 章为 Pro/ENGINEER 基础，介绍 Pro/ENGINEER 参数式设计的特性，Pro/ENGINEER Wildfire 4.0 的新功能、安装方法、工作界面及基本操作方法。

第 3 章～第 9 章介绍零件设计，包括二维截面草绘、基准的建立、基础实体特征的创建、工程特征的创建、基本曲面特征的创建、特征的基本操作及设计变更的方法。

第 10 章介绍装配设计，包括装配环境及装配约束的介绍、装配体的创建、分解视图的创建及装配体的干涉分析。

第 11 章～第 13 章介绍工程图设计，包括工程图配置文件的设置、视图种类和创建方法、视图的编辑、尺寸标注和公差表示、工程图模板文件和格式文件的设计。

第 14 章～第 15 章介绍结构/热力分析、机构/运动分析。

第 16 章介绍钣金件设计，包括钣金件基本特征、辅助特征及转换特征的创建。

第 17 章为综合实例，通过实战来练习和巩固所学内容，并进一步体会利用 Pro/ENGINEER 软件从建立零件模型、装配模型、工程图文件到结构/热力分析、机构/运动分析的产品设计全过程。

3. 本书特点

本书具有如下特点。

- 内容全——本书包含 Pro/ENGINEER 软件的最完整和最实用的功能模块，适合作为自学或培训教程。
- 实例多——基本上每章都有经典和实用性很强的实例，最后一章是综合性的实例，以帮助读者提高实际设计能力。

- 结构合理——全书内容由浅入深，切实考虑读者自学的要求，合理地安排章节顺序和内容。
- 配书光盘——本书配有随书光盘，包括实例源文件、素材文件、结果文件和系统配置文件等，以方便读者学习和练习。

本书定位于初、中级用户。初级用户可以通过使用本书系统学习 Pro/ENGINEER 的基础知识和基本操作，实现快速入门；中级用户可以通过学习本书介绍的典型实例和综合实例踏上一个新的台阶，达到熟练、应用自如的目的，以提高综合应用的能力。本书可作为工科院校相关专业学生的教材或自学参考书，也可供从事 CAD/CAM 的工程技术人员参考。

4. 本书约定

- 书中所有的中文屏幕项皆用【】括起来，以示区分。例如，【文件】→【保存】表示打开【文件】菜单，再选择【保存】命令。
- 在没有特别指明时，"单击"、"双击"和"拖动"表示用鼠标左键单击、双击和拖动，"右击"则表示用鼠标右键单击。

5. 编写分工

本书由田彧担任主编，第 1～2 章由田彧编写，第 3～9 章由贾明、赵山杉编写，第 10～17 章由钱钰博编写。参与编写和校核工作的还有连香姣、陈宝江、赫亮、刘建军、高振莉、窦蕴平、唐伯雁、田洪森、朱爱华、顾彬、赵林琳等。

由于编者水平有限，书中难免有不妥或疏漏之处，恳请广大读者批评指正。

编　者
2008 年 10 月

目　　录

第 1 章　Pro/ENGINEER 简介

为了使读者对 Pro/ENGINEER 有个总体的认识，帮助读者顺利入门，本章主要介绍 Pro/ENGINEER 的功用、特性，Pro/ENGINEER Wildfire 4.0 的新功能及安装方法。

1.1　Pro/ENGINEER 介绍

Pro/ENGINEER (简称 Pro/E) 是美国 PTC 公司于 1988 年推出的参数化建模软件，历经十几年的发展和完善，已经有了 20 多个升级版本，并且功能也延伸到 CAM 和 CAE 领域，成为多功能的 3D 软件，广泛应用于机械、电子、航空航天、汽车、家电和模具等各行各业。Pro/ENGINEER 功能强大，融合了零件设计、大型组件装配、模具加工、钣金件设计、铸造件设计、造型设计、自动量测、机构仿真设计、有限元分析、数据库管理、电缆布线以及印刷线路板设计等功能于一体。其中最擅长的是实体造型、加工以及大型组件装配、管理和模具结构设计，这些方面的应用在全球都得到普及并且拥有极大的优势。

1.2　Pro/ENGINEER 参数式设计的特性

Pro/ENGINEER 参数式设计的特性有以下几个方面。

1. 3D 实体模型

3D 实体模型除了可以将用户的设计概念以最真实的模型在计算机上呈现出来之外，用户可以随时计算出产品的体积、面积、质心、质量、惯性矩等，真实地了解产品，并补充传统的面结构、线框结构的不足。用户在产品设计的过程中，可以随时掌握以上重点，设计物理参数，减少许多人为计算时间。

2. 单一数据库

Pro/ENGINEER 可以随时由 3D 实体模型产生 2D 工程图，而且自动标注工程图尺寸。在 3D 实体模型或 2D 图纸上进行尺寸修正时，其相关的 2D 图纸或 3D 实体模型均自动修改，同时装配、制造等相关设计也会自动修改，以确保数据的正确性，并避免反复修正的耗时性。由于采用单一数据库，提供了所谓双向关联性的功能，这种功能也正符合了现代产业中所谓的同步工程观念。

3. 以特征为设计单位

Pro/ENGINEER 以最自然的思考方式从事设计工作，如钻孔、开槽、圆角等，均视为零件设计的基本特征，除了充分掌握设计概念之外，还在设计过程中导入实际的制造观念。也因为以特征作为设计的单元，因此可随时对特征进行合理、不违反几何关系的顺序调整、插入、删除和重新定义等修正操作。

4. 参数式设计

配合单一数据库，所有设计过程中所使用的尺寸(参数)都存在数据库中，修改 CAD 模型及工程图不再困难。设计者只需更改 3D 零件的尺寸，则 2D 工程图、3D 装配图和模具等立即依照尺寸的更改做几何形状的变化，以此来达到设计修改工作的一致性，避免发生人为改图的疏漏情况。由于有参数式的设计，用户可以运用强大的数学运算方式，创建各尺寸参数间的关系式，使得模型可以自动计算出应有的外形，避免尺寸逐一修改的繁琐费时，并减少错误的发生。

1.3 Pro/ENGINEER Wildfire 4.0 的新功能

Pro/ENGINEER Wildfire 4.0(野火版 4.0)是 PTC 公司推出的 Pro/ENGINEER 最新版本，它集成了 3D CAD/CAE/CAM 的解决方案，提供了许多令人兴奋的新功能。

1. 更快的设计速度

利用 Auto Round 可加快设计过程，简化重复性任务，并缩短在模型上创建倒圆角特征的时间。Pro/ENGINEER 通过分析选定的边，可创建优化的倒圆角特征序列。

2. 更智能的大型组件管理

利用自动内存管理功能可以快速地按需检索大型组件，以及自动为组件模型选择所需的详细级别。内存消耗量将减少 40%之多。此外，还改善了简化表示预览的可用性——新的参照查看器，活动元件的更清晰指示，以及任何元件的零件/组件替换。

3. 更快速的曲面编辑

在 Pro/ENGINEER Wildfire 4.0 中，可以更快速轻松地编辑曲面，只需选取曲面上的点，然后通过拖动鼠标来处理曲线和几何。曲面控制点编辑允许多分辨率编辑(在密集曲面上进行轻巧型编辑)、曲面平滑和可变连接过渡，以及在执行后续边界编辑后保留曲面编辑结果。

4. 新的和改进的导入数据实用程序

用更新的 PDF 和多个 CAD 版本更新(包括新的 Pro/ENGINEER 与 JT 的接口)提高旧数据或其他 CAD 数据的重用率。Import DataDoctor(IDD)能更快速地修复导入的几何图形，并提供修复过程的视觉反馈，利用新的特征识别套件，可以自动地将导入的几何图形转化为参数特征，例如孔、伸出项、倒圆角、倒角和阵列。

5. 令人惊叹的可视化

使用高级渲染功能让零件和组件模型变得栩栩如生，以展示照片般逼真的、品质惊人的模型。以下这几方面的改进可使用户在各种视觉环境下突显出模型的本质：基于图像的光照、天空光照、反射、房间快照、区域渲染和动态纹理位移。

6. 更智能的 3D 绘图

可提高设计信息的重用率，并提供可立即用于生产的绘图(在 3D 绘图中自动显示尺寸)。此外，通过视图管理器中的层状态控制、多种注释类型的编辑控制以及受限参数的列表化，能更轻松地组织绘图内容。还可以发布已保存的 3D 绘图视图，并在 ProductView 中访问这些视图。

7. 更强的 CAM 能力

NC 和模具设计方面的增强功能可简化和自动化将工程设计转变为制造过程的步骤。易于使用、功能强大的过程管理器工具(用于定义刀具路径)可优化刀具路径的创建和刀具的选择，最大限度地提高产品质量和制造速度。

8. 更好的 CAD 数据保护

Pro/ENGINEER 权限管理扩展可通过市场领先的数字权限管理功能来帮助保护用户的重要知识资产。在 Adobe LiveCycle Rights Management ES 的驱动下，Pro/ENGINEER 可使用户持久和动态地控制对 CAD 数据的访问，即使在已从安全的存储区中删除了此数据并将其分发给其他人之后也是如此。

9. 更快速的机电设计和协作

在 Pro/ENGINEER Wildfire 4.0 中，单击几下鼠标即可自动创建带状电缆。还可以减少电气设计师和机械设计师在变更设计时发生的常见错误。新的 Pro/ENGINEER ECAD-MCAD 协作扩展提供了业界最先进的协作功能。可以轻松地查看对 ECAD 和 MCAD 设计进行的增量变更，并提议、接受和拒绝变更。

10. 更快速的模型分析

新的 Pro/ENGINEER 公差分析扩展可使用户直接在设计环境中轻松地分析几何偏差和公差的叠加。利用 Pro/ENGINEER Mechanica，设计工程师可以轻松地访问先进的仿真功能。利用改善的报告和易于使用的结果比较功能，能够更快速地分析结果。Pro/ENGINEER Advanced Mechanica 还新增了对增加摩擦的组件和非线性、超弹性材料的支持。

1.4 Pro/ENGINEER Wildfire 4.0 的安装

1.4.1 推荐硬件配置

主机处理器：Pentium 4 以上(或同级，或可运行 Vista 的 CPU 等级)。

内存：至少 512MB，1GB 以上更佳。

显卡：最好选择专业显卡，至少也应选择 NV GF2 或 ATI 7500 以上的显卡。

硬盘：存取速度越快、容量越大越好。Pro/ENGINEER Wildfire 4.0 全部安装需要 3.2GB 的硬盘空间。

网卡：无特殊要求，但必须配置。

鼠标：三键鼠标或带滚轮的两键鼠标。

1.4.2 设置环境变量

为了使安装界面和 Pro/ENGINEER 工作界面显示中文画面，需要先修改环境变量。下面以 Windows XP 系统为例说明设置过程。

(1) 在桌面上单击【开始】按钮，在弹出的菜单中右击【我的电脑】，如图 1-1 所示。

(2) 在【系统属性】对话框中选择【高级】选项卡，然后单击【环境变量】按钮，如图 1-2 所示。

图 1-1 【开始】菜单

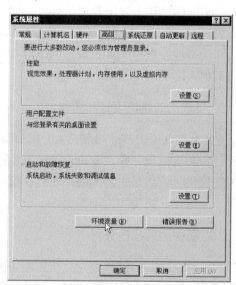

图 1-2 【系统属性】对话框

(3) 在弹出的【环境变量】对话框的【系统变量】选项区中单击【新建】按钮，如图 1-3 所示。

(4) 在弹出的【新建用户变量】对话框的【变量名】文本框中输入 "lang"，在【变量值】文本框中输入 "chs"，即语言为中文，如图 1-4 所示。

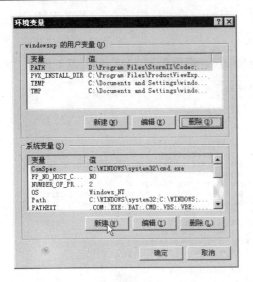

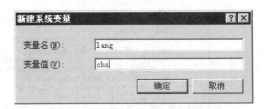

图 1-3 【环境变量】对话框   图 1-4 【新建用户变量】对话框

1.4.3 安装 Pro/ENGINEER Wildfire 4.0

Pro/ENGINEER Wildfire 4.0 在各种操作系统下的安装过程基本相同，下面以 Windows XP 系统为例说明其主体程序的安装过程。

（1）首先将许可证文件复制到计算机中的某个位置，如 C:\crack4.0f000\license.dat。

（2）将 Pro/ENGINEER Wildfire 4.0 的第 1 张安装光盘放入光驱内，并执行光盘根目录下的 setup.exe 文件，等待片刻后，会显示如图 1-5 所示的系统安装提示，提示正在启动安装文件。

（3）随后显示如图 1-6 所示的对话框，对话框左下方是当前计算机的网卡号。

图 1-5 系统安装提示   图 1-6 系统安装对话框

（4）将 license.dat 文件用记事本打开，如图 1-7 所示。将文件中所有的"YOUR_HOST_ID"替换成图 1-6 中的网卡号，然后保存文件备用。

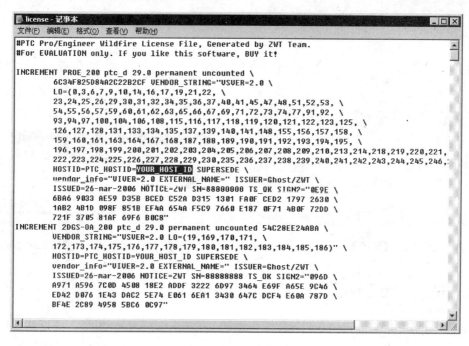

图 1-7　license.dat 文件

（5）在图 1-6 中单击【下一步】按钮，弹出如图 1-8 所示的对话框，勾选【接受许可证协议的条款和条件】复选框。

（6）单击【下一步】按钮，弹出如图 1-9 所示的对话框，单击【Pro/ENGINEER & Pro/ENGINEER Mechanica】，弹出如图 1-10 所示的对话框，选择 Pro/ENGINEER 安装目标文件夹及需要安装的模块和语言。

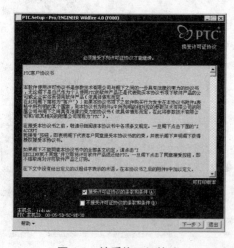

图 1-8　接受许可证协议

图 1-9　选择要安装的产品

（7）单击【Pro/ENGINEER Mechanica】下拉列表框，在弹出的列表中选择【安装所有子功能】选项，如图 1-11 所示。

图 1-10　定义安装组件　　　　　　　图 1-11　安装 Pro/ENGINEER Mechanica

（8）单击【下一步】按钮，弹出如图 1-12 所示的对话框。单击【添加】按钮，显示如图 1-13 所示的对话框，选择许可证类型。

图 1-12　指定许可证服务器　　　　　　　图 1-13　选择许可证类型

（9）点选【锁定的许可证文件(服务器未运行)】单选钮，然后单击【选取文件】按钮 ，弹出如图 1-14 所示的【选取文件】对话框。

（10）在菜单栏中选择【<工具>工具】→【向上一级】命令，如图 1-15 所示。重复此操作，直到找到 license.dat 文件，如图 1-16 所示。

（11）单击【打开】按钮，弹出如图 1-17 所示的【指定许可证服务器】对话框，显示许可证文件路径。

（12）单击【确定】按钮，弹出如图 1-18 所示的对话框，显示找到许可证文件。

（13）单击【下一步】按钮，弹出如图 1-19 所示的对话框，为 Pro/ENGINEER 启动命令创建程序快捷方式。

图 1-14　选取文件

图 1-15　查找文件

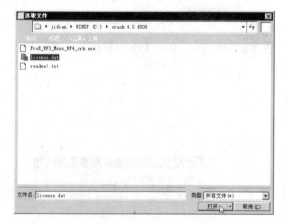

图 1-16　找到 license.dat 文件

图 1-17　显示许可证文件路径

图 1-18　找到许可证文件

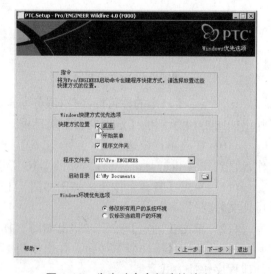

图 1-19　为启动命令创建快捷方式

（14）单击【下一步】按钮，弹出如图 1-20 所示的对话框，选择要执行的可选配置步骤。

（15）单击【安装】按钮，弹出如图 1-21 所示的对话框，开始安装。

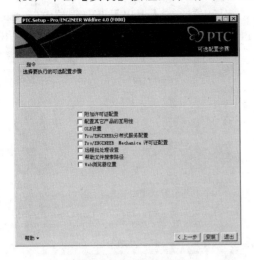

图 1-20　可选配置步骤　　　　　　　　　　图 1-21　安装进度

（16）安装到一定程度会显示如图 1-22 所示的【插入新光盘】对话框，提示插入第 2 张光盘，单击【浏览】按钮，弹出如图 1-23 所示的对话框。

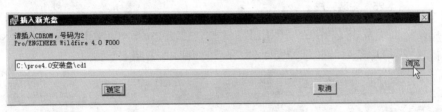

图 1-22　插入新光盘

（17）参照步骤(10)的操作，查找第 2 张光盘，直到显示如图 1-24 所示的对话框，单击【打开】按钮。

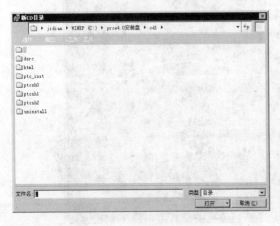

图 1-23　查找第二张光盘　　　　　　　　　图 1-24　找到第二张光盘

（18）单击图 1-22 中的【确定】按钮，系统继续安装。随后系统会依次提示插入第 3 张到第 5 张光盘，直到弹出如图 1-25 所示的对话框，表明安装完成。

（19）单击【下一步】按钮，弹出如图 1-9 所示的对话框，单击【退出】按钮，退出 PTC.setup。

（20）在 license.dat 文件所在的目录中找到 ProE_WF3_Mxxx_WF4_crk.exe 文件，双击该文件，等待片刻后显示如图 1-26 所示的对话框。

图 1-25　安装完成　　　　　　　　　　　　　　图 1-26　安装成功

（21）在桌面上双击【Pro/ENGINEER】图标，启动 Pro/ENGINEER 系统，显示如图 1-27 所示的窗口。等待片刻后，显示如图 1-28 所示的窗口，表明安装成功。

图 1-27　启动 Pro/ENGINEER

图 1-28　Pro/ENGINEER 启动完成

1.5　Pro/ENGINEER Wildfire 4.0 的工作界面

由于 Pro/ENGINEER 有许多模块，因此它是在多种工作模式下工作的。但是，在不同的工作模式下其工作界面的布置基本一致。图 1-29 展示了一个打开的零件设计窗口，下面将分类进行介绍。

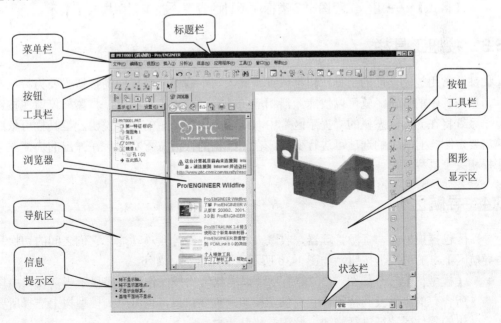

图 1-29　Pro/ENGINEER Wildfire 4.0 用户界面

1.5.1 标题栏

标题栏位于界面的最上方，功能与常用软件的标题栏基本相同。如图 1-29 所示，显示打开的文件名为"PRT0001"，■表示创建的文件是零件，"（活动的）"表示此窗口是激活的窗口。

1.5.2 菜单栏

菜单栏包括系统操作的所有选项，系统按照各个控制命令的性质分类，将其置于各个菜单中。在不同的工作模式下，主菜单也会有所不同，零件模式下的菜单形式如图 1-29 所示，其功能简述如下。

- 【文件】——用于管理设计模型文件。
- 【编辑】——用于编辑设计模型。
- 【视图】——用于控制系统和设计模型的显示模式。
- 【插入】——用于在设计模型中插入各种组成单元。
- 【分析】——用于对设计模型进行简单的数学分析。
- 【信息】——用于查阅设计模型的相关技术信息。
- 【应用程序】——用于标准模块与其他应用模块之间的转换。
- 【工具】——用于设置工作环境、快捷键等多项功能。
- 【窗口】——用于系统的窗口管理。
- 【帮助】——用于提供系统的各项帮助信息。
- 【草绘】——用于绘制截面图形或工程图，在草绘模式下显示。
- 【格式】——用于工程图中各类标注项目的设置，在工程图模式下显示。

1.5.3 按钮工具栏

大部分常用控制功能的工具按钮都放置于此，其中右侧工具栏中的按钮主要为特征操作工具，单击其中的按钮，就可以快速激活相应的功能。使用工具栏时，将鼠标停留在按钮图标上，系统将在界面状态栏的"提示区"中对该命令进行简短的功能说明。工具栏可依照个人的需要定制，对其中的选项可进行变更。在工具栏的任何位置右击，在弹出的快捷菜单中可选择相关工具栏。

1.5.4 导航区

导航区包括模型树、资源管理器、收藏夹和网络资源等 4 项功能，它们之间的切换只需单击导航区上方的选项卡按钮，如图 1-30 所示。其功能简述如下。

- 【模型树】——如图 1-30（a）所示，以树状结构按操作的顺序显示当前窗口中模型所含有的零件及其特征。它提供了模型的重要信息，也可以到模型树上选择所要编辑的零件或特征进行修改，此工具极其重要。

- 【文件夹浏览器】——如图 1-30(b)所示，用于查看内存、PTC 服务器上共享空间及本机硬盘和局域网上的文件，提供了在 Pro/ENGINEER 下快速查找所需文件的便捷工具，配合浏览器还可以预览模型。
- 【收藏夹】——如图 1-30(c)所示，用于保存浏览过的文件。可以将经常访问的位置保存至收藏夹，由【添加】和【组织】两个按钮来管理收藏夹。
- 【连接】——如图 1-30(d)所示，用于快速连接到所要连接的项目上。

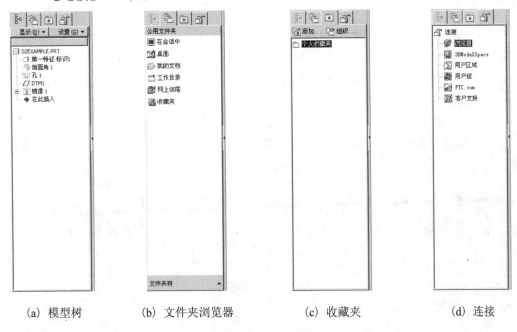

　(a) 模型树　　　　　(b) 文件夹浏览器　　　　　(c) 收藏夹　　　　　(d) 连接

图 1-30　导航区

导航区能够使设计者及时了解设计模型的构成，便于文件管理和与其他设计者交流。如果想扩大图形显示区的面积，可以单击导航区右侧向左的箭头暂时将其关闭；再次单击同一箭头可将导航区打开(此时箭头指向右侧)。

1.5.5　浏览器

浏览器与图形显示区在相邻的位置。通过浏览器，所有文本信息皆可浏览，而且可以浏览网页和文件夹中的内容及查看零件的特征信息，而不必再另外打开文本窗口。打开和关闭浏览器的方法与 1.5.4 节中打开和关闭导航区的方法相同。

1.5.6　图形显示区

图形显示区是用户界面中面积最大的一个区域，用于进行模型的显示和绘制。用户可以根据需要改变背景的颜色，方法是在菜单栏中选择【视图】→【显示设置】→【系统颜色】命令，在弹出的【系统颜色】对话框中进行设置。

1.5.7　信息提示区

信息提示区用于显示执行操作的相关信息，并且为用户提供下一步操作的提示。用户应该养成关注提示区的习惯，这样会减少操作过程中遇到问题的困惑。

1.5.8　状态栏

状态栏包含 3 个项目，如图 1-31 所示。

- 提示——显示鼠标所在位置的特征或者指令的简短提示。
- 项目选取——显示当前选择项目的个数。
- 过滤器——在下拉文本框中指定当前所要选择项目的类型，使用户易于选中目标而避开干扰。

在一次要选择多种类型的特征时，过滤器应处在"智能"状态，可以选取任意类型的对象。

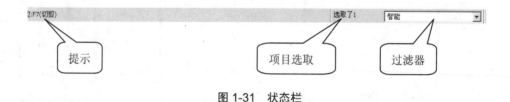

图 1-31　状态栏

第 2 章　Pro/ENGINEER 的基本操作

本章主要介绍 Pro/ENGINEER 文件的操作、窗口的基本操作、鼠标的操作及系统配置文件。目的在于使用户对 Pro/ENGINEER 系统的风格有初步的认识，并掌握其基本操作，这对初学者来说是很重要的。

2.1　文件的操作

在 Pro/ENGINEER 中，对文件的操作可以通过菜单栏中的【文件】下拉菜单命令完成，也可以通过按钮来实现。

2.1.1　新建文件

任何操作都不能在空白的 Pro/ENGINEER 工作界面中直接完成，都需要新建一个文件。在菜单栏中选择【文件】→【新建】命令，或单击工具栏中的【新建】按钮，弹出如图 2-1 所示的对话框，选择所要创建的文件【类型】和【子类型】，并且在【名称】文本框中输入文件名，不同类型的文件用不同的扩展名存储。常用文件【类型】如下。

- 【草绘】——建立二维草图文件，扩展名为 sec。
- 【零件】——建立三维零件模型文件，扩展名为 prt。
- 【组件】——建立三维模型装配文件，扩展名为 asm。
- 【制造】——建立 NC 加工程序制作和模具设计文件，扩展名为 mfg。
- 【绘图】——建立二维工程图，扩展名为 drw。
- 【格式】——建立二维工程图和配置的图框模板文件，扩展名为 frm。
- 【报表】——建立具有绘图视图及图形的动态、自定义的报表，扩展名为 rep。
- 【图表】——建立电路、管路流程图，扩展名为 dgm。

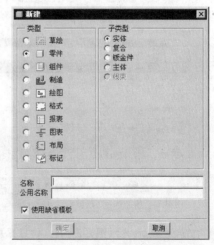

图 2-1　【新建】对话框

- 【布局】——建立产品组装布局，用于产品的设计与规划，扩展名为 lay。
- 【标记】——建立零件、组件、工程图和加工等图的注释文件，扩展名为 mrk。

2.1.2 打开文件

在菜单栏中选择【文件】→【打开】命令，或者单击工具栏中的【打开】按钮，弹出如图 2-2 所示的【文件打开】对话框，使用该对话框可以查找和预览所要打开的文件。对话框中部分按钮的功能如下。

- 菜单栏——包括【组织】、【视图】和【<工具>工具】3 个菜单，用于管理文件和文件夹及选择视图类型。
- 【在会话中】——显示内存中的文件。
- 【系统格式】——显示 Pro/ENGINEER 系统中的二维工程图格式文件。
- 【文件夹树】——显示资源管理器，便于查找文件。
- ▼——单击该按钮将显示最近浏览过的页面。
- ▶——单击该按钮将显示这一级目录下的所有文件和文件夹。
- 【刷新】按钮——单击该按钮将定位当前目录中的第一个文件。
- 【搜索】——单击该文本框并输入所要搜索的全部或部分文件名，对话框中将显示当前目录下所有搜索到的文件。
- 【打开表示】——用于为零件检索选取简化表示类型。单击该按钮，弹出如图 2-3 所示的【打开表示】对话框。选择【用户定义的表示】选项，将以用户定义的表达方式打开模型；选择【图形表示】选项，选取模型的只读版本，将以模型的视图版本打开模型，仅显示模型外观；选择【几何表示】选项，将以模型和视图参照版本打开模型，显示模型的外观与参照，但不能对模型进行修改；选择【符号表示】选项，将以模型的符号版本打开视图；选择【主表示】选项，将打开完整的模型文件。

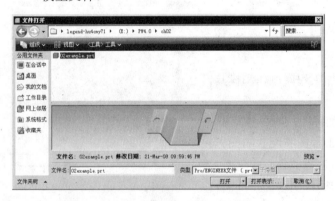

图 2-2 【文件打开】对话框　　　　　　　　图 2-3 【打开表示】对话框

2.1.3 设置工作目录

第一次启动 Pro/ENGINEER 时，系统默认的工作目录是程序的安装目录。为方便使用，应该将工作目录更改到用户常用的目录下。

在菜单栏中选择【文件】→【设置工作目录】命令，弹出如图 2-4 所示的【选取工作目录】对话框，选择目标目录作为工作目录。设置工作目录后，新建立的文件就存储在此目录下。

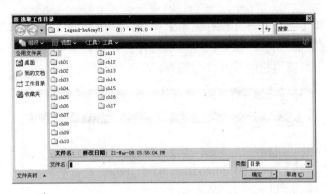

图 2-4　【选取工作目录】对话框

提示：设置工作目录可以方便以后文件的保存与打开，既便于文件的管理，又节省文件打开的时间。

2.1.4　保存文件

Pro/ENGINEER 没有自动保存文件的功能，用户在操作过程中随时保存文件是相当重要的。在菜单栏中选择【文件】→【保存】命令，或单击工具栏中的【保存】按钮，弹出如图 2-5 所示的【保存对象】对话框。单击对话框中的【命令和设置】按钮，会列出当前打开的所有文件，选择所要保存的文件，单击【确定】按钮，文件以原有文件名保存在工作目录下，但新存储的文件并不覆盖旧文件，而是自动生成新版本。例如，保存文件 02example.prt，第一次保存时产生一个文件 02example.prt.1，而再次保存时则保存为 02example.prt.2。若要打开不同版本的文件，可在【文件打开】对话框的菜单栏中选择【<工具>工具】→【所有版本】命令，即可显示模型文件的所有版本供用户选择。

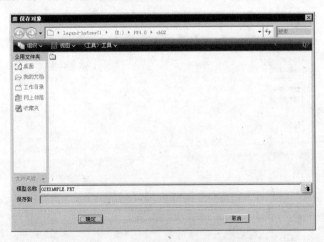

图 2-5　【保存对象】对话框

2.1.5 保存副本

在菜单栏中选择【文件】→【保存副本】命令，弹出如图 2-6 所示的【保存副本】对话框，为当前文件保存一个副本。保存副本可以选择保存的目录以及要保存的文件类型，在与原文件不同的目录下可以用相同的文件名保存。

图 2-6　【保存副本】对话框

2.1.6 备份

在菜单栏中选择【文件】→【备份】命令，弹出如图 2-7 所示的【备份】对话框，可以在磁盘中备份文件，但内存和工作窗口并不加载此备份的文件，而是仍保留原文件名。备份的文件与原文件是相互关联的，随原文件同步变化。备份文件的目录也可以指定。

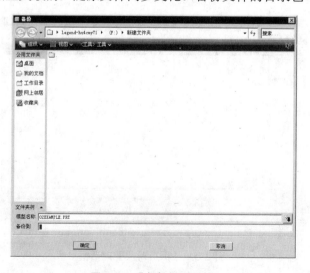

图 2-7　【备份】对话框

注意：当备份零件或装配件时，其相关的工程图也会被备份。但若工程图的原文件名不同于零件或装配件，工程图不会被备份。

2.1.7　重命名

在菜单栏中选择【文件】→【重命名】命令，弹出如图 2-8 所示的【重命名】对话框，可对当前工作界面中的模型文件进行重新命名。

注意：若一个零件是某个装配件的零组件，或此零件用以产生某个工程图，则此零件重命名后会破坏其相关的装配件或工程图的文件；但若此零件与其相关装配件或工程图同时存在内存中，则零件的文件名更改不会影响其相关装配件或工程图文件。

图 2-8　【重命名】对话框

2.1.8　拭除

在菜单栏中选择【文件】→【拭除】命令，可删除内存中的文件，但文件仍然保留在硬盘上。该命令下有 3 个子命令，如图 2-9 所示。

图 2-9　【拭除】命令

- 【当前】——将当前窗口上的一个文件从内存中删除。例如，内存中有 20 个文件，其中 3 个文件出现在 3 个不同的窗口中(1 个在主窗口，2 个在次窗口)，则在菜单栏中选择【文件】→【拭除】→【当前】命令将会删除当前工作窗口中的 1 个文件。
- 【不显示】——将不在任何窗口上，但存在于内存中的所有文件删除。例如，内存中有 20 个文件，其中 3 个文件出现在 3 个不同的窗口中(1 个在主窗口，2 个在次窗口)，则在菜单栏中选择【文件】→【拭除】→【不显示】命令将会删除存在于内存中的 17 个文件。
- 【元件表示】——从内存中删除未使用的简化表示。

提示：正在被其他模块使用的文件不能被拭除。

2.1.9　删除

在菜单栏中选择【文件】→【删除】命令，可以将文件从硬盘上永久删除，无法恢复。该命令下有两个子命令，如图 2-10 所示。

图 2-10　【删除】命令

● 【旧版本】——前面已经提到过，在 Pro/ENGINEER 系统中会将同一个文件保存许多个版本，没有特别指定，系统会打开最新的版本。在打开文件后，若不需要旧的版本，可以在菜单栏中选择【文件】→【删除】→【旧版本】命令将其删除来清理文档。

● 【所有版本】——删除在硬盘上的所有以同一文件名命名的文件。

2.2　窗口的基本操作

Pro/ENGINEER 允许同时打开多个窗口，各窗口可在不同模块下工作。例如，利用一个窗口创建零件，可再激活另一个窗口创建装配件。

2.2.1　切换不同窗口

图 2-11　【窗口】菜单

当打开多个文件时，这些文件名都会显示在菜单栏的【窗口】菜单中，如图 2-11 所示，处于激活状态的文件名前有一个圆点标志。想切换窗口，单击目标文件名即可。如果当前窗口不处于激活状态，在菜单栏中选择【窗口】→【激活】命令即可。

2.2.2　新建窗口

在菜单栏中选择【窗口】→【新建】命令，可以为当前窗口中的文件新建一个窗口，虽然两个窗口中的文件相同，但却可以进行不同的视图操作。

2.2.3　关闭窗口

在菜单栏中选择【窗口】→【关闭】（或【文件】→【关闭窗口】）命令，可以关闭当前模型的工作窗口。关闭窗口后，建立的模型仍然保留在内存中，除非系统的主窗口被关闭，否则仍可在【文件打开】对话框中选择【在会话中】文件夹来打开该模型。

📝 提示：　关闭窗口只是在视窗中关闭了文件，但该文件仍然存在于内存中，若要在内存中消除关闭的文件，需要使用【拭除】命令。有时虽然打开的窗口并不多，Pro/ENGINEER 运行的速度却越来越慢，这可能是内存中存有的文件过多，此时清理一下内存，拭除不必要的文件会有立竿见影的效果。

2.2.4　打开系统窗口

在菜单栏中选择【窗口】→【打开系统窗口】命令，可使用户跳至 DOS 中，输入执行的命令后，再输入"exit"可离开 DOS，回到 Pro/ENGINEER 系统。

2.3　鼠标的操作

在 Pro/ENGINEER Wildfire 中使用的鼠标必须是三键鼠标，否则许多操作不能进行。三键鼠标的常用操作如下。

1. 左键

左键用于选择菜单、工具按钮，明确绘制图素的起始点与终止点，确定文字注释的位置，选择模型中的对象等。

2. 中键

单击中键表示结束或完成当前操作，一般情况下与【菜单管理器】中的【完成】选项、对话框中的【确定】按钮、特征操控板中的【确定】按钮✔的功能相同。此外，鼠标中键还用于控制模型中的视角变换、缩放模型的显示及移动模型在视区中的位置等。具体操作方法如下。

- 平移模型——同时按<Shift>键和鼠标的中键，拖动鼠标移动，模型会随着鼠标的移动而上下、左右移动。
- 缩放模型——如果鼠标的中键为滚轮式，向前转动滚轮可使模型缩小，向后转动滚轮可使模型放大；如果鼠标的中键为按键式，同时按<Ctrl>键和鼠标的中键，向前拖动鼠标可使模型缩小，向后拖动鼠标可使模型放大。
- 旋转模型——无论鼠标的中键是滚轮还是按键，按下中键并拖动鼠标即可旋转模型。需要指出，在旋转中心开启的状态下，模型将围绕旋转中心旋转；在旋转中心关闭的状态下，模型则围绕鼠标单击的位置旋转。单击工作界面中的按钮⟳即可切换旋转中心开启/关闭的状态。
- 翻转模型——同时按<Ctrl>键和鼠标的中键，在水平方向左右拖动鼠标移动，模型会围绕与屏幕垂直的轴翻转。

3. 右键

选中对象(如图形显示区或模型树中的对象、模型中的图素等)后右击，可弹出相应的快捷菜单。

2.4　系统配置文件

系统配置文件(config.pro)是 Pro/ENGINEER 提供给用户定制工作环境的配置文件，通过对该文件进行编辑，用户可对 Pro/ENGINEER 初始环境进行设定，如用户界面、零件模式、文件管理、输入输出、精度等。

系统配置文件一般放置于 Pro/ENGINEER 的启动目录下，config.pro 是系统默认的加载名字，Pro/ENGINEER 启动时以启动目录下的 config.pro 配置为准，进入 Pro/ENGINEER 环境后，在菜单栏中选择【工具】→【选项】命令，可在弹出的【选项】对话框查看 config.pro

文件中进行的配置，对配置选项比较熟悉的用户可通过文本编辑工具（如记事本、写字板等）直接对 config.pro 进行编辑。本书所采用的系统配置文件见随书光盘"\ConfigFiles\config.pro"。

2.5　实　例　训　练

 例题： **基本操作综合练习**

为便于说明，假设读者已将随书光盘中的内容复制到计算机 E 盘的"PW4.0"目录下。

1. 设置工作目录

（1）在菜单栏中选择【文件】→【设置工作目录】命令，弹出【选取工作目录】对话框。
（2）将 E 盘的"PW4.0"目录设置为工作目录。

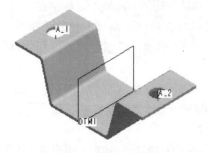

图 2-12　文件"02example.prt"

2. 打开文件

（1）在菜单栏中选择【文件】→【打开】命令或单击工具栏中的【打开】按钮，弹出【文件打开】对话框。
（2）选择"ch02"文件夹下的"02example.prt"文件，单击【打开】按钮，结果如图 2-12 所示。

3. 开/关基准特征

（1）单击工具栏中的【平面显示】按钮关闭基准平面。
（2）单击工具栏中的【轴显示】按钮关闭基准轴。
关闭基准后的视图能够更清楚地显示模型特征。

4. 用图形显示方式按钮观察模型

（1）单击工具栏中的【线框】按钮，以线框形式显示模型，如图 2-13（a）所示。
（2）单击工具栏中的【隐藏线】按钮，以隐藏线形式显示模型，如图 2-13（b）所示。
（3）单击工具栏中的【无隐藏线】按钮，以无隐藏线形式显示模型，如图 2-13（c）所示。

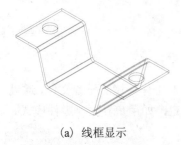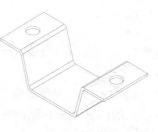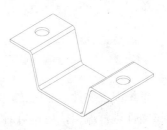

　　（a）线框显示　　　　　　　　（b）隐藏线显示　　　　　　　（c）无隐藏线显示

图 2-13　图形显示方式

5. 关闭窗口

在菜单栏中选择【窗口】→【关闭】命令，关闭当前工作窗口中的文件。

6. 从内存中打开文件

从内存中打开文件有下列两种方法：

（1）在导航区的【文件夹浏览器】中选择【在会话中】文件夹，会显示【浏览器】窗口，如图 2-14(a) 所示，在该窗口中双击"02example.prt"模型文件将其打开。

（2）单击工具栏中的【打开】按钮，弹出【文件打开】对话框，选择【在会话中】文件夹，再双击"02example.prt"模型文件将其打开，如图 2-14(b) 所示。

(a)

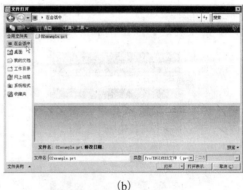

(b)

图 2-14　从内存中打开文件

7. 重定向视图

提示：在设计过程中，常常需要观察三维零件或装配体的正视图、俯视图、侧视图等，而选定的视角方向通常也都会应用于三维零件设计时绘图平面的摆放方式，因此对于视角方向的决定方式必须有一个清楚的认识。

（1）在菜单栏中选择【视图】→【方向】→【重定向】命令，或单击工具栏中的【重定向】按钮，弹出如图 2-15 所示的【方向】对话框。

（2）在零件模型上依次选取如图 2-16(a) 所示的两个平面，令其正方向朝前和朝上（与对话框中的【参照 1】→【前】和【参照 2】→【上】相对应），零件旋转至正视图，如图 2-16(b) 所示。

（3）单击【方向】对话框中的【已保存的视图】按钮，在展开界面的【名称】文本框中输入正视图的名称"front"，如图 2-17 所示。再单击【保存】按钮，保存正视图。

图 2-15　【方向】对话框

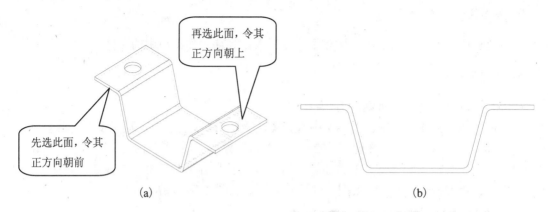

图 2-16　定向正视图

（4）单击【方向】对话框中的【缺省】按钮，零件恢复三维视角。

（5）单击如图 2-18 所示【方向】对话框中的【选取参照】按钮 ，弹出【选取】对话框，单击【确定】按钮，重新设置视角。

图 2-17　保存正视图　　　　　　　　　图 2-18　选取参照

（6）在零件模型上选取如图 2-19（a）所示的第一个平面，令其正方向朝前。

（7）在【方向】对话框的【参照 2】下拉列表框中选择【下】选项，如图 2-20 所示。再在零件模型上选择如图 2-19（a）所示的第二个平面，令其正方向朝下。零件旋转至俯视图，如图 2-19（b）所示。

（8）按照与第（3）步相同的方法将俯视图保存为"top"。

（9）单击【方向】对话框中的【缺省】按钮，零件恢复三维视角。

（10）依照前述的方法，在零件模型上依次选择如图 2-21（a）所示的两个平面，令其正方向朝前和朝左，零件旋转至右视图，如图 2-21（b）所示。将右视图保存为"right"。

（11）单击【方向】对话框中的【缺省】按钮，零件恢复三维视角。

（12）单击【方向】对话框中的【确定】按钮，完成视图的重定向。

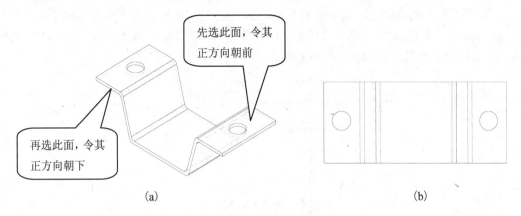

图 2-19　定向俯视图

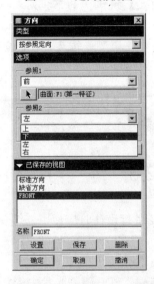

图 2-20　在【参照 2】下拉列表框中选择【下】选项

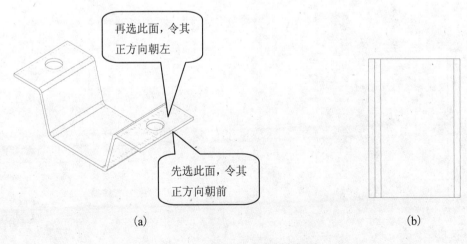

图 2-21　定向右视图

（13）单击工具栏中的【已命名的视图列表】按钮，在弹出的下拉列表框中列出了所保存的视图名称，如图 2-22 所示。选择【FRONT】选项，观看零件的正视图；再选择【TOP】选项或【RIGHT】选项，以观看其他各视角。

图 2-22　保存的视图列表

提示：　在【已命名的视图列表】按钮的下拉列表框中，【标准方向】选项和【缺省方向】选项是 Pro/ENGINEER 系统默认的三维视角方向，用户可根据需要自定义缺省方向。只要将零件模型旋转至一定视角，再用前述方法保存即可。

8. 保存文件

在菜单栏中选择【文件】→【保存】命令，或单击工具栏中的【保存】按钮，在弹出的【保存对象】对话框中单击【确定】按钮，保存文件。

2.6　练　习　题

（1）在用 Pro/ENGINEER 系统进行设计时应使用三键鼠标，三键各有何功能？

（2）拭除文件与删除文件有何不同？

（3）保存文件与备份文件有何不同？

（4）按照实例训练中的操作步骤，打开随书光盘中的任意一个模型文件进行操作，进一步熟悉 Pro/ENGINEER 的工作环境。

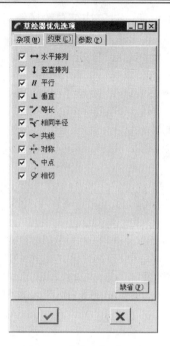

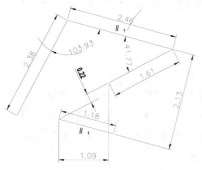

第 3 章 草 绘

草绘的目的是绘制一个二维草图，这一过程是生成 Pro/ENGINEER 基础实体特征与基本曲面特征的基础。绘制二维草图后，设定不同特征所需的不同参数，从而生成实体特征或面特征。

本章着重介绍二维草图中一些基本图元的绘制方法，包括点、线、圆、样条曲线、文本曲线等。通过编辑草图、添加标注、修改标注、设定几何约束等，从而完成草图的设计。

3.1 概 述

本节介绍 Pro/ENGINEER 草绘环境与草绘工具，包括进入草绘环境的方法、草绘环境的设置、草绘工具栏的介绍等。

3.1.1 草绘环境

1. 进入草绘环境

有 3 种方法可以进入草绘环境。

● 在菜单栏中选择【文件】→【新建】命令，或单击工具栏中的【新建】按钮 ，弹出如图 3-1 所示的【新建】对话框，在对话框中勾选【草绘】单选钮，在【名称】文本框中输入草图名称，单击【确定】按钮，进入草绘环境，草绘界面如图 3-2 所示。

提示：这种方法进入的草绘环境有别于下面两种方法进入的内部草绘环境，此种方法会建立一个独立的草图文件，扩展名为.sec。在草绘环境下，在菜单栏中选择【草绘】→【数据来自文件】→【文件系统】命令，在弹出的【打开】对话框中可以调用该文件。

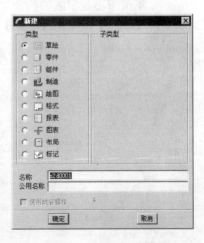

图 3-1 【新建】对话框

图 3-2　草绘界面

- 在零件或组件环境中，在菜单栏中选择【插入】→【模型基准】→【草绘】命令，
  或单击【基准】工具栏中的【草绘】按钮 ，弹出如图 3-3 所示的【草绘】对话框，
  单击图形显示区中的任一基准平面定义草图平面，系统会自动选择草绘【方向】与
  【参照】，单击【草绘】对话框中的【草绘】按钮，进入内部草绘环境。

图 3-3　【草绘】对话框

提示：进入零件或组件环境的方法是：在如图 3-1 所示的【新建】对话框中点选【零件】
或【组件】单选钮，在【名称】文本框中输入名称，单击【确定】按钮。

- 在特征建模过程中，单击如图 3-4 所示操控面板中的【放置】按钮，弹出如图 3-5
  所示的【放置】面板，单击【定义】按钮，弹出如图 3-3 所示的【草绘】对话框，
  单击图形显示区中的任一基准平面定义草图平面，系统会自动选择草绘【方向】与

【参照】，单击【草绘】对话框中的【草绘】按钮，进入内部草绘环境。

图 3-4 【拉伸】操控面板

图 3-5 【放置】面板

提示：不同的特征建模过程会出现不同形式的操控面板与【放置】面板。如图 3-4 所示的【拉伸】操控面板是在零件或组件环境中，在菜单栏中选择【插入】→【拉伸】命令或单击【基础特征】工具栏中的【拉伸】按钮后出现的。

2. 草绘环境的设置

在草绘环境中，用户可以根据使用习惯更改草绘环境的设置，包括优先显示项目、优先约束项目、栅格的间距、背景颜色等。

（1）杂项设置

在菜单栏中选择【草绘】→【选项】命令，弹出如图 3-6 所示的【草绘器优先选项】对话框，对话框中默认显示的是【杂项】选项卡。在这里可以选择在绘制草图时自动显示的项目。

另外，如果勾选【捕捉到栅格】复选框，则设置好的网格就会起到捕捉鼠标指针的定位作用。如果勾选【锁定已修改的尺寸】复选框，修改后的尺寸将被锁定。如果勾选【锁定用户定义的尺寸】复选框，用户定义的尺寸将被锁定。如果勾选【始于草绘视图】复选框，进入草绘环境时将自动定位模型，使草绘平面平行于屏幕。

（2）约束设置

在【草绘器优先选项】对话框中，选择【约束】选项卡，如图 3-7 所示。在这里可以选择在绘制草图时自动添加的约束项目。

（3）参数设置

在【草绘器优先选项】对话框中，选择【参数】选项卡，如图 3-8 所示。在这里可以设置栅格类型、栅格间距、尺寸的小数位数、求解精度等。

（4）背景颜色设置

在菜单栏中选择【视图】→【显示设置】→【系统颜色】命令，弹出如图 3-9 所示的【系统颜色】对话框，在【图形】选项卡中单击任一按钮 可以弹出【颜色编辑器】对话框，如图 3-10 所示，通过设置不同的 RGB 值，可以设置该按钮对应项目的颜色。

图 3-6 【杂项】选项卡

图 3-7 【约束】选项卡

图 3-8 【参数】选项卡

图 3-9 【系统颜色】对话框

图 3-10 【颜色编辑器】对话框

提示：在【系统颜色】对话框的菜单栏中选择【布置】→【白底黑字】命令，可以设置一种系统提供的【白底黑字】颜色布置方案。此时草图的显示如图 3-11 所示。

如果在【系统颜色】对话框的菜单栏中选择【布置】→【缺省】命令，则又回到系统提供的默认颜色布置方案，如图 3-12 所示。为了显示清晰，本书的绘制图例多采用【白底黑字】颜色布置方案。

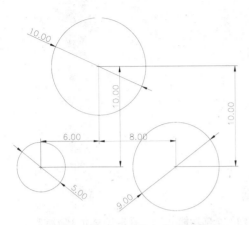

图 3-11　【白底黑字】颜色布置方案

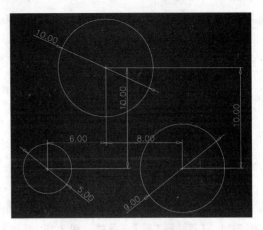

图 3-12　默认颜色布置方案

3.1.2　草绘工具

进入草绘环境后，系统自动显示【草绘器】工具栏与【草绘器工具】工具栏。

1.【草绘器】工具栏

【草绘器】工具栏如图 3-13 所示，通过单击不同按钮可以定向草绘平面或控制草绘环境下各种对象的显示与隐藏。

图 3-13　【草绘器】工具栏

- 【草绘方向】按钮 ——定向草绘平面，使其与屏幕平行。
- 【显示尺寸】按钮 ——控制草图中是否显示尺寸。
- 【显示约束】按钮 ——控制草图中是否显示约束。
- 【显示栅格】按钮 ——控制草图中是否显示栅格。
- 【显示顶点】按钮 ——控制草图中是否显示顶点。

提示：　【草绘器】工具栏中的【草绘方向】按钮 只在内部草绘环境中才出现，在草绘文件的草绘环境中不出现。本文其他工具栏出现类似情况时不再赘述。

2.【草绘器工具】工具栏

【草绘器工具】工具栏如图 3-14 所示，此工具栏中提供常用的草图绘制与编辑工具。单击任一工具按钮(如【线】按钮)右侧的按钮，可以出现该工具按钮所具有的全部功能按钮，如图 3-15 所示，再单击任一功能按钮(如【中心线】按钮)，可以更改该工具按钮的默认功能，如图 3-16 所示，并同时执行该功能。

图 3-14　【草绘器工具】工具栏　图 3-15　【线】按钮的全部功能　图 3-16　默认功能更改

【草绘器工具】工具栏中各按钮的功能如下。

- 按钮 ▲——选取项目。
- 按钮 ＼＼┆——依次为绘制两点线的【线】按钮＼、绘制与两个图元相切线的【直线相切】按钮＼、绘制两点中心线的【中心线】按钮┆。
- 【矩形】按钮 □——绘制矩形。
- 按钮 ○◎○○○——依次为通过拾取圆心和圆上一点绘制圆的【圆心和点】按钮 ○、绘制同心圆的【同心圆】按钮 ◎、绘制过 3 个点的圆的【3 点圆】按钮 ○、绘制与 3 个图元相切圆的【3 相切圆】○、绘制椭圆的【椭圆】按钮 ○。
- 按钮 ⌐℥⌐℣⌐——依次为通过 3 点或通过在其端点与图元相切来绘制圆弧的【3 点/相切端弧】按钮 ⌐、绘制同心圆弧的【同心弧】按钮 ℥、通过选取圆弧圆心和端点绘制圆弧的【圆心和端点弧】按钮 ⌐、绘制与 3 个图元相切圆弧的【3 相切弧】按钮 ℣、绘制锥形圆弧的【圆锥弧】按钮 ⌐。
- 按钮 ↳↳——依次为在两图元间绘制圆角的【圆形圆角】按钮 ↳、在两图元间绘制椭圆形圆角的【椭圆形圆角】按钮 ↳。
- 【样条】按钮 ∿——绘制样条曲线。
- 按钮 ×♪——依次为绘制点的【点】按钮 ×、绘制参照坐标系的【坐标系】按钮 ♪。
- 按钮 □□——依次为通过边绘制图元的【使用】按钮 □、通过偏移边绘制图元的【偏移】按钮 □。
- 【垂直】按钮 ┝┥——标注尺寸。
- 【修改】按钮 ⋺——修改尺寸值、样条几何或文本图元。
- 【约束】按钮 □——在剖面施加草绘器约束。
- 【文本】按钮 Ａ——绘制文本，作为剖面一部分。
- 【调色板】按钮 ◌——将调色板中的外部数据插入到活动对象中。
- 按钮 ⳾┝┝——依次为动态修剪剖面图元的【删除段】按钮 ⳾、将图元修剪（剪切或延伸)到其他图元或几何的【拐角】按钮 ┌、在选取点的位置处分割图元的【分割】按钮 ┌。

- 按钮 ⑩⑥——依次为镜像选定图元的【镜像】按钮 ⑩、缩放并旋转选定图元的【缩放和旋转】按钮 ⑥。
- 【完成】按钮 ✔——完成草绘。
- 【退出】按钮 ✕——退出草绘。

提示：【草绘器工具】工具栏中的各按钮功能在菜单栏中都有与之对应的命令。如单击工具栏中的【中心线】按钮 ┆，与在菜单栏中选择【草绘】→【线】→【中心线】命令是相同的。又如单击工具栏中的【分割】按钮 ┌，与在菜单栏中选择【编辑】→【修剪】→【分割】命令是相同的。

3.2　绘 制 草 图

单击【草绘器工具】工具栏中的绘制图元按钮，并执行一定的后续操作，就可以完成常用基本图元的绘制。

3.2.1　绘制点

点的绘制一般起辅助其他图元标注、其他图元绘制、控制特征生成位置的作用。绘制点的方法如下。

(1) 单击【点】按钮 ✕。

(2) 在绘图区的某个位置单击创建点。

(3) 重复步骤(2)的操作，可以创建多个点。

(4) 单击鼠标中键结束点的绘制。如图 3-17 所示，此时系统会显示出点与点之间的尺寸关系。

图 3-17　点的绘制

3.2.2　绘制直线

单击不同的绘制直线按钮，可以绘制两点直线、绘制与两个图元相切的直线、绘制中心线。

1. 绘制两点直线

绘制两点直线的方法如下。

(1) 单击【线】按钮 ＼。

(2) 在绘图区的某个位置单击创建第一条两点直线的起点，移动鼠标到另外一个位置单击创建第一条两点直线的终点(此点同时作为第二条两点直线的起点)，再次移动鼠标到第三个位置单击可以创建第二条两点直线的终点，重复下去，可以创建由多条首尾相连的两点直线组成的直线链。

(3) 单击鼠标中键结束一条直线链的绘制。

(4) 重复步骤(2)、(3)的操作，可以绘制多条直线链。

(5) 再次单击鼠标中键结束两点直线的绘制。如图 3-18 所示，此时系统会显示所有尺寸关系与约束关系。

2. 绘制与两个图元相切的直线

在草图中，必须已有两个圆或圆弧(绘制方法见 3.2.4 小节、3.2.5 小节)，才可以绘制与两个图元相切的直线，绘制方法如下。

(1) 单击【直线相切】按钮✕。

(2) 在绘图区的某个圆或圆弧图元上单击，确定直线与该图元相切，并且切线起点在该图元上，移动鼠标到另外一个图元切点的大概位置，系统会自动捕捉到切点，单击创建切线的终点。

图 3-18　两点直线的绘制

(3) 重复步骤(2)的操作，可以创建多条切线。

(4) 单击鼠标中键结束切线的绘制，如图 3-19 所示。

3. 绘制中心线

中心线的两端无限长，没有起点与终点，显示为点划线。绘制中心线的方法如下。

(1) 单击【中心线】按钮┆。

(2) 在绘图区的某个位置单击创建中心线经过的一点，移动鼠标到另外一个位置单击创建中心线经过的另一点。

(3) 重复步骤(2)的操作，可以创建多条中心线。

(4) 单击鼠标中键结束中心线的绘制，如图 3-20 所示。

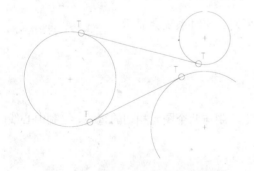

图 3-19　与两个图元相切直线的绘制　　　　**图 3-20　中心线的绘制**

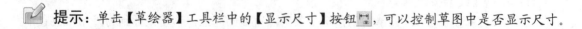

提示：单击【草绘器】工具栏中的【显示尺寸】按钮，可以控制草图中是否显示尺寸。

3.2.3　绘制矩形

绘制矩形的方法如下。

(1) 单击【矩形】按钮□。

(2) 在绘图区的某个位置单击创建矩形的一个顶点，移动鼠标到另外一个位置单击创建矩形的另一个对角顶点。

(3) 重复步骤(2)的操作，可以创建多个矩形。

(4) 单击鼠标中键结束矩形的绘制。

3.2.4　绘制圆

单击不同的绘制圆按钮，可以通过拾取圆心和圆上一点绘制圆、绘制同心圆、绘制过 3 个点的圆、绘制与 3 个图元相切的圆、绘制椭圆。

1. 通过拾取圆心和圆上一点绘制圆

绘制方法如下。

(1) 单击【圆心和点】按钮 ◯。

(2) 在绘图区的某个位置单击创建圆心，移动鼠标到另外一个位置单击创建圆经过的一点。

(3) 重复步骤(2)的操作，可以创建多个圆。

(4) 单击鼠标中键结束圆的绘制。

2. 绘制同心圆

在草图中，必须已有圆或圆弧(圆弧绘制方法见 3.2.5 小节)，才可以绘制同心圆，绘制方法如下。

(1) 单击【同心圆】按钮 ◎。

(2) 在绘图区的某个圆或圆弧上(或者圆心位置)单击创建与该图元同心的圆心，移动鼠标到另外一个位置单击创建圆经过的一点，再次移动鼠标到第 3 个位置单击可以创建同心的第 2 个圆，重复下去，可以创建一组相同圆心的圆。

(3) 单击鼠标中键结束一组同心圆的绘制。

(4) 重复步骤(2)、(3)的操作，可以绘制多组同心的圆。

(5) 再次单击鼠标中键结束同心圆的绘制，如图 3-21 所示。

3. 绘制过 3 个点的圆

绘制方法如下。

(1) 单击【3 点圆】按钮 ◯。

(2) 依次在绘图区的 3 个位置单击创建圆所经过的 3 点，即可绘制过这 3 个点的圆。

(3) 重复步骤(2)的操作，可以创建多个圆。

(4) 单击鼠标中键结束过 3 个点的圆的绘制。

4. 绘制与 3 个图元相切的圆

在草图中，必须已有 3 个图元才可以绘制与 3 个图元相切的圆，绘制方法如下。

(1) 单击【3 相切圆】按钮 ◯。

(2) 在绘图区的某个图元上单击，确定圆与该图元相切；移动鼠标到另外一个图元上单击，确定圆与第 2 个图元相切；再次移动鼠标到第 3 个图元切点的大概位置，系统会自动捕捉到切点，单击确定圆的最终位置与大小。

（3）重复步骤（2）的操作，可以创建多个圆。

（4）单击鼠标中键结束与 3 个图元相切的圆的绘制。如图 3-22 所示。

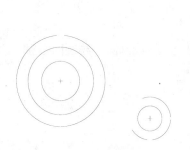

图 3-21　同心圆的绘制

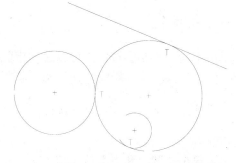

图 3-22　与 3 个图元相切的圆的绘制

5. 绘制椭圆

绘制方法如下。

（1）单击【椭圆】按钮 ⬭。

（2）在绘图区的某个位置单击创建椭圆中心，移动鼠标到另外一个位置单击创建椭圆经过的一点。

（3）重复步骤（2）的操作，可以创建多个椭圆。

（4）单击鼠标中键结束椭圆的绘制。

提示： 确定椭圆中心后，在移动鼠标的过程中，指针位置与椭圆中心的水平与垂直距离决定了椭圆长短轴比例，通过单击确定椭圆所经过的一点，从而惟一确定一个椭圆。

3.2.5　绘制圆弧

单击不同的绘制圆弧按钮，可以通过 3 点或通过在其端点与图元相切绘制圆弧、绘制同心圆弧、通过选取圆弧圆心和端点绘制圆弧、绘制与 3 个图元相切的圆弧、绘制锥形圆弧。

1. 通过 3 点或通过在其端点与图元相切绘制圆弧

绘制方法如下。

（1）单击【3 点/相切端弧】按钮 ⌒。

（2）在绘图区的某个位置单击创建圆弧的起点，移动鼠标到另外一个位置单击创建圆弧的终点，再次移动鼠标到第三个位置单击创建圆弧经过的一点。

（3）重复步骤（2）的操作，可以创建多个圆弧。

（4）单击鼠标中键结束圆弧的绘制。

2. 绘制同心圆弧

在草图中，必须已有圆或圆弧，才可以绘制同心圆弧，绘制方法如下。

（1）单击【同心弧】按钮 。

（2）在绘图区的某个圆或圆弧上（或者圆心位置）单击创建与该图元同心的圆弧圆心，移动鼠标到另外一个位置单击创建第一条圆弧的起点，再次移动鼠标到第 3 个位置单击可以创建第一条圆弧的终点，继续移动鼠标并单击，可以创建第 2 条圆弧的起点与终点，重复下去，可以创建一组相同圆心的圆弧。

（3）单击鼠标中键结束一组同心圆弧的绘制。

（4）重复步骤（2）、（3）的操作，可以绘制多组同心的圆弧。

（5）再次单击鼠标中键结束同心圆弧的绘制，如图 3-23 所示。

3. 通过选取圆弧圆心和端点绘制圆弧

绘制方法如下。

（1）单击【圆心和端点弧】按钮 。

（2）在绘图区的某个位置单击创建圆弧圆心，移动鼠标到另外一个位置单击创建圆弧的起点，再次移动鼠标到第 3 个位置单击创建圆弧的终点。

（3）重复步骤（2）的操作，可以创建多个圆弧。

（4）单击鼠标中键结束圆弧的绘制。

4. 绘制与 3 个图元相切的圆弧

在草图中，必须已有 3 个图元才可以绘制与 3 个图元相切的圆弧，绘制方法如下。

（1）单击【3 相切弧】按钮 。

（2）在绘图区的某个图元上单击，确定圆弧与该图元相切，并且圆弧起点在该图元上；移动鼠标到另外一个图元上单击，确定圆弧与第 2 个图元相切，并且圆弧终点在该图元上；再次移动鼠标到第 3 个图元切点的大概位置，系统会自动捕捉到切点，单击确定圆弧的最终位置与大小。

（3）重复步骤（2）的操作，可以创建多个圆弧。

（4）单击鼠标中键结束圆弧的绘制，如图 3-24 所示。

5. 绘制锥形圆弧

绘制方法如下。

（1）单击【圆锥弧】按钮 。

（2）在绘图区的某个位置单击创建圆弧的起点，移动鼠标到另外一个位置单击创建圆弧的终点，再次移动鼠标到第 3 个位置单击创建圆弧经过的一点。

（3）重复步骤（2）的操作，可以创建多个锥形圆弧。

（4）单击鼠标中键结束锥形圆弧的绘制，如图 3-25 所示。

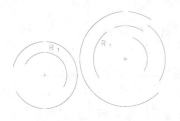 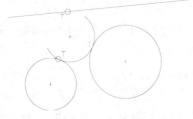 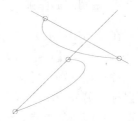

图 3-23　同心圆弧的绘制　　　图 3-24　与 3 个图元相切圆弧的绘制　　　图 3-25　锥形圆弧的绘制

3.2.6　绘制圆角

在草图中，必须已有两个图元才可以绘制圆角，如图 3-26 所示。圆角分圆形和椭圆形两种。

1. 绘制圆形圆角

绘制方法如下。

(1) 单击【圆形圆角】按钮 。

(2) 在绘图区的某个图元上单击，系统会将单击的位置作为预绘制圆角的切点之一，移动鼠标到另外一个图元上单击，系统会将单击的位置作为预绘制圆角的切点之二，系统根据两个切点位置的不同而只选择一个切点，自动创建一个与两个图元相切，且具有较小半径的圆角。

(3) 重复步骤(2)的操作，可以创建多个圆角。

(4) 单击鼠标中键结束圆角的绘制，如图 3-27 所示。

❓ **注意**：在绘制圆形圆角时，如果在两个图元上的单击位置无法生成圆角，则系统不会创建圆角。

2. 绘制椭圆形圆角

绘制方法如下。

(1) 单击【椭圆形圆角】按钮 。

(2) 在绘图区的某个图元上单击，系统会将单击的位置作为绘制椭圆形圆角的切点，移动鼠标到另外一个图元上单击，系统会将单击的位置作为绘制椭圆形圆角的另一个切点，从而创建一个与两个图元相切的椭圆形圆角。

(3) 重复步骤(2)的操作，可以创建多个椭圆形圆角。

(4) 单击鼠标中键结束椭圆形圆角的绘制，如图 3-28 所示。绘制圆角前的图元如图 3-26 所示。

❓ **注意**：在绘制椭圆形圆角时，如果在两个图元上的单击位置无法生成椭圆形圆角，则系统会根据单击的位置优先选择生成圆形圆角，如果仍无法生成圆形圆角，则系统不会创建圆角。

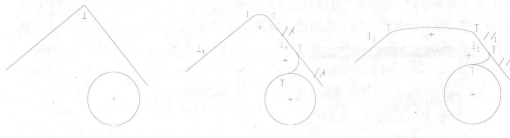

图 3-26　绘制圆角前的图元　　　图 3-27　圆形圆角的绘制　　　图 3-28　椭圆形圆角的绘制

3.2.7　绘制样条曲线

绘制样条曲线的方法如下。

(1) 单击【样条】按钮 ～ 。

(2) 在绘图区的某个位置单击创建样条曲线经过的一个点，移动鼠标到另外一个位置单击创建样条曲线经过的另一个点，重复下去，创建通过数点的平滑曲线。

(3) 单击鼠标中键结束一条样条曲线的绘制。

(4) 重复步骤(2)、(3)的操作，可以绘制多条样条曲线。

(5) 再次单击鼠标中键结束样条曲线的绘制，如图 3-29 所示。

图 3-29　样条曲线的绘制

3.2.8　创建坐标系

坐标系主要用于绘制图元及创建特征的位置参照，创建方法如下。

(1) 单击【坐标系】按钮 ⊢ 。

(2) 在绘图区的某个位置单击即可创建坐标系。

(3) 重复步骤(2)的操作，可以创建多个坐标系。

(4) 单击鼠标中键结束坐标系的创建。

3.2.9　创建文本

创建文本的方法如下。

(1) 单击【文本】按钮 Ａ 。

(2) 在绘图区的某个位置单击确定文本的起始点，移动鼠标到另外一个位置单击确定文本的高度与旋转角度，此时弹出【文本】对话框，如图 3-30 所示。在【文本行】文本框中输入文本，如果勾选【沿曲线放置】复选框，则移动鼠标到绘图区的一个图元上单击，此时文本按所选图元路径放置，单击对话框中的【确定】按钮。

（3）重复步骤（2）的操作，可以创建多个文本。

（4）单击鼠标中键结束文本的创建，如图 3-31 所示。

图 3-30 【文本】对话框

图 3-31 文本的绘制

3.3 编辑草图

编辑草图包括对图元的调整及图元的复制、镜像、裁剪、删除等。一般对图元进行编辑前，需要确认【草绘器工具】工具栏中的【依次】按钮 处于被按下状态。

3.3.1 直线的调整

1. 某个端点的调整

移动鼠标到直线上某一位置，按下左键不放，同时移动鼠标，此时远离鼠标指针的端点位置不变，而靠近鼠标指针的端点位置会发生变化，如图 3-32 所示，调整结束后松开鼠标左键。

2. 直线的整体平动调整

移动鼠标到直线上的某一位置单击，使直线或直线端点处于被选取状态，再次选择直线上某一位置按下左键不放（按下前移动或不移动鼠标均可），同时移动鼠标，此时直线会产生整体平动调整，如图 3-33 所示，调整结束后松开鼠标左键。

图 3-32 某个端点的调整

图 3-33 直线的整体平动调整

3.3.2　圆的调整

1. 圆心位置的调整

移动鼠标到圆心位置，按下左键不放，同时移动鼠标，此时圆心的位置会发生变化，如图 3-34 所示，调整结束后松开鼠标左键。

2. 圆大小的调整

移动鼠标到圆上某一位置，按下左键不放，同时移动鼠标，此时圆的大小会发生变化，如图 3-35 所示，调整结束后松开鼠标左键。

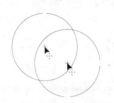 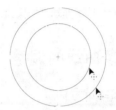

图 3-34　圆心位置的调整　　　　　　　　图 3-35　圆大小的调整

3.3.3　圆弧的调整

1. 圆弧圆心位置的调整

移动鼠标到圆弧圆心位置，按下左键不放，同时移动鼠标，此时圆弧圆心的位置会发生变化，圆弧的起点位置不变，如图 3-36 所示，调整结束后松开鼠标左键。

2. 圆弧角度的调整

移动鼠标到圆弧的某一位置，按下左键不放，同时移动鼠标，此时圆弧的角度大小会发生变化，调整结束后松开鼠标左键。如果按下左键的位置是端点，则这个端点的位置发生变化，另一个端点位置不变，同时圆弧的半径不变，如图 3-37 所示。如果按下左键的位置不是端点，则两个端点的位置都不变化，同时圆弧的半径发生变化，如图 3-38 所示。

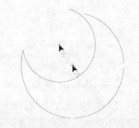 

图 3-36　圆弧圆心位置的调整　　　　　　图 3-37　按下端点时圆弧的调整

3. 圆弧的整体平动调整

移动鼠标到圆弧上的某一位置或圆弧圆心单击，使圆弧、圆弧端点或圆弧圆心处于被选取状态，再次选择圆弧圆心按下左键不放（按下前移动或不移动鼠标均可），同时移动鼠标，此时圆弧会产生整体平动调整，如图 3-39 所示，调整结束后松开鼠标左键。

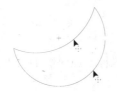

图 3-38　按下非端点时圆弧的调整

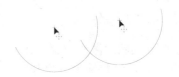

图 3-39　圆弧的整体平动调整

3.3.4　样条曲线的调整

1. 样条曲线位置调整

对于两端点不重合的样条曲线，移动鼠标到样条曲线的某一端点位置，按下左键不放，同时移动鼠标，此时样条曲线的另一端点位置与样条曲线形状不变，如图 3-40 所示，调整结束后松开鼠标左键。对于两端点重合的样条曲线，移动鼠标到重合端点，按下左键不放，同时移动鼠标，此时样条曲线产生整体平动，如图 3-41 所示，调整结束后松开鼠标左键。

图 3-40　端点不重合样条曲线的位置调整

图 3-41　端点重合样条曲线的位置调整

2. 样条曲线形状调整

移动鼠标到样条曲线的某一插值点位置，按下左键不放，同时移动鼠标，此时样条曲线的形状会发生变化，调整结束后松开鼠标左键。

3.3.5　图元的移动、缩放与旋转

提示：为了对图元进行操作，有时需要预先在绘图区选取图元。在图元的某一位置单击，该图元即被选取。如果继续选取其他图元，需要按<Ctrl>键，并在其他图元的某一位置单击，重复下去，可以选取多个图元。另外，也可以在绘图区的空白区域按下鼠标左键不放，同时移动鼠标出现一个选取框，松开鼠标左键时在选取框内的图元将被选取。另外，在绘图区的空白区域单击可以取消选取，按<Delete>键可以删除所选图元。

选取图元后，单击【草绘器工具】工具栏中的【缩放和旋转】按钮 ⊚，弹出【缩放旋转】对话框，如图 3-42 所示，同时在绘图区选中图元的范围会出现一个点划线矩形框与三个控制句柄，如图 3-43 所示。

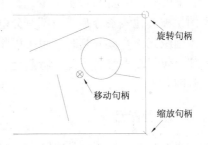

旋转句柄

移动句柄

缩放句柄

图 3-42　【缩放旋转】对话框　　　　　图 3-43　控制句柄

在移动句柄、缩放句柄与旋转句柄的位置处按下鼠标左键不放，同时移动鼠标，就可以实现图元的移动、缩放与旋转，调整后松开鼠标左键。另外，也可以在【缩放旋转】对话框的【比例】与【旋转】文本框中输入数值来实现图元的缩放与旋转。调整结束后单击鼠标中键退出(或单击【缩放旋转】对话框中的【确定】按钮 ✔)。

提示：在控制句柄位置处按下鼠标右键不放，同时移动鼠标，可以改变控制句柄的相对位置。改变移动句柄的位置后，图元缩放与旋转的中心就会随之改变。

3.3.6　图元的复制

选取图元后，在菜单栏中选择【编辑】→【复制】命令，则所选图元会被复制到系统剪切板，在绘制过程中，在菜单栏中选择【编辑】→【粘贴】命令，在绘图区中某一位置单击，确定粘贴图元的位置，此时在绘图区中会创建最近一次复制到系统剪切板中的图元，并弹出【缩放旋转】对话框，此时还可以对复制的图元进行移动、缩放与旋转操作，调整结束后单击鼠标中键退出。重复选择【粘贴】命令可以复制多个相同的图元。

3.3.7　图元的镜像

图元的镜像操作是将所选图元相对于中心线进行对称绘制，因此，在绘图区中必须已有中心线才能执行该操作。

选取图元后，单击【草绘器工具】工具栏中的【镜像】按钮 ⯔，然后在绘图区的中心线上单击，此时在绘图区中就创建了相对该中心线的图元镜像，如图 3-44 所示。

图 3-44　图元的镜像

注意：中心线图元本身是不能被镜像的。

3.3.8　图元的裁剪

当图元被其他线条分割或内部有分割点时，可以将分割点两侧的图元作为两个不同的图元段；而当图元没有被分割时，也可以将它作为一个图元段。图元裁剪的目的就是对图元段进行处理，包括动态修剪图元、将图元修剪(剪切或延伸)到其他图元或几何、在选取点的位置处分割图元。

1. 动态修剪图元

动态修剪图元的目的就是删除图元段。首先单击【草绘器工具】工具栏中的【删除段】按钮，然后有两种操作方法可以选择。

● 在绘图区的某个位置按下鼠标左键不放，此时移动鼠标会显示鼠标经过的轨迹，而与轨迹相交的图元段将被修剪，直到松开鼠标左键后，这些图元段即被删除，如图3-45所示。

● 在图元段的某个位置上单击，该图元段即被删除，如图3-46所示。

然后还可以重复这两种操作方法，调整结束后单击鼠标中键退出。

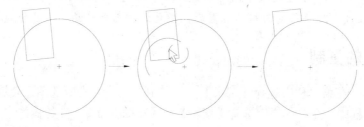

图3-45　移动鼠标的删除段

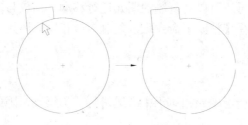

图3-46　单击鼠标的删除段

2. 将图元修剪(剪切或延伸)到其他图元或几何

将图元修剪(剪切或延伸)到其他图元或几何的目的是删除多余的图元段或增加缺少的图元段，从而形成一个拐角形状。首先单击【草绘器工具】工具栏中的【拐角】按钮，然后在绘图区依次选取两个图元，系统会根据单击的位置自动生成拐角，调整结束后单击鼠标中键退出，如图3-47所示。

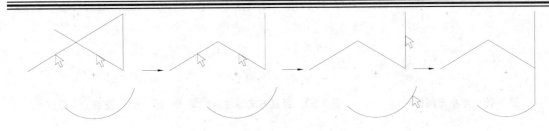

图 3-47　拐角的修剪

3. 在选取点的位置处分割图元

分割图元的目的是将一个图元段分割为两个图元段。首先单击【草绘器工具】工具栏中的【分割】按钮，然后在绘图区图元的某个位置单击，此位置即为图元的分割点，将图元一分为二，重复下去，可以产生多个分割点，调整结束后单击鼠标中键退出。

注意：中心线图元不能被裁剪。

3.4　标　注　尺　寸

绘制图元后，系统会自动进行全约束的尺寸标注。但是，系统自动产生的尺寸标注不一定满足设计者需要。此时，就需要设计者增加一些符合设计意图的尺寸标注。值得注意的是，系统产生的尺寸标注称为"弱"尺寸，这些尺寸是不能由设计者删除的，只能由系统自动删除，以保证草图的完全约束。而设计者标注的尺寸称为"强"尺寸，这些尺寸是不能由系统自动删除的，只能由设计者删除，这样在草图发生过约束时，系统不会自动删除这些尺寸，而只能由设计者来解决。

3.4.1　距离标注

1. 点与点的距离标注

两个点可以进行水平方向、竖直方向或直线方向距离的标注。单击【草绘器工具】工具栏中的【垂直】按钮，然后在两个点上分别单击，移动鼠标到某个位置单击鼠标中键，此时在这个位置会显示所标注的尺寸值，单击鼠标中键退出。

注意：显示尺寸值前单击鼠标中键的位置决定了标注哪个方向的尺寸。如图 3-48 所示，由过这两个点的十字线可以将平面分成 9 个区域，不同区域会对应水平方向、竖直方向或直线方向的距离标注，如图 3-49～图 3-51 所示，图中鼠标所在的位置为单击鼠标中键的位置。

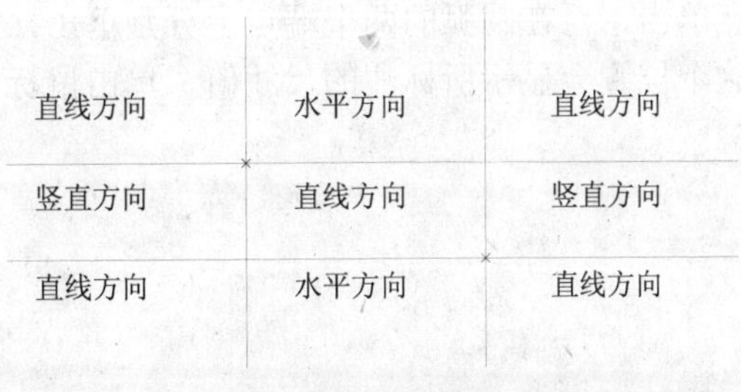

直线方向	水平方向	直线方向
竖直方向	直线方向	竖直方向
直线方向	水平方向	直线方向

图 3-48　点与点的距离标注

图 3-49　水平方向标注

图 3-50　竖直方向标注

图 3-51　直线方向标注

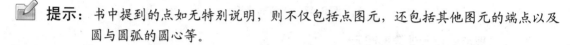

提示：书中提到的点如无特别说明，则不仅包括点图元，还包括其他图元的端点以及圆与圆弧的圆心等。

2. 点与直线的距离标注

单击【草绘器工具】工具栏中的【垂直】按钮 ，然后在点与直线上分别单击，移动鼠标到某个位置单击鼠标中键，此时在这个位置会显示所标注的尺寸值，单击鼠标中键退出。

3. 直线与直线的距离标注

单击【草绘器工具】工具栏中的【垂直】按钮 ，然后在两条直线上分别单击(如果只单击一条直线，单击鼠标中键后将会显示该直线的长度值)，移动鼠标到某个位置单击鼠标中键，此时在这个位置会显示所标注的尺寸值，单击鼠标中键退出。

注意：只有当两条直线平行时才能进行距离标注，两条直线不平行时将显示它们之间的角度值。

3.4.2　角度标注

1. 直线与直线的角度标注

单击【草绘器工具】工具栏中的【垂直】按钮 ，然后在两条直线上分别单击，移动鼠标到某个位置单击鼠标中键，此时在这个位置会显示所标注的角度尺寸值，单击鼠标中键退出，如图 3-52 所示。

2. 圆弧角度

单击【草绘器工具】工具栏中的【垂直】按钮 ，然后在圆弧上除两个端点以外的任一点单击，再在圆弧的两个端点上分别单击，最后移动鼠标到某个位置单击鼠标中键，此时在这个位置会显示所标注的尺寸值，单击鼠标中键退出，如图 3-53 所示。

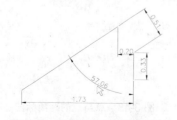
图 3-52　直线与直线的角度标注

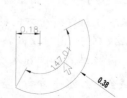
图 3-53　圆弧角度标注

3.4.3 直径与半径标注

1. 直径标注

单击【草绘器工具】工具栏中的【垂直】按钮 ⟘，然后在圆或圆弧上双击，移动鼠标到某个位置单击鼠标中键，此时在这个位置会显示所标注的直径尺寸值，单击鼠标中键退出，如图 3-54 所示。

2. 半径标注

单击【草绘器工具】工具栏中的【垂直】按钮 ⟘，然后在圆或圆弧上单击，移动鼠标到某个位置单击鼠标中键，此时在这个位置会显示所标注的半径尺寸值，单击鼠标中键退出，如图 3-55 所示。

图 3-54 直径标注   图 3-55 半径标注

3.5 修 改 标 注

绘制图元并标注了尺寸后，需要进一步对标注进行修改，包括尺寸值的修改、尺寸的替换与类型的转换等。

3.5.1 尺寸值的修改

尺寸值的修改有如下两种方法。

1. 双击尺寸值

在需要修改的尺寸值位置双击，此时会出现带有该尺寸值的文本框，在文本框中输入新的尺寸值，单击鼠标中键退出，可以看到图元会随尺寸值的修改而发生相应变化，如图 3-56 所示。

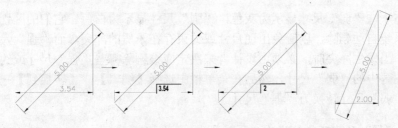

图 3-56 双击尺寸值进行修改

2. 选择【修改】命令

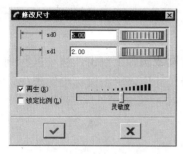

图 3-57 【修改尺寸】对话框

选中尺寸(与选取图元方法相同,也可以选取多个尺寸),单击【草绘器工具】工具栏中的【修改】按钮 ,弹出【修改尺寸】对话框,如图 3-57 所示,可以看到所选尺寸在对话框中列出,在相应的文本框中输入新的尺寸值,单击鼠标中键退出(或单击【修改尺寸】对话框中的【确定】按钮),可以看到图元会随尺寸值的修改而发生相应变化。

另外,如果勾选【再生】复选框,则绘图区中的图元会随着尺寸值的更改随时发生变化;如果不勾选该复选框,则要等到单击鼠标中键退出后才发生变化。如果勾选【锁定比例】复选框,则在修改一个尺寸值后,其他尺寸值会按照该尺寸值在修改前后的比例产生同样比例的变化。

提示:在弹出【修改尺寸】对话框后,也可以在绘图区中选取其他尺寸,此尺寸会在对话框中列出,可以对其进行修改。另外,在未选取尺寸前,先单击【修改】按钮 ,然后选择一个尺寸,同样会弹出【修改尺寸】对话框。

3.5.2 尺寸的替换

系统自动为每一个尺寸分配了一个尺寸参数,在如图 3-57 所示的【修改尺寸】对话框中,系统自动为每一个尺寸分配的尺寸参数为 sd0、sd1,依次分配下去将是 sd2、sd3 等等。默认情况下,每生成一个新尺寸,系统将分配一个递增的新尺寸参数,而通过尺寸替换可以使创建的新尺寸仍具有原尺寸的尺寸参数。这一点在处理与原尺寸参数相关的其他数据时非常有用。

替换方法为:在菜单栏中选择【编辑】→【替换】命令,在被替换的尺寸上单击,此时该尺寸被删除,然后按照 3.4 节中所述的方法创建一个新的尺寸(不需要单击【草绘器工具】工具栏中的【垂直】按钮 ,直接标注尺寸即可),单击鼠标中键退出。

3.5.3 尺寸类型的转换

尺寸类型转换是指将尺寸改变为不同的类型,使其具有不同的作用,主要包括有以下 3 种转换。

1. 将"弱"尺寸转换为"强"尺寸

默认状态下,"弱"尺寸显示为灰色,"强"尺寸显示为白色。它们的区别是:"弱"尺寸可以由系统自动删除,以避免出现尺寸或约束存在矛盾的冲突,而"强"尺寸不能被系统自动删除,当发生冲突时,必须由设计者来决定应该删除哪些"强"尺寸或约束条件。

选取绘图区中的"弱"尺寸,然后在菜单栏中选择【编辑】→【转换到】→【加强】命令,即可将"弱"尺寸转换为"强"尺寸。

注意:"强"尺寸不能转换为"弱"尺寸。

2. 将"弱"或"强"尺寸锁定

一般情况下，修改尺寸时，图元会随之变化；同样调整图元时，尺寸也会同时改变。而为了使某些尺寸值始终保持不变，就需要将这些尺寸锁定。这样，锁定的尺寸值就不会发生变化，也不能被自动删除。

选取绘图区中的"弱"或"强"尺寸，然后在菜单栏中选择【编辑】→【切换锁定】命令，即可将"弱"或"强"尺寸锁定。

锁定的尺寸是一种特殊的"强"尺寸，进行解除锁定操作，即可完成从"锁定"尺寸到"强"尺寸的转换。方法为：选取绘图区中的"锁定"尺寸，然后在菜单栏中选择【编辑】→【切换锁定】命令。

3. 将"强"尺寸转换为参照尺寸

参照尺寸起参照提示的作用，不具有驱动图元的能力，其值不能进行手动修改，只能随着图元的变化而被动改变，在尺寸值的后面带有"REF"标志。

选取绘图区中的"强"尺寸，然后在菜单栏中选择【编辑】→【转换到】→【参照】命令，即可将"强"尺寸转换为参照尺寸。

3.6 草图中的几何约束

绘制图元过程中，系统会根据鼠标指定的当前位置自动提示可能产生的几何约束，以约束符号显示，设计者可以选择其中的几何约束进行绘制，绘制完成后，该约束符号会显示在图元的附近。另外，设计者还可以根据实际需要，创建新的约束，对现有约束进行编辑，进一步结合尺寸的标注，最终完成草图的设计工作。

3.6.1 约束的种类

单击【草绘器工具】工具栏中的【约束】按钮，弹出【约束】对话框，如图 3-58 所示，对话框中共列出了 9 种约束。

对话框中各约束按钮的功能如下。

图 3-58 【约束】对话框

- 【使线或两顶点垂直】按钮——约束一条线成为竖直线，或约束两个点在同一条竖直线上。显示符号"V"，或两条竖直短线。
- 【使线或两顶点水平】按钮——约束一条线成为水平线，或约束两个点在同一条水平线上。显示符号"H"，或两条水平短线。
- 【使两图元正交】按钮——约束两图元相互垂直。显示符号"⊥"。
- 【使两图元相切】按钮——约束线与圆、线与圆弧、圆与圆、圆与圆弧、圆弧与圆弧相切。显示符号"T"。

- 【将点放在线或弧的中间】按钮 ＼——约束一个点位于一条线段的中点。显示符号"*"。
- 【创建相同点、图元上的点或共线约束】按钮 ◈——约束两点重合，或约束点位于图元上，或约束两条线共线。显示符号"○"，或两条短线。
- 【使两点或顶点关于中心线对称】按钮 ⊹⊹——约束两点相对于中心线对称。显示符号"→←"。
- 【创建等长、等半径或相同曲率的约束】按钮 ＝——约束两条线等长，或两个圆(圆弧)等半径。显示符号"L"(等长)或"R"(等半径)。
- 【使两线平行】按钮 ∥——约束两条线相互平行。显示符号"∥"。

3.6.2　创建约束

下面以创建竖直约束为例，介绍创建约束的操作方法。单击【草绘器工具】工具栏中的【约束】按钮 ⊡，弹出【约束】对话框后，单击按钮 ↕，并在绘图区中选择直线图元，可以创建直线竖直约束，继续依次选择两个点，创建两个点在同一条竖直线上的约束，可以重复创建下去，然后单击鼠标中键退出竖直约束的创建，如图3-59所示。

然后可以在【约束】对话框中选择其他种约束按钮，创建其他约束，并单击鼠标中键退出。所有约束创建完成后，再次单击鼠标中键退出(也可以在【约束】对话框中单击【关闭】按钮)。

图 3-59　竖直约束

3.6.3　取消约束

取消约束一是指对现有约束的删除，二是在绘制图元过程中，对自动提示约束的禁用。

1. 现有约束的删除

通过选取约束显示符号来选取相应的约束(与选取图元或标注方法相同)，按<Delete>键删除。

2. 提示约束的禁用

在绘制图元过程中，当出现自动提示的约束显示符号时，右击该符号，则自动提示的约束将被禁用，此时约束符号上会显示一个短斜线"／"；再次右击该符号，则恢复被禁用的约束，短斜线不显示，如图3-60所示。

图 3-60　禁用约束与恢复

3.6.4　约束锁定

锁定约束是指对自动提示约束的锁定，锁定后移动鼠标到任何位置，此约束都会一直有效。在绘制图元过程中，当出现自动提示的约束显示符号时，按<Shift>键不放，右击该符号，则自动提示的约束将被锁定，此时约束符号上外会显示一个圆"○"；再次按<Shift>键不放，右击该符号，则恢复被锁定的约束，如图 3-61 所示。

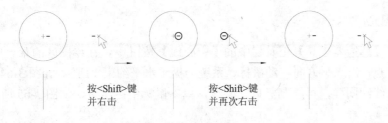

图 3-61　锁定约束与恢复

3.6.5　约束冲突的解决

当几何约束与"强"尺寸标注重复或出现相互矛盾时，系统会提示出现约束冲突，此时会弹出【解决草绘】对话框，如图 3-62 所示。

解决冲突的方法有如下 3 种。

1. 撤销导致冲突出现的操作

在【解决草绘】对话框中单击【撤销】按钮，撤销导致冲突出现的本次操作，回到原来的约束状态。

图 3-62　【解决草绘】对话框

2. 删除多余约束或尺寸

在【解决草绘】对话框的列表框中，选取其中一个尺寸或约束，然后单击【删除】按钮，即可删除过多的尺寸或约束，回到无冲突的状态。

3. 将"强"尺寸转换为参照尺寸

在【解决草绘】对话框的列表框中，选取其中一个尺寸，然后单击【尺寸>参照】按钮，将这个尺寸转换为参照尺寸，由于参照尺寸只起到参照提示的作用，所以与删除该尺寸的操作具有大致相同的结果，从而回到无冲突的状态。

3.7 实 例 训 练

例题： 草绘命令综合练习

绘制如图 3-63 所示的二维草图（此图见随书光盘 "\ch03\03example.sec"）。

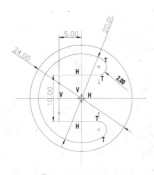

图 3-63　绘制草图实例

1. 进入草绘环境

在菜单栏中选择【文件】→【新建】命令或单击工具栏中的【新建】按钮 ，弹出如图 3-1 所示的【新建】对话框，在对话框中点选【草绘】单选钮，在【名称】文本框中输入草图名称 "s2d"，单击【确定】按钮，进入草绘环境。

2. 绘制图元

（1）单击【草绘器工具】工具栏中的【中心线】按钮 ，在绘图区的某一位置单击，确定中心线上一点，沿水平方向移动鼠标，系统会提示水平约束 "H"，如图 3-64 所示，单击，绘制水平中心线；同样，再绘制竖直中心线，单击鼠标中键结束，如图 3-65 所示。

图 3-64　水平约束提示　　　　　　　　　　图 3-65　绘制两条中心线

（2）单击【草绘器工具】工具栏中的【圆心和点】按钮 ，移动鼠标到绘图区两条中心线的交点附近，系统会自动提示重合约束 "O"，如图 3-66 所示，单击确定圆心的位置，然后移动鼠标到另外某个位置单击，大致确定圆大小，单击鼠标中键结束，如图 3-67 所示。

图 3-66　重合约束提示

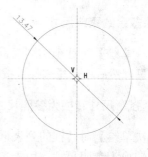

图 3-67　绘制圆

(3) 单击【草绘器工具】工具栏中的【矩形】按钮□，在圆内某个位置单击创建矩形的一个顶点，移动鼠标到这个顶点相对于水平和竖直中心线对称的点附近，系统会提示对称约束"→ ←"，如图 3-68 所示；再次单击创建矩形的对角顶点，单击鼠标中键结束，如图 3-69 所示。

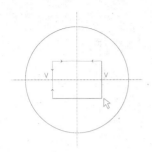

图 3-68　对称约束提示

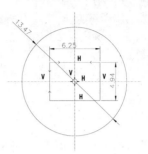

图 3-69　绘制矩形

(4) 单击【草绘器工具】工具栏中的【3 点/相切端弧】按钮⟍，在矩形的一条水平边线上单击，创建圆弧的起点，移动鼠标到圆上某个位置单击，创建圆弧的终点，继续移动鼠标到使圆弧与圆相切的位置附近，系统会提示相切约束"T"，如图 3-70 所示。再次单击确定圆弧的大小，并与外圆相切，单击鼠标中键结束，如图 3-71 所示。

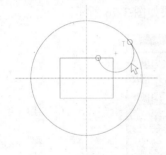

图 3-70　相切约束提示

图 3-71　绘制圆弧

3. 创建约束

(1) 单击【草绘器工具】工具栏中的【约束】按钮⊡，弹出【约束】对话框后，单击按钮=，然后在绘图区依次选取矩形的两条相邻边，创建等长约束，单击鼠标中键结束，如图 3-72 所示。

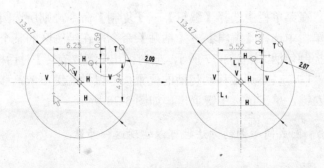

图 3-72　创建等长约束

(2) 在对话框中单击按钮 ∅，然后在绘图区依次选取圆弧与矩形边线，创建相切约束，单击鼠标中键结束，如图 3-73 所示，再次单击鼠标中键退出【约束】对话框。

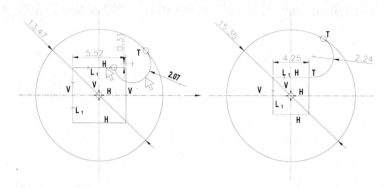

图 3-73　创建相切约束

4. 修改尺寸值

按住<Ctrl>键不放，在图中 3 个尺寸值的显示位置依次单击，如图 3-74 所示。选取尺寸后，单击【草绘器工具】工具栏中的【修改】按钮 ⇉，弹出【修改尺寸】对话框，修改相应的尺寸，如图 3-75 所示。单击鼠标中键退出，修改结果如图 3-76 所示。

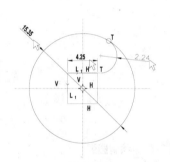

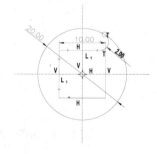

图 3-74　选取标注尺寸　　　　图 3-75　修改标注尺寸　　　　图 3-76　修改结果

📝 **提示**：通过双击标注尺寸值，也可以依次修改标注尺寸。

5. 编辑草图

(1) 选取圆后，在菜单栏中选择【编辑】→【复制】命令，则所选圆会被复制到系统剪切板，然后再在菜单栏中选择【编辑】→【粘贴】命令，在绘图区的某个位置单击，此时会出现所复制的圆与控制句柄，如图 3-77 所示。同时弹出【缩放旋转】对话框，在对话框的【比例】文本框中输入"1.2"，然后在移动句柄的位置按下鼠标左键不放，移动鼠标到两中心线的交点处松开鼠标左键，单击鼠标中键退出，如图 3-78 所示。

📝 **提示**：通过绘制圆或同心圆的方法也可以实现这一步骤。

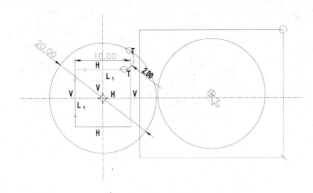

图 3-77　图元的复制　　　　　　　　　　　图 3-78　图元的移动

（2）选取圆弧后，单击【草绘器工具】工具栏中的【镜像】按钮，然后在绘图区的水平中心线上单击，此时在绘图区就创建了圆弧相对水平中心线的镜像，如图 3-79 所示。

（3）单击【草绘器工具】工具栏中的【删除段】按钮，在绘图区的某个位置按下鼠标左键不放，移动鼠标画出轨迹，松开鼠标左键，与轨迹相交的图元段即被删除，再次单击矩形边线超出圆弧的两段将其删除，单击鼠标中键结束，如图 3-80 所示。

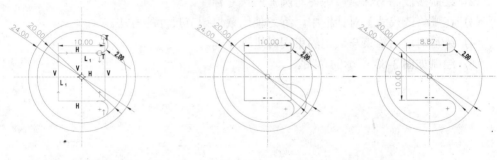

图 3-79　图元的镜像　　　　　　　　　　　图 3-80　图元的裁剪

6. 标注所需尺寸

单击【草绘器工具】工具栏中的【垂直】按钮，在原矩形竖直边与竖直中心线上分别单击，移动鼠标到某个位置单击鼠标中键，此时在这个位置会显示所标注的尺寸"5.00"，同时"弱"尺寸"10.00"被自动删除了，再次单击鼠标中键退出，如图 3-81 所示。选取图中"强"尺寸"8.87"，按<Delete>键删除，则系统会自动标注"弱"尺寸"10.00"，如图 3-82 所示。

✎ **提示**：绘制同一个草图有多种不同的方法与过程。

7. 保存文件

在菜单栏中选择【文件】→【保存】命令或单击工具栏中的【保存】按钮，弹出【保存对象】对话框，单击【确定】按钮保存文件。

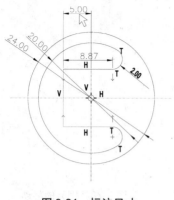

图 3-81　标注尺寸

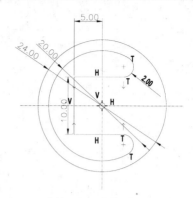

图 3-82　删除尺寸

3.8　练　习　题

(1) 绘制一个矩形，并练习对矩形边与点的调整。

(2) 绘制多段圆与圆弧，练习对圆弧的尺寸标注。

(3) 在【修改尺寸】对话框中，练习使用鼠标调节尺寸的方法。

(4) 练习对取消约束与锁定约束同时进行操作。

(5) 绘制如图 3-83 所示的草图。

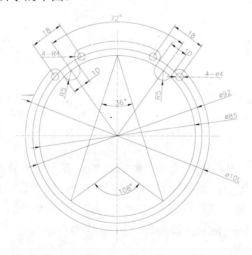

图 3-83　草图练习

提示：选取图元后，在菜单栏中选择【编辑】→【切换构造】命令，可以将图元转换为参考图元(以虚线表示)。

第4章 基 准 特 征

基准特征不是用来添加或去除材料的特征，它是建模的参考或基准数据，是构建特征的基础，其他特征都部分或全部依赖于基准特征之上，因此基准特征的建立和选择都是非常重要的。

本章着重介绍常用的基准特征，包括基准平面、基准轴、基准点、基准曲线、坐标系等。

4.1　基准特征概述

基准特征是零件建模的参照特征，包括基准平面、基准轴、基准点、基准曲线、坐标系等。其主要用途是辅助 3D 特征的创建，可作为特征截面绘制的参照面、模型定位的参照面和控制点、装配用参照面等。例如，基准面可以用来指示草绘要绘在何处，基准轴可以用来引导一个轮廓要绕哪一个轴旋转，基准点可以当作参照点以方便联机等。

选择一个非空模板创建一个 Pro/ENGINEER 零件文件时，系统会提供默认基准特征，如图 4-1 所示，3 个相互正交的基准平面即"TOP"、"FRONT"、"RIGHT"和一个基准坐标系"PRT_CSYS_DEF"。进入零件模式后，有两种方法可以建立基准特征。

● 在菜单栏中选择【插入】→【模型基准】命令，然后选择子菜单中的命令创建基准特征，如图 4-2 所示。

● 在图形显示区右侧的【基准】工具栏中单击相应的按钮来创建基准特征，如图 4-3 所示。

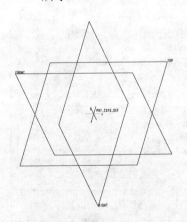 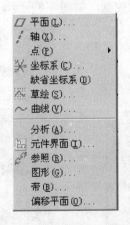 

图 4-1　初始平面基准　　　图 4-2　【模型基准】子菜单　　图 4-3　【基准】工具栏

此外基准特征(如坐标系)还可用于计算零件的质量属性，提供制造的操作路径等。

4.2 基准显示与设置

特征是依次创建的，Pro/ENGINEER 使用模型树来表现特征之间的先后顺序和依赖顺序。模型树位于屏幕的左侧，可以单击导航区选项卡中的【模型树】按钮 切换到模型树，柔性铰链的模型树如图 4-4 所示(柔性铰链的模型文件见随书光盘"\ch04\04example-1.prt")。

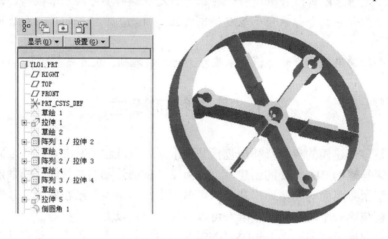

图 4-4 柔性铰链及其模型树

注意：模型树中不显示构成特征的几何图元(例如曲面、曲线等)，只显示零件或组件的特征级和零件级对象。

在导航区的菜单栏中选择【设置】→【树过滤器】命令，可以对模型树中的特征进行显示控制，如图 4-5 所示。在弹出的【模型树项目】对话框中，通过勾选各复选框，可以对各类项目是否在模型树中显示进行控制，如图 4-6 所示。

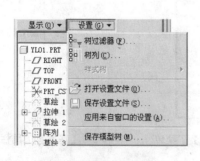

图 4-5 【树过滤器】命令

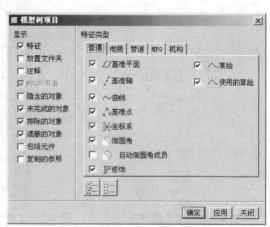

图 4-6 【模型树项目】对话框

注意：在模型树中取消显示的特征，并不影响该特征在图形显示区的显示。

在实体图的绘制过程中，当需要辅助绘图时，需要打开基准特征显示，当画面需要清晰显示时，就需要关闭基准特征显示。因此，设置是否在屏幕上显示该实体的基准特征，是很常用的操作。控制基准特征开关项的【基准显示】工具栏如图 4-7 所示。

在菜单栏中选择【视图】→【显示设置】→【基准显示】命令，弹出【基准显示】对话框，如图 4-8 所示，通过勾选各复选框可对各类基准特征进行显示控制。

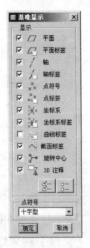

图 4-7　【基准显示】工具栏　　　　　图 4-8　【基准显示】对话框

每一个基准特征，系统都会自动予以命名。如果想要改变基准特征名称，只要直接在【模型树】列表框中双击特征名称即可实现重命名。

4.3　基　准　平　面

基准平面不是几何实体的一部分，只起到参考作用，是零件建模过程中使用最频繁的基准特征。

1．基准平面的作用

基准平面的作用包括以下几个方面。

（1）可作为创建特征的草绘平面、草绘时的方向参照和尺寸标注的参照。

（2）设置视图的参照和作为镜像特征的参考面。

（3）在装配时，基准平面可以作为对齐、匹配和定向等约束条件的参考面。

（4）在工程图模式下，基准平面可以作为建立剖面图的参考面。

2．【基准平面】对话框

基准平面理论上是一个无限大的面，但为便于观察可以设定其大小，以适合于建立的参照特征。基准平面有两个方向面，系统默认的颜色为棕色和黑色。在特征创建过程中，系统允许用户在菜单栏中选择【插入】→【模型基准】→【平面】命令或单击【基准】工具栏中的【平面】按钮 ▱ 创建基准平面。在弹出的【基准平面】对话框中，通过选取轴、边、曲线、基准点、端点、已经建立或存在的平面或曲面等约束进行基准平面的建立，如图 4-9 所示。【基准平面】对话框包括【放置】、【显示】和【属性】3 个选项卡。

图 4-9　【基准平面】对话框

（1）【放置】选项卡

选择当前存在的平面、曲面、边、点、坐标、轴、顶点等作为参照，在【偏距】选项区的【平移】下拉列表框中选择或输入相应的约束数据，在【参照】列表框中根据选择的参照不同，可能显示如下 5 种类型的约束。

- 【穿过】——新的基准平面通过选择的基准点、轴线、实体边线、曲线、平面或曲面。在【穿过】约束中只有选择平面作为参照才可以直接建立基准平面，其他方法还需要相互组合搭配才可以建立新基准平面。如图 4-10 所示为通过两条边线的基准平面。
- 【偏移】——新的基准平面偏离选择的平面或坐标系一个设定的距离。如图 4-11 所示为通过偏移指定平面得到的新的基准平面。

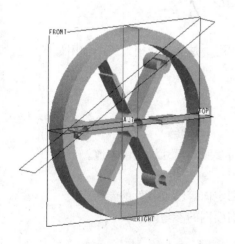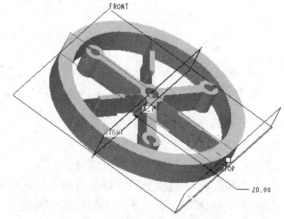

图 4-10　【穿过】方式创建基准平面　　　图 4-11　【偏移】方式创建基准平面

- 【平行】——新的基准平面平行于选择的平面，必须与其他的约束组合使用。如图 4-12 所示为通过指定边并与指定平面平行得到的新的基准平面。
- 【法向】——新的基准平面垂直选择的轴线、实体边线、曲线或平面，必须与其他约束搭配使用。如图 4-13 所示，新的基准平面通过指定边，并且与"A_7"轴垂直。

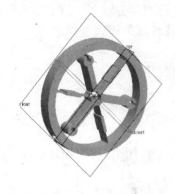

图 4-12 【平行】方式创建基准平面　　　　图 4-13 【法向】方式创建基准平面

- 【角度】——新的基准平面与选择的平面成一个设定的夹角。如图 4-14 所示的基准平面通过指定边，并且与指定的面成 45°。

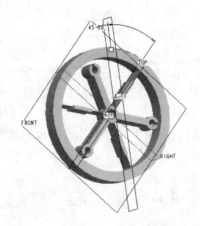

图 4-14 【角度】方式创建基准平面

(2) 【显示】选项卡

包括【反向】按钮(垂直于基准面的相反方向)和【调整轮廓】复选框(供用户调节基准面的外部轮廓尺寸)。

- 如果在下拉列表框中选择【大小】选项，则应当在【宽度】和【高度】文本框中输入数值，系统会根据半径大小来调整基准平面的显示。
- 如果在下拉列表框中选择【参照】选项，则必须在【参照】文本框中选择某一种参照，系统将根据参照的不同分别设定基准平面的显示范围。

(3) 【属性】选项卡

显示当前基准特征的信息，也可对基准平面进行重命名。

3. 创建基准平面

建立基准平面的操作步骤如下。

(1) 在菜单栏中选择【插入】→【模型基准】→【平面】命令，或单击【基准】工具栏中的【平面】按钮 $\square$。

（2）在图形窗口中为新的基准平面选择参照，在【基准平面】对话框的【参照】列表框中选择合适的约束(如【偏移】、【平行】、【法向】、【穿过】等)。

（3）若选择多个对象作为参照，应按<Ctrl>键。

（4）重复步骤(2)、(3)的操作，直到必要的约束建立完毕。

（5）单击【确定】按钮，完成基准平面的创建。

4．建立基准平面的参照组合

此外，系统允许用户预先选定参照来创建符合条件的基准平面。可以建立基准平面的参照组合如下。

（1）选择两个共面的边或轴(但不能共线)作为参照，单击【基准】工具栏中的【平面】按钮□，产生通过参照的基准平面。

（2）选择三个基准点或顶点作为参照，单击【基准】工具栏中的【平面】按钮□，产生通过三点的基准平面。

（3）选择一个基准平面或平面以及两个基准点或两个顶点，单击【基准】工具栏中的【平面】按钮□，产生过这两点并与参照平面垂直的基准平面。

（4）选择一个基准平面或平面以及一个基准点或一个顶点，单击【基准】工具栏中的【平面】按钮□，产生过这两点并与参照平面垂直的基准平面。

（5）选择一个基准点和一个基准轴或边(点与边不共线)，单击【基准】工具栏中的【平面】按钮□，【基准平面】对话框显示通过参照的约束，单击【确定】按钮即可建立基准平面。

实际上，在创建基准平面时，都属于一种或几种约束的综合使用。Pro/ENGINEER 支持大多数数学上已确定的基准平面定义方法。

4.4 基 准 轴

同基准面一样，基准轴常用于创建特征的参照，它经常用于制作基准面、同心放置的参照、创建旋转阵列特征等。

基准轴与中心轴的不同之处在于，基准轴是独立的特征，它能被重定义、压缩或删除。创建旋转特征、孔特征或其他特征后，系统会自动地在其中心产生中心轴。

1．【基准轴】对话框

在菜单栏中选择【插入】→【模型基准】→【轴】命令，或者单击【基准】工具栏中的【轴】按钮／，弹出【基准轴】对话框，如图 4-15 所示。

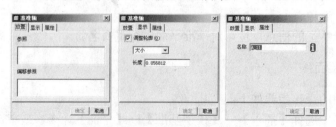

图 4-15 【基准轴】对话框

该对话框包括【放置】、【显示】和【属性】3 个选项卡。

(1)【放置】选项卡

包括【参照】和【偏移参照】两个列表框。在【参照】列表框中显示基准轴的放置参照，供用户选择使用的参照有如下 3 种类型。

- 【穿过】——基准轴通过指定的参照。
- 【法向】——基准轴垂直指定的参照，该类型还需要在【偏移参照】列表框中进一步定义或者添加辅助的点或顶点，以完全约束基准轴。
- 【相切】——基准轴相切于指定的参照，该类型还需要添加辅助点或顶点以全约束基准轴。

(2)【显示】选项卡

可调整基准轴轮廓的长度，从而使基准轴轮廓与指定尺寸或选定参照相拟合。勾选【调整轮廓】复选框后，激活下拉列表框，通过选择【大小】或【参数】选项，可进行相应设置。

(3)【属性】选项卡

显示基准轴的名称和信息，也可对基准轴进行重新命名。

2. 创建基准轴

创建基准轴的操作步骤如下。

(1) 在菜单栏中选择【插入】→【模型基准】→【轴】命令或单击【基准】工具栏中的【轴】按钮 ∕，弹出【基准轴】对话框。

(2) 在图形窗口中为新基准轴选择至多两个【放置】参照。可选择已有的基准轴、平面、曲面、边、顶点、曲线、基准点，选择的参照显示在【基准轴】对话框中【放置】选项卡的【参照】列表框中。

(3) 在【参照】列表框中选择适当的约束类型。

(4) 重复步骤(2)、(3)的操作，直到完成必要的约束设置。

(5) 单击【确定】按钮，完成基准轴的创建。

3. 建立基准轴的参照组合

此外，系统允许用户预先选定参照来创建符合条件的基准轴。可以建立基准轴的参照组合如下。

(1) 选择一垂直的边或轴，单击【基准】工具栏中的【轴】按钮 ∕，创建一通过选定边或轴的基准轴。

(2) 选择两个基准点或基准轴，单击【基准】工具栏中的【轴】按钮 ∕，创建一通过选定的两个点或轴的基准轴。

(3) 选择两个非平行的基准面或平面，单击【基准】工具栏中的【轴】按钮 ∕，创建一通过选定相交线的基准轴。

(4) 选择一条曲线或边及其终点，单击【基准】工具栏中的【轴】按钮 ∕，创建一通过终点和曲线切点的基准轴。

(5) 选择一个基准点和一个面，单击【基准】工具栏中的【轴】按钮 ∕，创建过该点且垂直于该面的基准轴。

提示：当添加多个参照时，应先按<Ctrl>键，然后依次单击要选择的参照即可。

4.5 基 准 点

基准点的用途非常广泛，既可用于绘图中连接基准目标和注释，创建坐标系以及管道特征轨迹，也可在基准点处放置轴、基准平面、孔和轴肩。Pro/ENGINEER Wildfire 4.0 提供 4 种类型的基准点。

在菜单栏中选择【插入】→【模型基准】→【点】→【点】命令，或单击【基准】工具栏中的【点】按钮 ，可以选择创建基准点的方式，如图 4-16 和图 4-17 所示。各按钮含义如下。

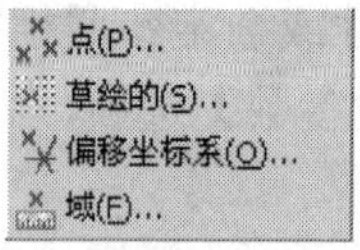

图 4-16 基准【点】子菜单　　　　图 4-17 【基准】工具栏之【点】按钮

- 【点】按钮 ⊠——从实体或实体交点或从实体偏离创建基准点。
- 【草绘的】按钮 ⊠——在草绘工作界面上创建基准点。
- 【偏移坐标系】 ⊠——通过选定的坐标系创建基准点。
- 【域】按钮 ⊠——直接在实体或曲面上单击即可创建基准点，该基准点在行为建模中供分析使用。

4.5.1 一般基准点

1. 【基准点】对话框

在菜单栏中选择【插入】→【模型基准】→【点】→【点】命令，或者单击【基准】工具栏中的【点】按钮 ⊠，弹出【基准点】对话框，可创建位于模型实体或偏离模型实体的基准点，如图 4-18 所示。

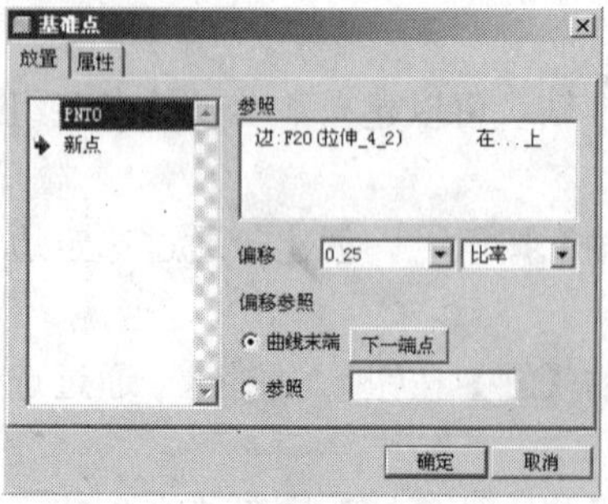

该对话框包含【放置】(定义基准点的位置)和【属性】(显示特征信息、修改特征名称)两个选项卡。【放置】选项卡各部分的功能说明如下。

- 【参照】列表框——在左侧的基准点列表框中选择一个基准点，在【参照】列表框中将列出生成该基准点的放置参照。

图 4-18 【基准点】对话框

- 【偏移】选项区——显示并可以通过确定偏移比率或者确定实数(实际长度)定义点的偏移尺寸。

- 【偏移参照】选项区——列出标注点到模型尺寸的参照，有【曲线末端】和【参照】两种方式。点选【曲线末端】单选钮，则从选择的曲线或边的端点测量长度，要使用另一个端点作为偏移基点，则单击【下一端点】按钮；点选【参照】单选钮，则从选定的参照测量距离。

提示：(1) 要添加一个新的基准点，应首先在【基准点】对话框左侧的列表框中选择【新点】选项，然后选择一个参照(要添加多个参照，需按<Ctrl>键进行选择)。

(2) 要移走一个参照，可在【参照】列表框中选择某一参照右击，在弹出的快捷菜单中选择【移除】命令；或者在图形显示区中选择一个新参照替换原来的参照。

2. 创建一般基准点

创建一般基准点的操作步骤如下。

(1) 选择一条边、曲线或基准轴等。

(2) 单击【基准】工具栏中的【点】按钮  ，一个默认的基准点添加到所指定的实体上，同时弹出【基准点】对话框。

(3) 通过拖动基准点定位句柄，手动调节基准点位置，或者设定【基准点】对话框中【放置】选项卡的相应参数定位基准点。

(4) 在对话框左侧的列表框中选择【新点】选项，添加更多的基准点，单击【确定】按钮，完成基准点的创建。

提示：为方便捕捉参照对象，建议使用工作界面右下角的过滤器工具，在其下拉列表框中选择捕捉对象类型，如图4-19所示。在选择多个参照对象时，应按<Ctrl>键，然后依次选择。

图 4-19 过滤器工具菜单

4.5.2 草绘的基准点

在草绘工作界面中创建的基准点称为草绘的基准点。使用草绘方式一次可草绘多个基准点，这些基准点位于同一个草绘平面，属于同一个基准点特征。

1.【草绘的基准点】对话框

在菜单栏中选择【插入】→【模型基准】→【点】→【草绘的】命令，或单击【基准】工具栏中的【草绘的】按钮 ，弹出【草绘的基准点】对话框，如图 4-20 所示。

该对话框包括【放置】和【属性】两个选项卡。

(1)【放置】选项卡

该选项卡中有如下选项。

● 【草绘平面】选项区——在【平面】文本框中选择一个平面或一个基准面，或单击【使用先前的】按钮以确定草绘平面。

● 【草绘方向】选项区——在【参照】文本框中定位草绘视图方向。既可接受系统默认的视图方向，也可单击【反向】按钮使视图方向反向；既

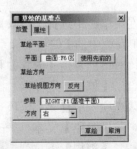

图 4-20 【草绘的基准点】对话框

可接受系统默认的定位参照，也可在【方向】下拉列表框中选择新的定位参照。

- 【草绘】按钮——单击该按钮，系统进入草绘工作界面。

(2)【属性】选项卡

该选项卡显示基准点的名称和信息，也可对基准点进行重新命名。

2. 创建草绘的基准点

创建草绘的基准点的操作步骤如下。

(1) 单击【基准】工具栏中的【草绘的】按钮，弹出【草绘的基准点】对话框。

(2) 选择并定位草绘平面。

(3) 单击【草绘】按钮，进入草绘工作界面。

(4) 接受默认的尺寸标注参照或添加新的标注参照，然后关闭【参照】对话框。

提示： 在创建特征的过程中进入草绘模式时，系统会自动选取零件上的某些基准点、基准线或基准面来作为对齐基准的标注尺寸，这些基准称为"参照"，会在进入草绘模式时自动弹出的【参照】对话框中显示。如果【参照】对话框没有自动打开，用户可在菜单栏中选择【草绘】→【参照】命令将其打开，并对参照进行编辑。

(5) 单击【草绘器工具】工具栏中的【点】按钮，在图形显示区创建一个点。根据需要可创建多个点。

(6) 单击【草绘器工具】工具栏中的【完成】按钮，退出草绘工作界面，完成基准点创建。

注意： 以草绘方式建立基准点时，虽然一次可创建多个基准点，但它们同属于一个基准点特征，在模型树中只显示一个特征名称。

4.5.3 偏移坐标系基准点

Pro/ENGINEER Wildfire 4.0 允许用户通过指定点坐标的偏移产生基准点。可用笛卡尔坐标系、球坐标系或柱坐标系来实现基准点的建立。

1.【偏移坐标系基准点】对话框

在菜单栏中选择【插入】→【模型基准】→【点】→【偏移坐标系】命令，或者单击【基准】工具栏中的【偏移坐标系】按钮，弹出【偏移坐标系基准点】对话框，如图 4-21 所示。该对话框包括【放置】和【属性】两个选项卡。

(1)【放置】选项卡

该选项卡中有如下选项。

- 【参照】文本框——在该文本框中选定参照坐标系。
- 【类型】下拉列表框——在该下拉列表框中选择坐标系的类型，可供选择的选项有【笛卡尔】、【球坐标】和【圆柱】。
- 【输入】按钮——单击该按钮，通过从文件读取偏移值来添加点。

图 4-21 【偏移坐标系基准点】对话框

- 【更新值】按钮——单击该按钮，使用文本编辑器输入坐标，建立基准点。
- 【保存】按钮——单击该按钮，将点的坐标存为一个 ".pts" 文件。
- 【使用非参数矩阵】复选框——勾选该复选框，移走尺寸并将点数据转换为一个参数化、不可修改的数列。
- 【确定】按钮——单击该按钮，完成基准点的创建并退出对话框。

(2) 【属性】选项卡

在该选项卡的【名称】文本框中显示基准点的名称和信息，也可在【名称】文本框中对基准点进行重新命名。

2. 创建偏移坐标系基准点

创建偏移坐标系基准点的操作步骤如下。

(1) 单击【基准】工具栏中的【偏移坐标系】按钮 ※，弹出【偏移坐标系基准点】对话框。

(2) 在图形显示区或导航区的【模型树】列表中选择要放置点的坐标系。

(3) 在【放置】选项卡的【类型】下拉列表框中选择要使用的坐标系类型。

(4) 单击【偏移坐标系基准点】对话框表格区域中的单元框，系统自动添加一个点，然后修改坐标值即可，如图 4-22 所示。

(5) 完成点的添加后，单击【确定】按钮，或单击【保存】按钮，保存添加的点。

图 4-22 【偏移坐标系基准点】对话框
表格区域中的单元框

4.5.4 域基准点

域基准点是用来与用户定义分析(UDA)一起使用的基准点。域基准点将用来定义一个选

取的栏、曲线、边、曲面或面组。由于域基准点属于整个域，所以它不需要标注。要改变域

图 4-23　【域基准点】对话框

基准点的域，就必须编辑特征的定义。域基准点在零件中的名称为 FPNT#，而在组件中的名称为 AFPNT#。

在菜单栏中选择【插入】→【模型基准】→【点】→【域】命令，或者单击【基准】工具栏中的【域】按钮，弹出【域基准点】对话框，在图形显示区选取要放置基准点的曲线、边、实体曲面或组面，一个点将被添加到选定【参照】中，如图 4-23 所示。

注意：可以将域点用来当作用户定义分析所需的特征参照，但不要将其当作规则建模的参照。

4.6　基　准　曲　线

基准曲线除可以作为扫描特征的轨迹、建立圆角的参照特征之外，在绘制或修改曲面时也扮演着重要角色。

4.6.1　草绘曲线

在菜单栏中选择【插入】→【模型基准】→【草绘】命令，或者单击【基准】工具栏中的【草绘】按钮，弹出【草绘】对话框，选择一个草绘平面和草绘参照，然后在草绘环境中绘制平面曲线，如图 4-24 所示。

图 4-24　草绘曲线

4.6.2　创建基准曲线

在菜单栏中选择【插入】→【模型基准】→【曲线】命令，或单击【基准】工具栏中的【曲线】按钮，弹出菜单管理器的【曲线选项】菜单，可实现基准曲线的绘制，如图 4-25 所示。

在【曲线选项】菜单中，有【经过点】、【自文件】、【使用剖截面】和【从方程】4 种创建基准曲线的方法。

- 【经过点】——通过数个参照点建立基准曲线。选择该命令，并选择【完成】命令后，可在弹出的【曲线：通过点】对话框中控制生成方式，如图 4-26 所示。

图 4-25　【曲线选项】菜单　　　　　图 4-26　【曲线：通过点】对话框

- 【自文件】——选择该命令，可输入来自".ibl"、"iges"、"set"或"vda"文件的基准曲线。从文件输入的基准曲线可以由一个或多个段组成，并且多个段不必相连。
- 【使用剖截面】——选择该命令，可使用截面的边界来建立基准曲线，但不能使用偏距横截面中的边界创建基准曲线。
- 【从方程】——选择该命令，可通过输入方程式来建立基准曲线。只要曲线不自交，就可以通过方程式创建基准曲线，如图 4-27 所示。

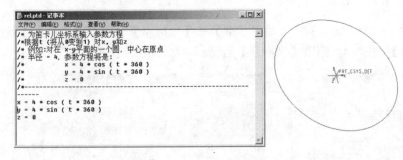

图 4-27　从方程创建基准曲线

4.7　基准坐标系

1. 基准坐标系的作用

在零件的绘制或组件装配中，基准坐标系可用来辅助进行下列工作。
（1）辅助计算零件的质量、质心和体积等。
（2）在零件装配中建立坐标系约束条件。
（3）在进行有限元分析时，辅助建立约束条件。
（4）使用加工模块时，用于设定程序原点。
（5）辅助建立其他基准特征。
（6）使用坐标系作为定位参照。

2. 坐标系类型

坐标系可分为笛卡尔坐标系、圆柱坐标系和球坐标系，如图 4-28 所示。应当根据建模需要选择基准坐标系，不同的坐标系，建模的参考尺寸标注不同，选择合理的坐标系，可以简化尺寸标注，加快建模速度。

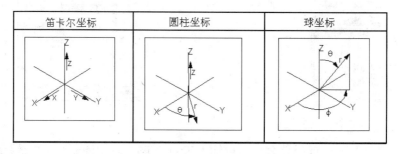

图 4-28　坐标系类型

- 笛卡尔坐标系——用 X、Y 和 Z 表示坐标值。
- 圆柱坐标系——用半径 r、方位角 θ 和 Z 表示坐标值。
- 球坐标系——用半径 r、有向线段与 Z 轴正方向的夹角 θ 和从正 Z 轴看自 Z 轴按逆时针方向转到有向线段的角 ϕ 表示坐标值。

3. 【坐标系】对话框

在菜单栏中选择【插入】→【模型基准】→【坐标系】命令，或者单击【基准】工具栏中的【坐标系】按钮 ，弹出【坐标系】对话框，如图 4-29 所示。

图 4-29　【坐标系】对话框

【坐标系】对话框包括【原始】、【定向】和【属性】3 个选项卡，各选项卡的功能选项说明如下。

（1）【原始】选项卡

- 【参照】列表框——在该列表框中显示选择的参照坐标系或参照对象。
- 【偏移类型】下拉列表框——在该下拉列表框中选择需要的偏移坐标系方式，有【笛卡儿】、【圆柱】、【球坐标】和【自文件】4 个选项。选择坐标系的类型不同，显示的坐标参数也有所不同。

（2）【定向】选项卡

在该选项卡中可设定坐标轴的位置。

● 【参考选取】单选钮——点选该单选钮，则通过选择任意两个坐标轴的方向参照来定位坐标系。

● 【所选坐标轴】单选钮——在【原始】选项卡的【参照】列表框中选择坐标系，该单选钮才能被激活。点选该单选钮，则通过设定各坐标轴的转角来定位。

（3）【属性】选项卡

在该选项卡中可观察当前基准特征的信息，也可对基准特征进行重新命名。

4. 建立坐标系

建立坐标系的操作步骤如下。

（1）单击【基准】工具栏中的【坐标系】按钮 ，弹出【坐标系】对话框。

（2）在图形显示区选择坐标系的放置参照。

（3）选定坐标系的【偏移类型】并设定偏移值。

（4）单击【确定】按钮，创建默认定位的新坐标系。若需设定新坐标系的坐标方向，则需在【定向】选项卡中设定新坐标系。

提示：如果选择一个顶点作为原始参照，必须利用【定向】选项卡通过选择坐标轴的参照确定坐标轴的方位。不管用户通过选取坐标系还是选取平面、边或点作为参照，要完全定位一个新的坐标系，至少应选择两个参照对象。

4.8　实例训练

例1：创建基准点

（1）单击工具栏中的【新建】按钮 ，新建零件文件。

（2）确定【基准显示】工具栏中的【坐标系显示】按钮 为打开的状态。

（3）单击【基准】工具栏中的【偏移坐标系】按钮，如图 4-30 所示。将弹出【偏移坐标系基准点】对话框。

（4）在绘图区中选取【PRT_CSYS_DEF】坐标系，如图 4-31 所示。

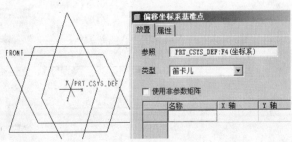

图 4-30　【基准】工具栏之【点】按钮　　　　图 4-31　指定一个参照坐标系

(5) 更改坐标【类型】为【圆柱】，如图 4-32 所示。

(6) 单击在【名称】下方的空白处，建立基准点，并输入坐标值，如图 4-33 所示。

图 4-32　修改坐标类型　　　　　图 4-33　输入基准点数据

(7) 单击【确定】按钮可以得到一个基准点特征，其中包含 7 个基准点，如图 4-34 所示。

(8) 单击【基准】工具栏中的【草绘】按钮，如图 4-35 所示。

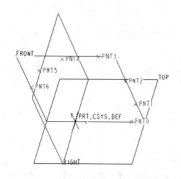

图 4-34　新建基准点特征　　　　　图 4-35　【草绘】按钮

(9) 指定草绘平面为基准面"FRONT"，单击【草绘】按钮，如图 4-36 所示。

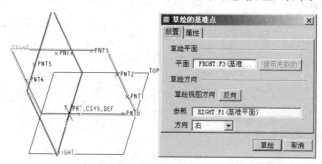

图 4-36　选择草绘平面

（10）在草绘平面中绘制点，如图 4-37 所示。

（11）绘制完成后，单击【草绘器工具】工具栏中的【完成】按钮 ✓，可以看见在基准面上有之前创建的基准坐标系和草绘出来的基准点，如图 4-38 所示。

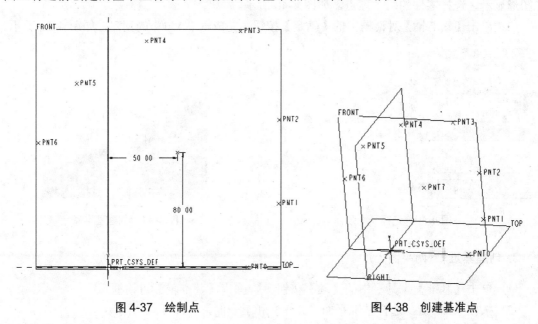

图 4-37 绘制点   图 4-38 创建基准点

 例 2：创建基准轴

1. 打开零件文件

（1）在菜单栏中选择【文件】→【打开】命令，或单击工具栏中的【打开】按钮 ⭗。

（2）在【文件打开】对话框中选择随书光盘中 "ch04" 文件夹下的 "04example-2.prt" 文件。

（3）单击【打开】按钮，打开的基础特征零件如图 4-39 所示。

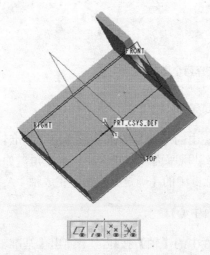

图 4-39 打开文件 "04example-2.prt"

2. 创建基准轴（两点）

（1）单击【基准】工具栏中的【轴】按钮 /，弹出【基准轴】对话框。按住<Ctrl>键，在图形显示区选择零件的两个顶点，如图 4-40 所示。

（2）单击【基准轴】对话框中的【确定】按钮，完成轴"A_1"的创建，如图 4-41 所示。

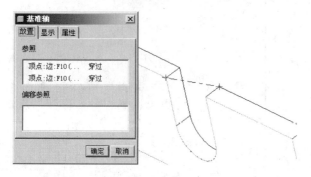

图 4-40　选择两个顶点

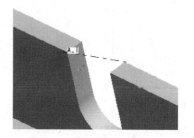

图 4-41　创建基准轴

3. 创建基准轴（两平面上）

（1）单击【基准】工具栏中的【轴】按钮 /，弹出【基准轴】对话框。

（2）按住<Ctrl>键，选择基准平面"TOP"和上表面，如图 4-42 所示。

（3）单击【基准轴】对话框中的【确定】按钮，完成轴"A_2"的创建，如图 4-43 所示。

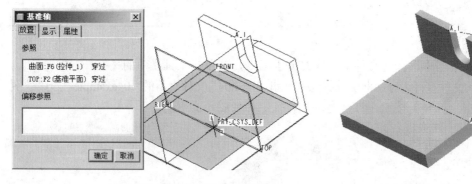

图 4-42　选择两个面　　　　　　　　　　图 4-43　创建基准轴

4. 创建基准轴（过点且贯穿面）

（1）单击【基准】工具栏中的【轴】按钮 /，弹出【基准轴】对话框。

（2）按住<Ctrl>键，选择基准平面"TOP"和一个顶角，如图 4-44 所示。

（3）单击【基准轴】对话框中的【确定】按钮，完成轴"A_3"的创建，如图 4-45 所示。

5. 创建基准轴（过圆柱面中心）

（1）单击【基准】工具栏中的【轴】按钮 /，弹出【基准轴】对话框。

（2）选择右侧圆柱面，如图 4-46 所示。

(3) 单击【基准轴】对话框中的【确定】按钮，完成轴 "A_4" 的创建，如图 4-47 所示。

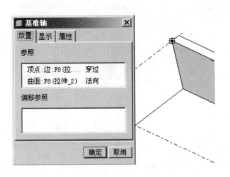

图 4-44　选择一个面和面上一点

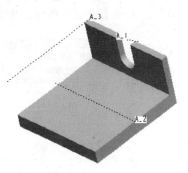

图 4-45　创建基准轴

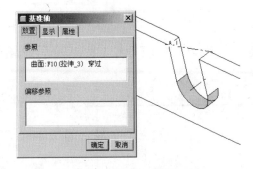

图 4-46　选择曲面

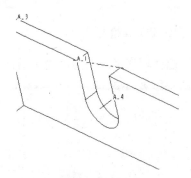

图 4-47　创建基准轴

6. 修改基准轴的显示长度

(1) 切换至 "RIGHT" 视图后，发现基准轴 "A_4" 的显示有点过短，如图 4-48 所示。

(2) 选择基准轴 "A_4" 右击，在弹出的快捷菜单中选择【编辑定义】命令，如图 4-49 所示。

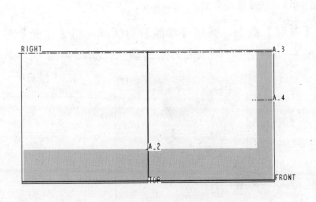

图 4-48　RIGHT 视图

图 4-49　选择【编辑定义】命令

（3）在【基准轴】对话框的【显示】选项卡中，勾选【调整轮廓】复选框，【长度】设置为"20"，单击【确定】按钮，完成基准轴的修改，如图 4-50 所示。

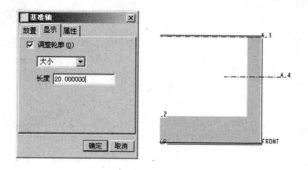

图 4-50　修改基准轴

7. 创建 2D 草绘曲线

（1）选择模型上表面为草绘平面，单击【基准】工具栏中的【草绘】按钮 ⊠ 进入草绘模式，如图 4-51 所示。

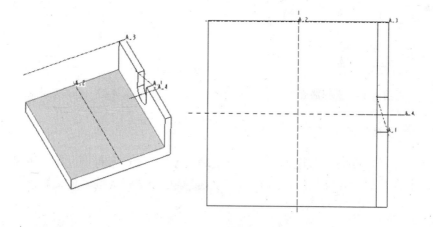

图 4-51　选择草绘平面

（2）在菜单栏中选择【草绘】→【参照】命令，弹出【参照】对话框，将【参照】对话框中的现有参照删除，选择基准轴"A_4"及模型右侧表面为新的参照，如图 4-52 所示。

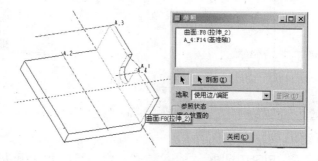

图 4-52　选择新的参照

（3）单击【关闭】按钮，将【参照】对话框关闭。单击【草绘器工具】工具栏中的【圆心和点】按钮，绘制一个直径为 10 且与模型右侧表面距离为 20 的圆，单击【草绘器工具】工具栏中的【完成】按钮 ✓ 完成草绘，如图 4-53 所示。

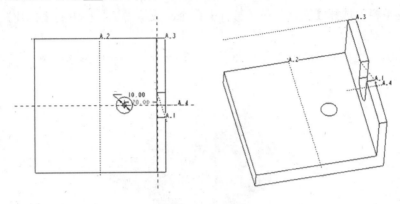

图 4-53　草绘圆

8. 创建旋转切除特征

（1）单击【基础特征】工具栏中的【旋转】按钮 ⊕，选择基准轴"A_2"为旋转轴，如图 4-54 所示。

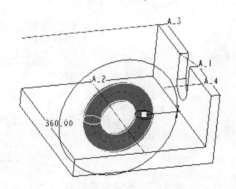

图 4-54　选择旋转轴

（2）单击操控面板上的【去除材料】按钮 ☐ 切除实体，再单击操控面板右侧的按钮 ✓ 完成实体的切除，如图 4-55 所示。

图 4-55　创建旋转切除特征

例 3： 创建基准平面和坐标系

1. 创建偏移平面

（1）在菜单栏中选择【文件】→【打开】命令，或单击工具栏中的【打开】按钮 ，弹出【文件打开】对话框。

（2）选择随书光盘中 "ch04" 文件夹下的 "04example-3.prt" 文件，单击【打开】按钮，零件如图 4-56 所示。

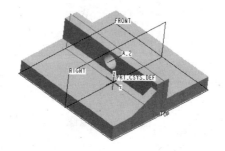

图 4-56　打开文件 "04example-3.prt"

（3）单击【基准】工具栏中的【平面】按钮 ，弹出【基准平面】对话框。选择【参照】为基准平面 "RIGHT"，将对话框中【偏距】的【平移】值改为 "40"，如图 4-57 所示。

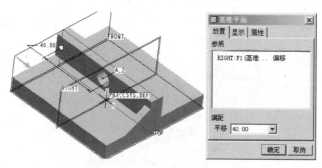

图 4-57　设置偏移距离

（4）单击【确定】按钮，产生一个 "DTM1" 基准平面，如图 4-58 所示。

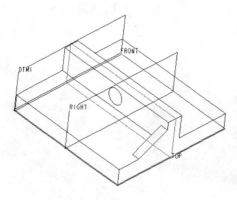

图 4-58　基准平面 DTM1

(5) 按<Ctrl>键，选择现有的 3 个拉伸特征和 1 个筋特征，如图 4-59 所示。

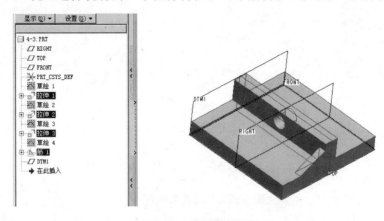

图 4-59 选择模型特征

(6) 单击【编辑特征】工具栏中的【镜像】按钮 。

(7) 选择基准平面"DTM1"为镜像平面，单击操控面板右侧的按钮 ，所选特征镜像至基准平面的另一侧，如图 4-60 所示。

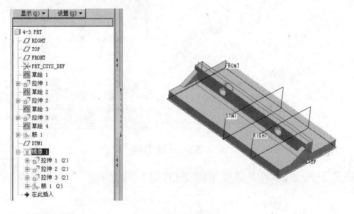

图 4-60 镜像模型

2. 创建贯穿轴且平移平面

(1) 单击【基准】工具栏中的【轴】按钮 ，弹出【基准轴】对话框。选择【参照】为基准平面"DTM1"和基准平面"TOP"，如图 4-61 所示。

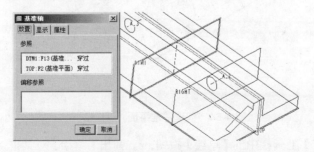

图 4-61 选择参照

(2) 单击【确定】按钮，创建轴"A_4"，如图 4-62 所示。

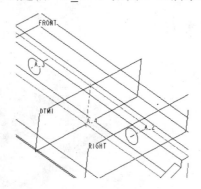

图 4-62　创建基准轴 A_4

(3) 单击【基础】工具栏中的【平面】按钮 ⬜，弹出【基准平面】对话框。

(4) 按住<Ctrl>键，选择【参照】为基准轴"A_4"和基准平面"DTM1"，【偏距】的【旋转】值设置为 45，如图 4-63 所示。

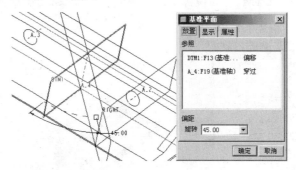

图 4-63　选择参照

(5) 单击【确定】按钮，完成基准平面"DTM2"的创建，如图 4-64 所示。

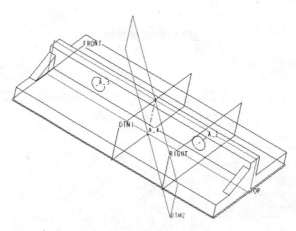

图 4-64　创建基准平面"DTM2"

(6) 单击【基准】工具栏中的【草绘】按钮 ⬡，弹出【草绘】对话框，选择平面"DTM2"

作为草绘平面。在菜单栏中选择【草绘】→【参照】命令，弹出【参照】对话框，将【参照】对话框中的现有参照删除，选择基准轴"A_4"及模型上表面为新的参照，如图 4-65 所示。

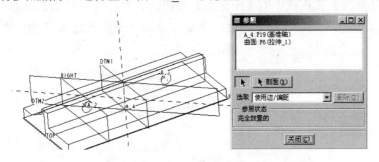

图 4-65　选择参照

（7）单击【关闭】按钮，绘制草绘图形，如图 4-66 所示。

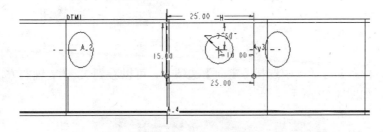

图 4-66　草绘图形

（8）单击【草绘器工具】工具栏中的【完成】按钮 ✓ 完成草绘，单击【基础特征】工具栏中的【拉伸】按钮 ⬚，设置拉伸长度为"5"，单击操控面板右侧的按钮 ✓ 完成拉伸特征的创建，如图 4-67 所示。

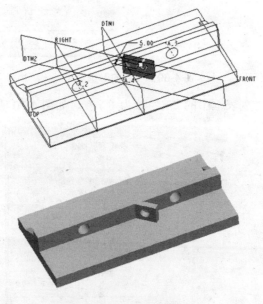

图 4-67　创建拉伸特征

3. 通过 3 个相交平面创建坐标系

（1）单击【基准】工具栏中的【坐标系】按钮 ，弹出【坐标系】对话框。按住<Ctrl>键，依次选择 3 个平面，如图 4-68 所示。需要注意的是坐标系的 X 方向处于第一个选取的平面法向上。

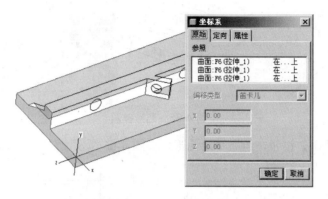

图 4-68　选择 3 个平面

（2）在【坐标系】对话框中选择【定向】选项卡，可以看到 X 和 Y 轴的方向是分别由两个平面决定的，如图 4-69 所示。

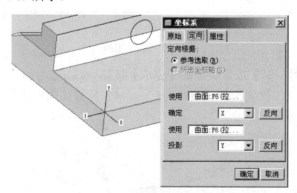

图 4-69　【定向】选项卡

（3）将【确定】下拉列表框中的"X"改为"Y"，如图 4-70 所示。

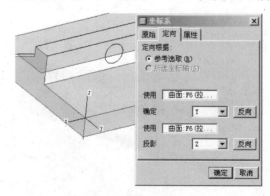

图 4-70　更改 X 轴

（4）单击【投影】下拉列表框后的【反向】按钮，可将 Z 轴反向设置，并且 X 轴也同步更新，如图 4-71 所示。

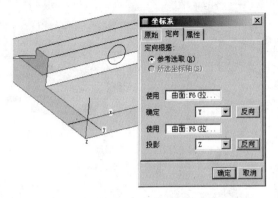

图 4-71　反向 Z 轴

（5）单击【确定】按钮，完成坐标系"CS0"的创建，如图 4-72 所示。

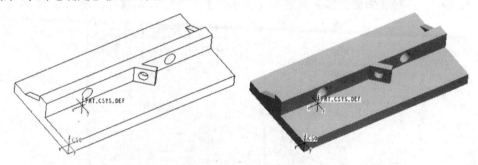

图 4-72　创建坐标系"CS0"

4. 通过两条相交直线创建坐标系

（1）在画面的空白处单击，解除基准坐标系的自动选取。单击【基准】工具栏中的【坐标系】按钮 ，弹出【坐标系】对话框。按住<Ctrl>键，依次选取两条直线，可以看见坐标系创建于两条直线的交点处，如图 4-73 所示。

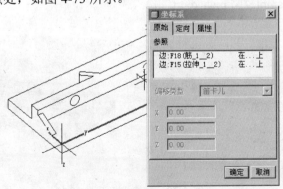

图 4-73　选择两条直线

（2）单击【确定】按钮，完成坐标系"CS1"的创建，如图 4-74 所示。

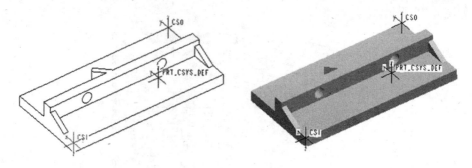

图 4-74　创建坐标系"CS1"

5．创建偏移坐标系

（1）选取坐标系"CS1"，单击【基准】工具栏中的【坐标系】按钮，在弹出的【坐标系】对话框中，将【偏移类型】设定为【笛卡尔】，并输入偏移值，如图 4-75 所示。

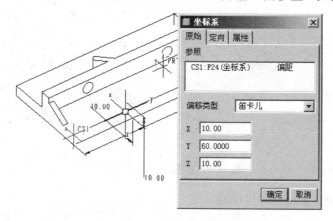

图 4-75　偏移参数设置

（2）单击【确定】按钮，完成坐标系"CS2"的创建，如图 4-76 所示（完成的零件见随书光盘"\ch04\04example-3-finished.prt"）。

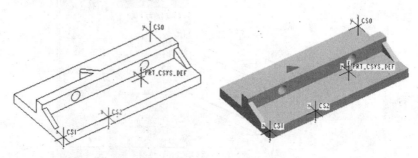

图 4-76　创建坐标系"CS2"

4.9　练　习　题

(1) 何谓基准特征？请说明它的定义及其所扮演的角色？

(2) 选择基准面的方法有哪些？

(3) Pro/ENGINEER 所提供的坐标系有哪几种？设置不同的坐标系有何影响？

第5章 基础实体特征

实体模型由许多特征组成，按照创建的先后顺序可以将特征分为基础特征与构造特征两类。基础特征是实体模型的基础，可以在没有其他特征的条件下进行创建，而构造特征只有在创建了基础特征后才能创建。

基础特征又可分为实体特征与曲面特征，实体特征是具有实际体积的三维特征，而曲面特征只是一张曲面，不具有厚度，没有体积。

基础特征的创建方法主要有5种，分别是拉伸、旋转、扫描、混合和造型。本章重点介绍前4种常用的创建基础实体特征的方法。

5.1 概　　述

本节介绍 Pro/ENGINEER 基础特征的创建环境与特征类型，包括进入创建环境的方法、【基础特征】工具栏的介绍和基础实体特征的类型等。

5.1.1 基础特征的创建环境

1. 进入创建环境

在菜单栏中选择【文件】→【新建】命令，或单击工具栏中的【新建】按钮，弹出【新建】对话框，如图 5-1 所示，在对话框中点选【零件】或【组件】单选钮，在【名称】文本框中输入零件或组件名称，单击【确定】按钮，进入创建环境，创建环境界面如图 5-2 所示。

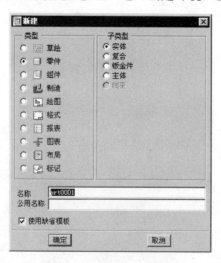

图 5-1 【新建】对话框

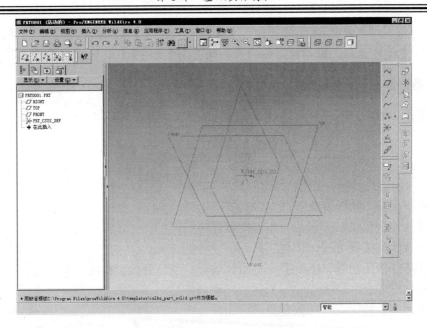

图 5-2　基础特征的创建环境界面

2. 创建环境的设置

用户可以根据使用习惯更改创建环境的设置。在菜单栏中选择【编辑】→【设置】命令，弹出【菜单管理器】的【零件设置】菜单，如图 5-3 所示。如在该菜单中选择【单位】命令，弹出如图 5-4 所示的【单位管理器】对话框，在【单位制】选项卡的列表框中选择【毫米千克秒(mmKs)】后，单击【设置】按钮，弹出如图 5-5 所示的【改变模型单位】对话框，点选某个单选钮，单击【确定】按钮(或单击鼠标中键)，完成模型单位的设置。

图 5-3　【零件设置】菜单　　图 5-4　【单位管理器】对话框　　图 5-5　【改变模型单位】对话框

另外，还可以选择其他命令，进行创建环境的其他设置，完成后选择【零件设置】菜单中的【完成】命令，退出设置。

提示： 在菜单栏中选择【视图】→【显示设置】→【系统颜色】命令，弹出【系统颜色】对话框，可以设置各项目的颜色，参见 3.1.1 小节。

3.【基础特征】工具栏

进入创建环境后，系统自动显示【基础特征】工具栏，如图 5-6 所示。

图 5-6　【基础特征】工具栏

【基础特征】工具栏中各按钮的功能如下。

- 【拉伸】按钮——沿直线方向创建特征。
- 【旋转】按钮——围绕旋转轴创建特征。
- 【可变剖面扫描】按钮——沿扫描轨迹创建变截面特征。
- 【边界混合】按钮——创建边界混合特征。
- 【造型】按钮——创建曲线、曲面特征。

提示：【基础特征】工具栏中的各工具按钮在菜单栏中都有与之对应的命令。如单击【基础特征】工具栏中的【拉伸】按钮，与在菜单栏中选择【插入】→【拉伸】命令的效果是相同的。

4.【模型显示】工具栏

进入创建环境后，系统自动显示【模型显示】工具栏，如图 5-7 所示。单击该工具栏中的按钮，可以改变模型的显示方式。

图 5-7　【模型显示】工具栏

【模型显示】工具栏中各按钮的功能如下。

- 【线框】按钮——用线框显示模型。
- 【隐藏线】按钮——显示隐藏线。
- 【无隐藏线】按钮——不显示隐藏线。
- 【着色】按钮——着色显示。

5.1.2　基础实体特征的类型

创建基础实体特征时，首先要明确创建的目的是要添加材料还是去除材料，添加材料会使实体增加一部分体积(Pro/ENGINEER 系统中将其称为伸出项特征)，而去除材料会减少一部分实体体积(切口特征)。其次，要明确实体特征的截面是草绘曲线所围的面积(非薄板特征)，还是加厚曲线产生的薄板面积(薄板特征)。

根据这两种创建目的的不同，可以将基础实体特征分为 4 种不同的类型，分别是伸出项非薄板特征、切口非薄板特征、伸出项薄板特征和切口薄板特征。如图 5-8 所示为在原有特征基础上通过拉伸创建的不同类型特征。

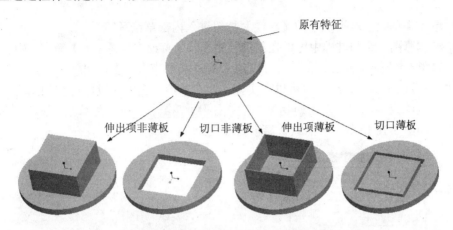

图 5-8　通过拉伸创建的不同类型特征

注意：首次创建的实体特征只能是伸出项特征，切口特征只能在已有其他实体特征的基础上创建。

5.2　拉　伸　特　征

创建拉伸特征需要两个基本过程，首先绘制新的草绘截面或选取已有草图截面，然后设定特征类型与深度参数。

5.2.1　创建截面

创建截面时有两种选择。一是选择一个草绘平面创建内部草绘截面，这个草绘平面可以是实体的平面，也可以是基准平面。二是选择已有的草图截面，然后可以直接进行特征类型与深度参数设定。

1. 创建内部草绘截面

创建拉伸特征所需内部草绘截面的方法如下。

(1) 单击【基础特征】工具栏中的【拉伸】按钮 □，弹出【拉伸】操控面板。

(2) 单击操控面板中的【放置】按钮，弹出【放置】面板，单击【定义】按钮，弹出【草绘】对话框。

(3) 单击图形显示区中的实体平面或基准平面，定义草绘平面，此时系统一般会指定默认的草绘视图方向、草绘参照平面及草绘参照平面所在方向。如果单击【草绘】对话框中的【反向】按钮，可以使草绘平面与屏幕反向平行。如果单击【草绘】对话框中的【参照】编辑框，可以在图形显示区单击除草绘平面的另一个平面，作为草绘参照平面。可以在【草绘】对话框的【方向】下拉列表框中选择参照平面相对于草绘平面的方向。

提示：可以在【草绘】对话框中单击【使用先前的】按钮，使用与上一次特征相同的
草绘平面与草绘方向，并直接进入内部草绘环境。

（4）单击【草绘】对话框中的【草绘】按钮进入内部草绘环境。

（5）绘制草图。绘制过程中可以在菜单栏中选择【草绘】→【参照】命令，弹出【参照】
对话框，如图 5-9 所示，单击对话框中的【选取标注和约束参照】按钮 ，然后在图形显示
区的某边线(可以是实体边线，也可以是实体平面在草绘平面上的投影)位置上单击，将该边
线作为标注或约束的参照。单击对话框中的按钮 剖面(X)， 可以将草绘平面与曲面的交线
作为参照，如图 5-10 所示，参照默认显示为虚线。

图 5-9 【参照】对话框

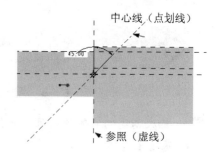

图 5-10 标注或约束的参照

（6）草图绘制结束后，单击【草绘器工具】工具栏中的【完成】按钮 ，进行特征类型
的选择与深度设置。

2. 选择已有的草绘截面

选择已有的草绘截面创建拉伸特征时，可以首先单击【基础特征】工具栏中的【拉伸】
按钮 ，弹出【拉伸】操控面板，然后在图形显示区已有草绘截面的某个位置单击选取，如
图 5-11 所示；也可以首先在图形显示区选取已有的草绘截面，再单击【基础特征】工具栏中
的【拉伸】按钮 ，弹出【拉伸】操控面板，然后继续进行后续操作。

提示：在图形显示区已有草绘截面的某个位置单击，与在模型树中的草绘名称上单击
的效果一样，都可以实现对草绘截面的选取，如图 5-12 所示。

图 5-11 在图形显示区选取

图 5-12 在模型树中选取

3. 可用草绘截面类型

用于拉伸特征的草绘截面必须是没有相交点的封闭截面，如图 5-13 所示。或是没有相交点的单一开放截面，如图 5-14 所示，开放截面只能生成曲面特征或薄板实体特征。

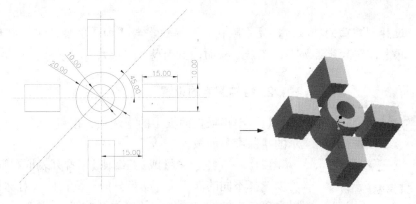

图 5-13　封闭截面生成伸出项非薄板特征

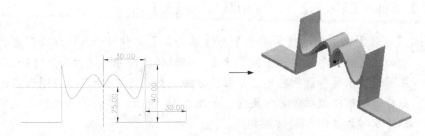

图 5-14　单一开放截面生成伸出项薄板特征

5.2.2　拉伸的参数设置

创建拉伸特征时，一般是在创建草绘截面后再进行拉伸的参数设置（也可以在创建截面前进行部分参数的设置）。进入草绘环境的过程中是不能进行参数设置的，此时的【拉伸】操控面板显示为镂空灰色，如图 5-15 所示。

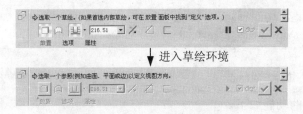

图 5-15　【拉伸】操控面板

1. 特征类型的选择

（1）单击操控面板中的【拉伸为实体】按钮□，则创建实体特征；单击操控面板中的【拉伸为曲面】按钮□，则创建曲面特征。

（2）单击操控面板中的【去除材料】按钮△，可以选择创建切口特征还是伸出项特征。当该按钮处于被按下状态时，则创建切口特征；当该按钮处于未按下状态时，则创建伸出项特征。

（3）单击操控面板中的【加厚草绘】按钮 □，可以选择创建薄板特征还是非薄板特征。当该按钮处于被按下状态时，则创建薄板特征；当该按钮处于未按下状态时，则创建非薄板特征。

注意： 选择创建曲面特征时，【去除材料】按钮 □ 与【加厚草绘】按钮 □ 都为不可选状态，即只能添加面，不能去除面，且面特征不具有厚度。

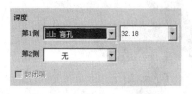

图 5-16 【深度】面板

2. 拉伸深度的设置

（1）单击操控面板中的【选项】按钮，弹出如图 5-16 所示的【深度】面板。

（2）单击【第 1 侧】或【第 2 侧】下拉列表框右侧的按钮 ▾，可以选择不同的深度类型。当只向一侧拉伸或对称拉伸时，可以直接单击操控面板中的拉伸类型按钮 ⬚▾ 进行类型设置，或者在【深度】面板的【第 2 侧】下拉列表框中选择【无】。

提示： 【深度】面板中的【第 1 侧】与【第 2 侧】是相对于拉伸方向而言的，与拉伸方向相同的方向为【第 1 侧】方向，与拉伸方向相反的方向为【第 2 侧】方向。在图形显示区有箭头标志显示拉伸方向，如图 5-17 所示。在图形显示区的箭头上单击，可以使拉伸方向反向，如图 5-18 所示，这与单击操控面板中的【更改拉伸方向】按钮 ⤢ 的功能相同。

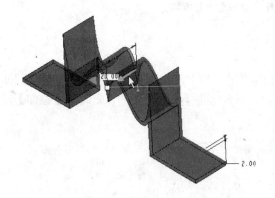

图 5-17 拉伸方向标志

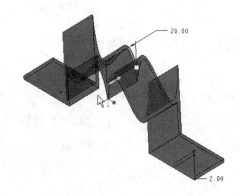

图 5-18 拉伸方向反向

各拉伸类型按钮的功能如下。

- 【盲孔】 ⬚——沿拉伸方向到给定的深度值。
- 【对称】 ⬚——沿两侧对称拉伸，每侧拉伸到给定深度值的一半。
- 【到下一个】 ⬚——沿拉伸方向到下一个面为止。
- 【穿透】 ⬚——沿拉伸方向穿透所有实体特征。
- 【穿至】 ⬚——沿拉伸方向穿透到一个面为止。
- 【到选定的】 ⬚——沿拉伸方向到选定的点、线或面。

（3）根据选择的拉伸类型进行设置。如果拉伸类型选择【盲孔】或【对称】选项，则在【第 1 侧】或【第 2 侧】下拉列表框右侧的文本框中输入【第 1 侧】或【第 2 侧】的深度值。如果拉伸类型选择【到下一个】选项，则系统会自动沿指定方向拉伸到下一个实体曲面（基准平面不能作为终止曲面）。如果拉伸类型选择【穿透】选项，则系统会自动沿指定方向穿透所有实体特征。如果拉伸类型选择【穿至】或【到选定的】选项，则在图形显示区选取点、线或面作为拉伸的终止位置。

（4）如果选择创建薄板特征，则操控面板中【加厚草绘】按钮□的右侧会显示文本框，在文本框中输入加厚草绘的厚度值即可。

> 提示：创建切口特征时，在图形显示区有箭头标志显示去除材料的方向，同时在操控面板中显示【将材料的拉伸方向更改为草绘的另一侧】按钮╱，在图形显示区的箭头上单击或单击操控面板中的【将材料的位伸方向更改为草绘的另一侧】按钮╱可以更改方向。创建薄板特征时，也可以单击操控面板中的【将材料的拉伸方向更改为草绘的另一侧】按钮╱更改加厚草绘的方向。

5.2.3　拉伸特征的创建与预览

1. 拉伸特征的创建

选择特征类型与深度类型，并对深度或厚度进行设置后，单击操控面板中的【确定】按钮☑（或单击鼠标中键），即可完成拉伸特征的创建。

2. 拉伸特征的暂停

在创建拉伸特征的过程中，可以单击操控面板中的【暂停】按钮‖进入暂停模式，此时可以使用其他对象操作工具，同时【暂停】按钮‖显示为【退出暂停模式】按钮▶，单击【退出暂停模式】按钮▶则退出暂停模式，继续拉伸特征的操作。

如在暂停模式下创建一个独立的草绘截面，如图 5-19 所示，在模型树中"拉伸 5"是当前操作的拉伸特征，"草绘 2"是在暂停模式下创建的独立于拉伸特征外的草绘截面。创建拉伸特征后，如图 5-20 所示，在模型树中"S2D0012"是"拉伸 5"的内部草绘截面。

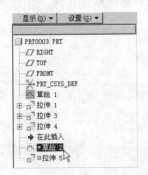

图 5-19　暂停模式下创建草绘截面

图 5-20　拉伸特征的内部草绘截面

3. 拉伸特征的预览

在创建拉伸特征的过程中，可以单击操控面板中的【特征预览】按钮 ，当该按钮处于被按下状态时，在图形显示区可以预览当前拉伸操作完成后的情况，如图 5-21 所示。当该按钮处于未被按下状态时，如果该按钮中的【几何预览】复选框 被勾选，则在图形显示区显示特征的几何预览情况，如图 5-22 所示。如果该按钮中的【几何预览】复选框 未被勾选，则在图形显示区无预览显示，如图 5-23 所示。

图 5-21 特征预览   图 5-22 几何预览   图 5-23 无预览

提示：单击【模型显示】工具栏中的按钮，可以改变模型的显示方式，如图 5-24 所示。

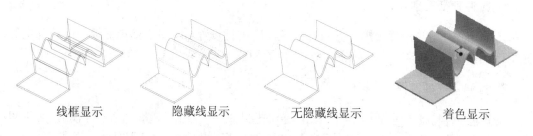

线框显示   隐藏线显示   无隐藏线显示   着色显示

图 5-24 模型的显示方式

5.3 旋 转 特 征

创建旋转特征时，首先要绘制新的草绘截面或选取已有草图截面，接下来确定旋转轴，然后选择特征类型及设置角度参数。

5.3.1 创建截面

创建旋转特征的截面与创建拉伸特征的截面类似，也有两种选择。一是选择一个草绘平面创建内部草绘截面；二是选择已有的草绘截面，然后可以直接进行特征类型与角度参数设定。

1. 创建内部草绘截面

创建旋转特征所需内部草绘截面的方法如下。

（1）单击【基础特征】工具栏中的【旋转】按钮 ，弹出如图 5-25 所示的【旋转】操控面板。

图 5-25 【旋转】操控面板

(2) 单击操控面板中的【位置】按钮，出现如图 5-26 所示的【位置】面板，单击【定义】按钮，弹出【草绘】对话框。

注意： 创建截面之前，【位置】面板的【轴】收集器与【内部CL】按钮是不可选的。

图 5-26 【位置】面板

(3) 单击图形显示区中的实体平面或基准平面，定义草绘平面，然后选择参照平面、草图方向、视图方向，单击【草绘】对话框中的【草绘】按钮进入内部草绘环境。也可以单击【草绘】对话框中的【使用先前的】按钮，使用与上一次特征相同的草绘平面与草绘方向，并直接进入内部草绘环境。

(4) 绘制草图。

(5) 草图绘制结束后，单击【草绘器工具】工具栏中的【完成】按钮 ✓，进行旋转轴、特征类型的选择与角度设置。

2. 选择已有的草绘截面

选择已有的草绘截面创建拉伸特征时，可以首先单击【基础特征】工具栏中的【旋转】按钮 ⚭，弹出【旋转】操控面板，然后在图形显示区已有草绘截面的某个位置单击选取。也可以首先在图形显示区选取已有的草绘截面，再单击【基础特征】工具栏中的【旋转】按钮 ⚭，弹出【旋转】操控面板，然后继续进行后续操作。

3. 可用草绘截面类型

(1) 如果创建的旋转特征是首个实体特征，则创建的截面中必须有中心线作为旋转轴。

(2) 草绘截面中的所有截面图元都在旋转轴的一侧。

(3) 截面中可以有多条中心线，系统默认以首条中心线作为旋转轴。

(4) 旋转特征的草绘截面必须是没有相交点的封闭截面，如图 5-27 所示。或是没有相交点的单一开放截面，如图 5-28 所示，开放截面只能生成曲面特征或薄板实体特征。

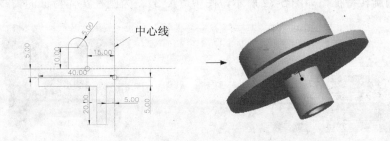

图 5-27 封闭截面生成伸出项非薄板特征

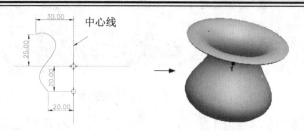

图 5-28　单一开放截面生成伸出项薄板特征

5.3.2　旋转的参数设置

创建旋转特征时，一般也是在创建草绘截面后再进行旋转的参数设置(也可以在创建截面前进行部分参数的设置)。

1. 旋转轴的选择

(1) 在创建草图截面后，单击【旋转】操控面板中的【位置】按钮，弹出【位置】面板。此时【位置】面板中的【轴】收集器是可选的，如果草图截面中有中心线，系统默认以截面中的首条中心线作为旋转轴，【内部 CL】按钮也是可选的，如图 5-29 所示。如在原有特征(如图 5-13 所示)基础上，创建以内部中心线为旋转轴的旋转特征，如图 5-30 所示，图中"A_49"为草绘截面的首条中心线。

图 5-29　选择截面中的首条中心线作为旋转轴　　　　图 5-30　以中心线作为旋转轴的旋转特征

(2) 单击【内部 CL】按钮，可以控制是否以草图截面中的中心线作为旋转轴，如果不以截面中的中心线作为旋转轴，就需要在图形显示区选择边、轴或坐标系的轴来作为旋转轴，此时【位置】面板如图 5-31 所示。如在原有特征(如图 5-13 所示)基础上，创建以其他线或轴为旋转轴的旋转特征，如图 5-32 所示，图中 "A_37" 为圆柱实体特征的轴线。

图 5-31　选择截面中的中心线作为旋转轴　　　　图 5-32　选取一个项目作为旋转轴

注意：选取边或轴作为旋转轴时，此边或轴必须在草绘截面所在的平面内。

2．特征类型的选择

（1）单击【旋转】操控面板中的【作为实体旋转】按钮，则创建实体特征；单击操控面板中的【作为曲面旋转】按钮，则创建曲面特征。

（2）单击【旋转】操控面板中的【去除材料】按钮，可以选择创建切口特征还是伸出项特征。当该按钮处于被按下状态时，则创建切口特征；当该按钮处于未按下状态时，则创建伸出项特征。

（3）单击【旋转】操控面板中的【加厚草绘】按钮，可以选择创建薄板特征还是非薄板特征。当该按钮处于被按下状态时，则创建薄板特征；当该按钮处于未按下状态时，则创建非薄板特征。

3．旋转角度的设置

（1）单击【旋转】操控面板中的【选项】按钮，弹出如图 5-33 所示的【角度】面板。

（2）单击【第 1 侧】或【第 2 侧】下拉列表框右侧的按钮，可以选择不同的角度设置类型。当只向一侧旋转或对称旋转时，可以直接单击操控面板中的旋转类型按钮进行类型设置，或者在【第 2 侧】下拉列表框中选择【无】。

图 5-33　【角度】面板

各旋转类型的功能如下。

● 【变量】——绕旋转轴旋转到给定的角度值。

● 【对称】——绕旋转轴沿两侧对称旋转，每侧旋转到给定角度值的一半。

● 【到选定的】——绕旋转轴旋转到选定的点、线或面。

（3）根据选择的旋转类型进行设置。如果旋转类型选择【变量】或【对称】选项，则在其后的文本框中输入相应的角度值。如果旋转类型选择了【到选定的】选项，则在图形显示区选取点、线或面作为旋转的终止位置。

（4）如果选择创建薄板特征，则操控面板中【加厚草绘】按钮的右侧会显示文本框，在文本框中输入加厚草绘的厚度值。

提示：创建旋转特征与拉伸特征类似，也可以单击【旋转】操控面板中的【将旋转的角度方向更改为草绘的另一侧】按钮，或在图形显示区的箭头上单击来更改方向。创建薄板特征时，同样可以单击操控面板中的【将旋转的角度方向更改为草绘的另一侧】按钮更改加厚草绘的方向。

5.3.3　旋转特征的创建与预览

1．旋转特征的创建

确定了旋转轴，选择特征类型与旋转类型，并对角度或厚度进行设置后，单击【旋转】操控面板中的【确定】按钮（或单击鼠标中键），即可完成旋转特征的创建。

2. 旋转特征的暂停与预览

在创建旋转特征的过程中，单击【旋转】操控面板中的【暂停】按钮 ❚❚ 可以进入暂停模式；单击【旋转】操控面板中的【特征预览】按钮 ☑∞，可以进行特征预览。此部分详细操作可参考 5.2.3 小节，这里不再赘述。

5.4 扫 描 特 征

创建扫描特征时，首先要绘制一条新的扫描轨迹或选取已有轨迹，然后再创建沿轨迹线扫描的草图截面。

5.4.1 定义扫描轨迹

创建扫描特征时，扫描轨迹有两种选择。一是在创建扫描特征的过程中选择一个草绘平面创建内部草绘轨迹；二是选择已有的曲线作为扫描轨迹。

1. 创建内部草绘轨迹

（1）在菜单栏中选择【插入】→【扫描】命令，将会显示如图 5-34 所示的子菜单。

（2）选择【扫描】子菜单中的一种扫描特征命令，例如选择【伸出项】命令（将会创建伸出项非薄板扫描特征），弹出如图 5-35 所示的【伸出项：扫描】对话框和如图 5-36 所示的【菜单管理器】之【扫描轨迹】菜单。

（3）在【扫描轨迹】菜单中选择【草绘轨迹】命令，弹出如图 5-37 所示的【菜单管理器】之【设置草绘平面】菜单。

图 5-34 【扫描】子菜单

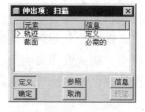

图 5-35 【伸出项：扫描】对话框

图 5-36 【扫描轨迹】菜单

图 5-37 【设置草绘平面】菜单

在【设置草绘平面】菜单中可以选择不同的设置草绘平面方式。

● 【使用先前的】——选择与上一个特征相同的草绘平面、草绘参照与草绘方向。

- 【新设置】——创建一个新的草绘平面。

(4) 选择【设置草绘平面】菜单中的一种设置草绘平面方式，如选择【新设置】命令(此命令为默认选取状态)，此时【设置平面】菜单中列出了 3 个可选命令。

- 【平面】——在图形显示区选择一个平面作为草绘平面。
- 【产生基准】——创建一个新的基准面作为草绘平面。
- 【放弃平面】——放弃设置草绘平面。

(5) 选择【设置平面】菜单中的一个命令，例如选择【平面】命令(此命令为默认选取状态)，在图形显示区选择一个平面作为草绘平面，此时在【菜单管理器】中出现【方向】菜单，如图 5-38 所示。

(6) 选择【方向】菜单中的一个命令，例如选择【正向】命令，此时在【菜单管理器】中出现【草绘视图】菜单，如图 5-39 所示。

(7) 选择【草绘视图】菜单中的一个命令，例如选择【缺省】命令，此时会进入草绘环境。

图 5-38 【方向】菜单

图 5-39 【草绘视图】菜单

(8) 在草绘环境中绘制扫描轨迹，如图 5-40 所示，首次单击绘制图元的位置作为轨迹的起点。绘制结束后，单击【草绘器工具】工具栏中的【完成】按钮 ✔，此时弹出【菜单管理器】之【属性】菜单，如图 5-41 所示。有些情况下，【属性】菜单会显示不同的命令，在这里可以选择不同的属性。

注意：在有些情况下【属性】菜单并不出现，扫描轨迹绘制结束后，单击【草绘器工具】工具栏中的【完成】按钮 ✔，会直接进入创建扫描截面的草绘环境。

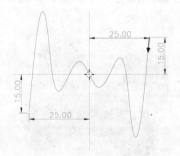

图 5-40 绘制扫描轨迹

图 5-41 【属性】菜单

提示：选取轨迹中的一个端点，然后右击，在弹出的快捷菜单中选择【起始点】命令，可以将该端点作为轨迹的起点。

图 5-42 【伸出项：扫描】对话框

(9) 选择【属性】菜单中的命令，例如先选择【无内部因素】命令(此命令为默认选取状态)，再选择【完成】命令。此时会再一次进入草绘环境，【伸出项：扫描】对话框如图 5-42 所示，接下来就需要创建扫描用的截面。

2. 选取已有轨迹

(1) 在菜单栏中选择【插入】→【扫描】命令，将会显示如图 5-34 所示的子菜单。

(2) 选择【扫描】子菜单中的一种扫描特征命令，例如选择【薄板伸出项】命令，弹出【伸出项：扫描，薄板】对话框和如图 5-36 所示的【菜单管理器】之【扫描轨迹】菜单。

(3) 在【扫描轨迹】菜单中选择【选取轨迹】命令，会弹出如图 5-43 所示的【菜单管理器】之【链】菜单。在这里可以选择不同方式来选取扫描轨迹。

- 【依次】——对边线依次进行选取。
- 【相切链】——选取一个边线，则与这个边线相切的边线也将被选取，一直选取到出现不相切点时为止。
- 【曲线链】——选取曲线链中的边线。
- 【边界链】——选取一个曲面，将曲面的边界线作为扫描轨迹。
- 【曲面链】——选取一个曲面，将曲面的边线作为扫描轨迹。
- 【目的链】——选取预先定义的边线。
- 【选取】——进行边线的选择。
- 【撤销选取】——撤销边线的选择。
- 【修剪/延伸】——对选取的曲线进行修剪或延伸后再作为扫描轨迹。
- 【起始点】——改变系统默认的轨迹起点。

(4) 在【链】菜单中选择一种选取轨迹的方式。例如先选择【依次】命令(此命令为默认选取状态)，再选择【选取】命令(此命令为默认选取状态)，然后在图形显示区选择已有草绘轨迹或实体边线(按下<Ctrl>键，可同时选取多条边线)，如图 5-44 所示，系统自动以第一条边线的起点作为轨迹的起点。选择【完成】命令，此时弹出【选取】菜单，如图 5-45 所示。

图 5-43 【链】菜单

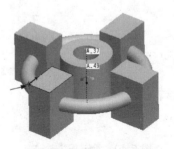

图 5-44 选取边线作为扫描轨迹

（5）在【选取】菜单中选择一个命令，例如选择【接受】命令，此时【菜单管理器】中弹出【方向】菜单，如图 5-46 所示。

图 5-45 【选取】菜单　　　　　　　　　　　　图 5-46 【方向】菜单

（6）选择【方向】菜单中的一个命令，例如选择【正向】命令，此时会进入草绘环境，接下来就需要创建扫描用的截面。

注意： 创建或选取的扫描轨迹必须是一条链或一个环。相对于预创建的扫描截面，扫描轨迹的圆角或样条半径值不能太小。

5.4.2 创建扫描截面

定义扫描轨迹后，系统会自动选择一个平面作为草绘平面，该草绘平面经过轨迹的起点，且法线方向与轨迹起点的切线方向相同。

进入草绘环境后，根据所选择的【扫描】子菜单中的某种扫描特征命令，创建相应的扫描截面。如果选择【伸出项】或【切口】命令，则扫描截面必须是没有相交点的封闭截面，如图 5-47 所示；如果选择【薄板伸出项】或【薄板切口】命令，则扫描截面必须是没有相交点的单一开放截面，如图 5-48 所示。在扫描截面绘制结束后，单击【草绘器工具】工具栏中的【完成】按钮✔退出。

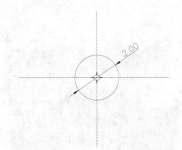
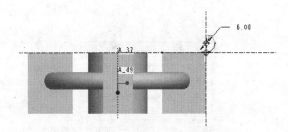

图 5-47 创建封闭截面　　　　　　　　　图 5-48 创建单一开放截面

5.4.3 扫描特征的创建与预览

1. 使用【伸出项】命令创建扫描特征

（1）定义了扫描轨迹，并创建扫描截面后，【伸出项：扫描】对话框如图 5-49 所示，单击对话框中的【确定】按钮，则完成扫描特征的创建。如图 5-50 所示为伸出项非薄板扫描特征，其扫描轨迹如图 5-40 所示，扫描截面如图 5-47 所示。

（2）在创建特征前，单击对话框中的【预览】按钮，在图形显示区会显示扫描特征的几何预览。

图 5-49　【伸出项：扫描】对话框

图 5-50　伸出项非薄板扫描特征

2. 使用【薄板伸出项】命令创建扫描特征

（1）定义了扫描轨迹，并创建扫描截面后，会弹出【菜单管理器】之【薄板选项】菜单，如图 5-51 所示。选择【薄板选项】菜单中的一个命令，例如选择【正向】命令，在图形显示区的底部会显示如图 5-52 所示的消息输入窗口，在该窗口的文本框中输入薄板厚度值，然后单击消息输入窗口右侧的【接受】按钮 ✓ 。此时【伸出项：扫描，薄板】对话框如图 5-53 所示，单击对话框中的【确定】按钮，则完成扫描特征的创建。如图 5-54 所示为伸出项薄板扫描特征，其扫描轨迹如图 5-44 所示，扫描截面如图 5-48 所示。

图 5-51　【薄板选项】菜单

图 5-52　薄板厚度消息输入窗口

图 5-53　【伸出项：扫描，薄板】对话框

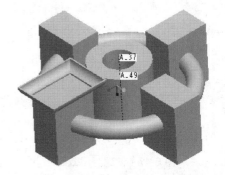

图 5-54　伸出项薄板扫描特征

（2）在创建特征前，单击对话框中的【预览】按钮，在图形显示区会显示扫描特征的几何预览。

📝 **提示**：创建其他类型扫描特征的方法与上述方法类似，这里不再赘述。

5.5　混 合 特 征

创建混合特征时，首先要确定生成混合的方向，然后绘制两个或多个草绘截面，系统会通过插值自动计算沿混合方向渐变的截面形状，从而创建特征。根据混合方向的不同，混合特征可以分为平行混合特征、旋转混合特征和一般混合特征。

5.5.1　平行混合特征

平行混合的所有截面相互平行，只要指定两个或多个截面之间的距离，系统就会沿直线方向创建平行混合特征。创建方法如下。

(1) 在菜单栏中选择【插入】→【混合】命令，将会显示如图 5-55 所示的子菜单。

(2) 选择【混合】子菜单中的一种混合特征命令，例如选择【伸出项】命令(将会创建伸出项非薄板混合特征)，弹出如图 5-56 所示的【菜单管理器】之【混合选项】菜单。

在【混合选项】菜单中可以选择不同的混合特征命令和不同的创建截面方式。

- 【平行】——创建混合截面相互平行的混合特征。
- 【旋转的】——创建混合截面绕轴旋转、最大角度为 120°的混合特征。
- 【一般】——创建可以绕轴旋转，也可以沿直线平移的混合特征。
- 【规则截面】——使用草绘截面或实体表面作为混合截面。
- 【投影截面】——使用曲面上的截面投影为混合截面(该命令只在创建平行混合特征时有效)。
- 【选取截面】——选择已有的截面作为混合截面。
- 【草绘截面】——选择一个草绘平面创建草绘截面作为混合截面。

图 5-55　【混合】子菜单　　　　　　　　　　图 5-56　【混合选项】菜单

(3) 选择【混合选项】菜单中的【平行】命令，然后再选择截面的创建方式。如依次选择【规则截面】、【草绘截面】和【完成】命令，弹出如图 5-57 所示的【伸出项：混合，平行，规则截面】对话框和如图 5-58 所示的【菜单管理器】之【属性】菜单。在这里有如下两种属性可选：

- 【直的】——不同截面混合时的对应点连线为直线。
- 【光滑】——不同截面混合时的对应点连线为光滑的样条曲线。

图 5-57 【伸出项：混合，平行，规则截面】对话框　　　　图 5-58 【属性】菜单

　　(4) 选择【属性】菜单中的命令，例如先选择【直的】命令，再选择【完成】命令，会显示如图 5-37 所示的【菜单管理器】之【设置草绘平面】菜单。

　　(5) 选择【设置草绘平面】菜单中的一种设置草绘平面方式，例如先选择【新设置】命令，再选择【设置平面】菜单中的【平面】命令。然后在图形显示区选择一个平面作为草绘平面，此时在【菜单管理器】中出现【方向】菜单，如图 5-38 所示。

　　(6) 选择【方向】菜单中的一个命令，例如选择【正向】命令，此时在【菜单管理器】中出现【草绘视图】菜单，如图 5-39 所示。

　　(7) 选择【草绘视图】菜单中的一个命令，如选择【缺省】命令，此时会进入草绘环境。

　　(8) 在草绘环境中绘制第一个混合截面，如图 5-59 所示。

　　(9) 在菜单栏中选择【草绘】→【特征工具】→【切换剖面】命令(也可以在图形显示区右击，在弹出的快捷菜单中选择【切换剖面】命令，如图 5-60 所示)，此时绘制第二个混合截面，如图 5-61 所示。在圆与正方形相交的位置，对圆进行分割，使圆由四段圆弧组成(保证每个截面的图元数相等)。

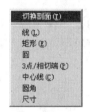

图 5-59 第一个混合截面　　　　图 5-60 右键快捷菜单　　　　图 5-61 第二个混合截面

　　注意：不同的混合截面都在同一个绘图窗口中完成，可以选择【切换剖面】命令切换当前操作截面，其他截面同时以不同颜色显示，其他截面的尺寸值与当前操作截面的尺寸值可以同时更改，这样有利于不同截面之间的对照。

　　(10) 重复步骤(9)的操作，可绘制多个混合截面。

　　(11) 混合截面绘制完成后，单击【草绘器工具】工具栏中的【完成】按钮。在图形显示区的底部会显示如图 5-62 所示的消息输入窗口，在【输入截面 2 的深度】文本框中输入截面深度值，例如输入"50"，然后单击消息输入窗口右侧的【接受】按钮。如有多个截面，则继续输入其他截面的深度。

图 5-62 混合截面深度消息输入窗口

（12）单击【伸出项：混合，平行，规则截面】对话框中的【确定】按钮，对话框如图 5-63 所示，则完成伸出项非薄板平行混合特征的创建，如图 5-64 所示。

图 5-63　【伸出项：混合，平行，规则截面】对话框　　　　图 5-64　伸出项非薄板平行混合特征

5.5.2　旋转混合特征

旋转混合的截面之间不相互平行，存在着绕固定旋转轴的角度差，通过绘制坐标系与截面，确定旋转轴(坐标系的 Y 轴)与截面的相对位置，然后指定两个或多个截面之间的角度差，系统就会沿旋转轴方向创建旋转混合特征。创建方法如下。

（1）在菜单栏中选择【插入】→【混合】命令，将会显示如图 5-55 所示的【混合】子菜单。

（2）选择【混合】子菜单中的一种混合特征命令，例如选择【薄板伸出项】命令(将会创建伸出项薄板混合特征)，弹出如图 5-65 所示的【菜单管理器】之【混合选项】菜单。

图 5-65　【混合选项】菜单

（3）选择【混合选项】菜单中的【旋转的】命令，然后再选择【规则截面】和【完成】命令，弹出如图 5-66 所示的【伸出项：混合，薄板，旋转的，草绘截面】对话框和如图 5-67 所示的【菜单管理器】之【属性】菜单。

图 5-66　【伸出项：混合，薄板，旋转的，草绘截面】对话框　　　图 5-67　【属性】菜单

在这里有如下两种属性是平行混合特征中没有的。

● 【开放】——以指定的角度创建开放的混合特征。

● 【封闭的】——创建沿旋转轴封闭的混合特征。

（4）选择【属性】菜单中的命令，例如依次选择【光滑】、【开放】和【完成】命令，会弹出如图 5-37 所示的【菜单管理器】之【设置草绘平面】菜单。

（5）选择【设置草绘平面】菜单中的一种设置草绘平面方式，例如先选择【新设置】命令，再选择【设置平面】菜单的【平面】命令。然后在图形显示区选择一个平面作为草绘平面，此时【菜单管理器】中出现【方向】菜单，如图 5-38 所示。

（6）选择【方向】菜单中的一个命令，例如选择【正向】命令，此时【菜单管理器】中出现【草绘视图】菜单，如图 5-39 所示。

（7）选择【草绘视图】菜单中的一个命令，例如选择【缺省】命令，此时会进入草绘环境。

（8）在草绘环境中绘制第一个混合截面，如图 5-68 所示的直线。

注意：旋转混合的截面中必须创建坐标系，以确定截面与坐标 Y 轴（旋转轴）的相对位置。

（9）混合截面绘制完成后，单击【草绘器工具】工具栏中的【完成】按钮✔，会弹出【菜单管理器】之【薄板选项】菜单，如图 5-51 所示。选择【薄板选项】菜单中的一个命令，如选择【正向】命令，在图形显示区的底部会显示如图 5-69 所示的消息输入窗口，在【为截面2 输入 y_axis 旋转角】文本框中输入第二个截面与第一个截面的夹角，例如"输入 45"，然后单击文本框右侧的【接受】按钮✔，此时会再一次进入草绘环境。

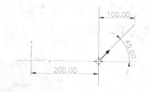

为截面2 输入y_axis 旋转角（范围：0 - 120）45.0000

图 5-68　第一个混合截面　　　　图 5-69　混合截面夹角消息输入窗口

（10）在新的草绘环境中绘制第二个混合截面，如图 5-70 所示的圆弧。绘制完成后，单击【草绘器工具】工具栏中的【完成】按钮✔，会弹出【菜单管理器】之【薄板选项】菜单，如图 5-51 所示。选择【薄板选项】菜单中的一个命令，例如选择【正向】命令，在图形显示区的底部会显示如图 5-71 所示的【继续下一截面吗?】消息输入窗口，询问是否还有下一个截面。此时有如下两种选择。

- 单击文本框右侧的【是】按钮，在图形显示区的底部会显示如图 5-69 所示的消息输入窗口，在该窗口的文本框中输入第 3 个截面相对于第 2 个截面的夹角，然后单击消息输入窗口右侧的【接受】按钮✔，此时会再一次进入草绘环境，重复步骤(10)的操作。

- 单击文本框右侧的【否】按钮，在图形显示区的底部会显示如图 5-52 所示的消息输入窗口，在【输入薄板特征的宽度】文本框中输入薄板厚度值，例如输入"10"，然后单击消息输入窗口右侧的【接受】按钮✔。

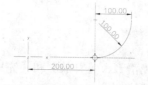

继续下一截面吗? (Y/N)：　　　　是 否

图 5-70　第二个混合截面　　　　图 5-71　【继续下一截面吗?】消息输入窗口

（11）单击【伸出项：混合，薄板，旋转的，草绘截面】对话框中的【确定】按钮，对话框如图 5-72 所示，完成伸出项薄板旋转混合特征的创建，如图 5-73 所示。

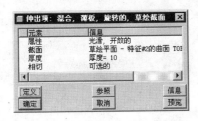

图 5-72　【伸出项：混合，薄板，旋转的，草绘截面】对话框　　图 5-73　伸出项薄板旋转混合特征

5.5.3　一般混合特征

　　一般混合的截面之间既可以沿直线方向平移，也可以绕 3 个旋转轴旋转，通过绘制坐标系与截面，确定坐标系与截面的相对位置，然后指定两个或多个截面之间绕 3 个旋转轴的角度差，及沿直线方向平移的距离，系统就会沿直线方向与绕旋转轴方向创建一般混合特征。平行混合与旋转混合都可以看作是一般混合的特例。创建方法如下。

　　(1) 在菜单栏中选择【插入】→【混合】命令，将会显示如图 5-55 所示的【混合】子菜单。

　　(2) 选择【混合】子菜单中的一种混合特征命令，例如选择【伸出项】命令(将会创建伸出项非薄板混合特征)，弹出如图 5-56 所示的【菜单管理器】之【混合选项】菜单。

　　(3) 选择【混合选项】菜单中的【一般】命令，然后再选择截面的创建方式，如依次选择【规则截面】、【草绘截面】和【完成】命令，弹出如图 5-74 所示的【伸出项：混合，一般，草绘截面】对话框和如图 5-58 所示的【菜单管理器】之【属性】菜单。

　　(4) 选择【属性】菜单中的命令，例如依次选择【直的】和【完成】命令，【菜单管理器】中会显示如图 5-37 所示的【设置草绘平面】菜单。

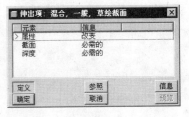

图 5-74　【伸出项：混合，一般，草绘截面】对话框

　　(5) 选择【设置草绘平面】菜单中的一种设置草绘平面方式，例如先选择【新设置】命令，再在【设置平面】菜单中选择【平面】命令。然后在图形显示区选择一个平面作为草绘平面，此时出现【方向】菜单，如图 5-38 所示。

　　(6) 选择【方向】菜单中的一个命令，例如选择【正向】命令，此时【菜单管理器】菜单中出现【草绘视图】菜单，如图 5-39 所示。

　　(7) 选择【草绘视图】菜单中的一个命令，例如选择【缺省】命令，此时会进入草绘环境。

　　(8) 在草绘环境中绘制第一个混合截面，如图 5-75 所示。

　　⑦ 注意：一般混合的截面中必须创建坐标系，以确定截面与坐标系的相对位置。

　　(9) 混合截面绘制完成后，单击【草绘器工具】工具栏中的【完成】按钮 ✔，在图形显示区的底部会依次显示如图 5-76 所示的消息输入窗口，在文本框中输入第二个截面相对坐标系 X、Y、Z 三个方向的旋转角度，例如依次输入 "30″"、"0″"、"30″"，然后依次单击消息输入窗口右侧的【接受】按钮 ✔，此时会再一次进入草绘环境。

图 5-75　第一个混合截面　　　　　　　　　　图 5-76　输入混合截面夹角文本框

（10）在新的草绘环境中绘制第二个混合截面，如图 5-77 所示。绘制完成后，单击【草绘器工具】工具栏中的【完成】按钮 ✓，在图形显示区的底部会显示如图 5-71 所示的消息输入窗口，询问是否还有下一个截面。此时有如下两种选择。

- 单击【继续下一截面吗?】文本框右侧的【是】按钮，在图形显示区的底部会依次显示如图 5-76 所示的消息输入窗口，在文本框中输入第三个截面相对坐标系 X、Y、Z 三个方向的旋转角度，然后依次单击消息输入窗口右侧的【接受】按钮 ✓，此时会再一次进入草绘环境，重复步骤(10)的操作。

- 单击【继续下一截面吗?】文本框右侧的【否】按钮，在图形显示区的底部会显示如图 5-62 所示的消息输入窗口，在【输入截面 2 的深度】文本框中输入第二个截面相对于第一个截面的深度值，例如输入"100"，然后单击消息输入窗口右侧的【接受】按钮 ✓。如有多个截面，则继续输入其他截面的深度。

图 5-77　第二个混合截面

（11）单击【伸出项：混合，一般，草绘截面】对话框中的【确定】按钮，对话框如图 5-78 所示。完成伸出项非薄板一般混合特征的创建，如图 5-79 所示。

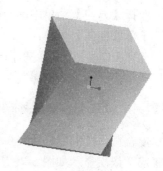

图 5-78　【伸出项：混合，一般，草绘截面】对话框　　　图 5-79　伸出项非薄板一般混合特征

5.6　实 例 训 练

 例： 创建如图 5-80 所示的接插件模型

此模型文件见随书光盘"\ch05\05example.prt"。

1. 进入创建环境

在菜单栏中选择【文件】→【新建】命令，或单击工具栏中的【新建】按钮 ，弹出【新建】对话框，在对话框中点选【零件】单选钮，在【名称】文本框中输入零件名称"solid"，单击【确定】按钮，进入创建环境界面。

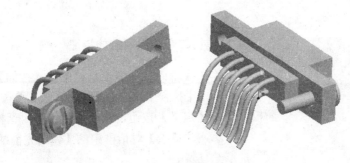

图 5-80　接插件零件

2. 创建伸出项拉伸特征

(1) 单击【基础特征】工具栏中的【拉伸】按钮 ，弹出【拉伸】操控面板。

(2) 单击该操控面板中的【放置】按钮，弹出【放置】面板，单击【定义】按钮，弹出【草绘】对话框。

(3) 选择图形显示区中的"FRONT"基准平面作为草绘平面，接受系统默认的草绘视图方向、草绘参照平面及草绘参照平面所在方向，此时【草绘】对话框如图 5-81 所示。单击【草绘】对话框中的【草绘】按钮，进入内部草绘环境。

(4) 绘制如图 5-82 所示的草图，单击【草绘器工具】工具栏中的【完成】按钮 。

图 5-81　【草绘】对话框

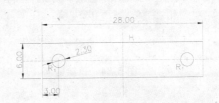

图 5-82　草绘截面

(5) 选择创建伸出项非薄板特征，此类型为系统默认状态。操作方法为：单击【拉伸】操控面板中的【拉伸为实体】按钮□，使【去除材料】按钮⬦处于未按下状态（创建首个实体特征时，此按钮不可选），同时使【加厚草绘】按钮⊏处于未按下状态。

(6) 单击操控面板中的【选项】按钮，弹出【深度】面板。单击【深度】面板中【第 1 侧】下拉列表框右侧的按钮▾，选择【盲孔】选项（此类型为系统默认选择类型），并在右侧的文本框中输入深度值"7"，按<Enter>键确认（或在【深度】面板外某一位置单击）。在【第 2 侧】下拉列表框中选择【无】选项（此类型为系统默认选择类型）。

提示： 直接在【拉伸】操控面板中的拉伸类型按钮⬥右侧的文本框中输入深度值"7"也可以实现此步骤。

(7) 单击操控面板右侧的【确定】按钮✓（或单击鼠标中键），完成拉伸特征的创建，如图 5-83 所示。

图 5-83　伸出项拉伸特征

3. 创建第二个伸出项拉伸特征

(1) 单击【基础特征】工具栏中的【拉伸】按钮⬰。

(2) 单击【拉伸】操控面板中的【放置】按钮，出现【放置】面板，单击【定义】按钮，弹出【草绘】对话框。

(3) 单击【草绘】对话框中的【使用先前的】按钮，直接进入内部草绘环境。

(4) 绘制如图 5-84 所示的草图，单击【草绘器工具】工具栏中的【完成】按钮✓。

(5) 选择创建伸出项非薄板特征（使【拉伸】操控面板中的【去除材料】按钮⬦和【加厚草绘】按钮⊏均处于未按下状态）。

(6) 在【拉伸】操控面板中的拉伸类型按钮⬥右侧的文本框中输入深度值"2.5"，按<Enter>键确认。

(7) 单击【拉伸】操控面板中的【将拉伸的深度方向更改为草绘的另一侧】按钮✗（或在图形显示区中的箭头上单击），使拉伸方向反向。

(8) 单击【拉伸】操控面板右侧的【确定】按钮✓，完成拉伸特征的创建，如图 5-85 所示。

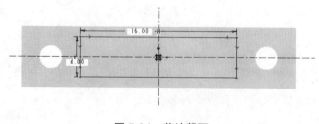

图 5-84　草绘截面

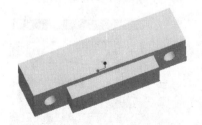

图 5-85　第二个伸出项拉伸特征

4. 创建切口拉伸特征

(1) 单击【基础特征】工具栏中的【拉伸】按钮⬰。

（2）单击【拉伸】操控面板中的【放置】按钮，出现【放置】面板，单击【定义】按钮，弹出【草绘】对话框。

（3）选择图形显示区中的实体平面作为草绘平面，如图 5-86 所示，接受系统默认的草绘视图方向、草绘参照平面及草绘参照平面所在方向。单击【草绘】对话框中的【草绘】按钮，进入内部草绘环境。

（4）绘制如图 5-87 所示的草图，单击【草绘器工具】工具栏中的【完成】按钮 ✔。

（5）选择创建切口非薄板特征（使【去除材料】按钮 ⟋ 处于按下状态，【草绘厚度】按钮 ⊏ 处于未按下状态）。

（6）单击【拉伸】操控面板中拉伸类型按钮 ⊥· 右侧的按钮 ▾，选择【穿透】 ᶓ 作为拉伸类型。

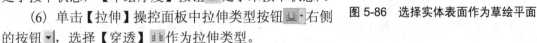

图 5-86　选择实体表面作为草绘平面

（7）单击【拉伸】操控面板中的【将拉伸的深度方向更改为草绘的另一侧】按钮 ⤢，使拉伸方向反向。

（8）单击【拉伸】操控面板右侧的【确定】按钮 ✔，完成拉伸特征的创建，如图 5-88 所示。

图 5-87　草绘截面

图 5-88　切口拉伸特征

5. 创建伸出项旋转特征

（1）单击【基础特征】工具栏中的【旋转】按钮 ⊹。

（2）单击【旋转】操控面板中的【位置】按钮，弹出【位置】面板，单击【定义】按钮，弹出【草绘】对话框。

（3）选择图形显示区中的"TOP"基准平面作为草绘平面，接受系统默认的草绘视图方向、草绘参照平面及草绘参照平面所在方向。单击【草绘】对话框中的【草绘】按钮进入内部草绘环境。

（4）绘制如图 5-89 所示的草图，单击【草绘器工具】工具栏中的【完成】按钮 ✔。

（5）选择创建伸出项非薄板特征（使【旋转】操控面板中的【去除材料】按钮 ⟋ 和【加厚草绘】按钮 ⊏ 均处于未按下状态）。

（6）选择截面的中心线作为旋转轴，单击【旋转】操控面板中旋转类型按钮 ⊥· 右侧的按钮 ▾ 并选择【从草绘平面以指定的角度值旋转】 ⊥ 类型，并在右侧的文本框中输入角度值"360"。此旋转轴、旋转类型、角度值均为系统默认设置。

（7）单击【旋转】操控面板右侧的【确定】按钮 ✔，完成伸出项旋转特征的创建，如图 5-90 所示。

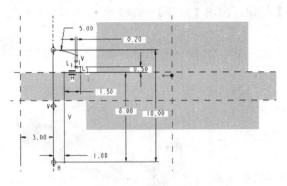

图 5-89　草绘截面

图 5-90　伸出项旋转特征

6. 创建第二个切口拉伸特征

(1) 单击【基础特征】工具栏中的【拉伸】按钮🗗。

(2) 单击【拉伸】操控面板中的【放置】按钮，弹出【放置】面板，单击【定义】按钮，弹出【草绘】对话框。

(3) 单击【草绘】对话框中的【使用先前的】按钮直接进入内部草绘环境。

(4) 绘制如图 5-91 所示的草图，绘制结束后单击【草绘器工具】工具栏中的【完成】按钮✔。

(5) 选择创建切口非薄板特征(使【去除材料】按钮⧄处于未按下状态，【草绘厚度】按钮⊏处于未按下状态)。

(6) 单击【拉伸】操控面板中的【选项】按钮，弹出【深度】面板。单击【深度】面板【第1侧】下拉列表框右侧的按钮▾，选择【穿透】⧧选项。同样，单击【深度】面板【第2侧】下拉列表框右侧的按钮▾，也选择【穿透】⧧选项。

(7) 单击【拉伸】操控面板右侧的【确定】按钮✔，完成第二个切口拉伸特征的创建，如图 5-92 所示。

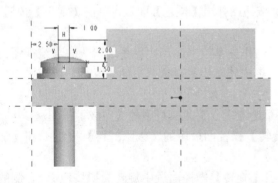

图 5-91　草绘截面

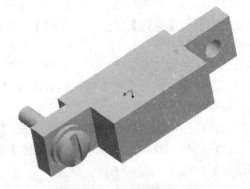

图 5-92　第二个切口拉伸特征

7. 创建伸出项扫描特征

(1) 在菜单栏中选择【插入】→【扫描】命令，显示【扫描】子菜单。

(2) 选择【扫描】子菜单中的【伸出项】命令，弹出【伸出项：扫描】对话框和【菜单管理器】之【扫描轨迹】菜单。

(3) 在【扫描轨迹】菜单中选择【草绘轨迹】命令，【菜单管理器】中会显示【设置草绘平面】菜单。

(4) 在【设置草绘平面】菜单中依次选择【新设置】和【平面】命令。

(5) 选择图形显示区中的"RIGHT"基准平面作为草绘平面，此时【菜单管理器】中显示【方向】菜单，在其中选择【正向】命令；此时【菜单管理器】中显示【草绘视图】菜单，在其中选择【缺省】命令，进入草绘环境。

(6) 在草绘环境中绘制扫描轨迹，如图 5-93 所示。绘制结束后单击【草绘器工具】工具栏中的【完成】按钮✔，弹出【菜单管理器】之【属性】菜单，如图 5-94 所示。

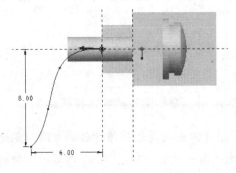

图 5-93　草绘扫描轨迹　　　　　　　　　　图 5-94　【属性】菜单

(7) 选择【属性】菜单中的【自由端点】命令，再选择【完成】命令，再一次进入草绘环境。

(8) 绘制如图 5-95 所示的草图，绘制结束后单击【草绘器工具】工具栏中的【完成】按钮✔。

(9) 此时【伸出项：扫描】对话框如图 5-96 所示，单击对话框中的【确定】按钮，完成伸出项扫描特征的创建，如图 5-97 所示。

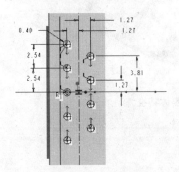
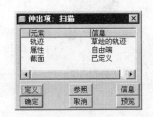
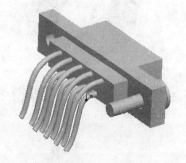

图 5-95　扫描截面　　图 5-96　【伸出项：扫描】对话框　　图 5-97　伸出项扫描特征

8. 保存文件

在菜单栏中选择【文件】→【保存】命令，或单击工具栏中的【保存】按钮▣，弹出【保存对象】对话框，单击【确定】按钮保存文件。

5.7 练 习 题

（1）创建一个拉伸特征，并在创建草图截面后，选择不同的拉伸类型，通过预览观察不同拉伸类型的区别。

（2）比较拉伸特征与旋转特征的异同。

（3）练习使用【基础特征】工具栏中的【可变剖面扫描】按钮，沿扫描轨迹创建可变剖面扫描特征。

（4）创建一个混合特征，并在创建某个截面时，设置不同的起始点，然后比较相应混合特征的区别。

提示：选取截面中的一个端点，然后右击，在弹出的快捷菜单中选择【起始点】命令，可以将该端点作为起始点。

（5）用 5 种以上不同的创建方法，创建如图 5-98 所示空心圆柱的实体特征。

提示：创建伸出项非薄板拉伸特征的方法；创建伸出项薄板拉伸特征的方法；创建伸出项非薄板旋转特征的方法；创建伸出项薄板旋转特征的方法；通过拉伸特征先创建一个伸出项圆柱实体，再创建一个切口圆柱实体；……

（6）创建如图 5-99 所示的实体特征。

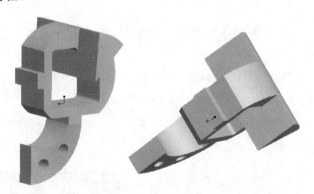

图 5-98 空心圆柱实体特征练习　　　　图 5-99 实体特征练习

第6章 工程特征

本章将介绍如何创建工程特征，包括孔特征、筋特征、倒圆角特征、倒角特征、拔模特征以及抽壳特征。

6.1 概　　述

在基本特征基础上，Pro/ENGINEER 将工程中常用的特征作为模板，这些特征包括孔特征、筋特征、倒圆角特征、倒角特征、拔模特征以及抽壳特征。可通过菜单栏中的【插入】菜单或【工程特征】工具栏来创建工程特征，如图 6-1 和图 6-2 所示。这些工程特征的几何形状是特定的，通过改变尺寸得到相似形状的几何特征，可对已有零件添加或去除材料。

图 6-1　【插入】菜单中的工程特征　　　　　　图 6-2　【工程特征】工具栏

在工程特征的使用过程中，一般要提供以下两个方面的信息。

（1）工程特征的位置。例如孔特征需要指定创建的平面，以及在该平面上的确切位置。

（2）工程特征的尺寸。例如抽壳特征的壁厚、圆角特征的半径、拔模特征的高度等。

6.2 孔　特　征

孔特征是一种常见的特征，它是一个截面绕中心轴旋转切除材料而生成的特征，如图 6-3 所示是孔特征的示例。

在 Pro/ENGINEER Wildfire 4.0 中，把孔分为"简单孔"、"草绘孔"和"标准孔"。可直接使用 Pro/ENGINEER Wildfire 4.0 提供的【孔】命令，从而更方便、快捷地制作孔特征。

在使用【孔】命令创建孔特征时，只需指定孔的放置平面并给定孔的定位尺寸及孔的直径、深度即可。

图 6-3　孔特征示例

6.2.1　孔的定位方式

使用【孔】命令建立孔特征时，应指定孔的放置平面并标注孔的定位尺寸，系统提供 4 种标注方法，分别是线性、径向、直径和同轴。

在菜单栏中选择【插入】→【孔】命令，或单击【工程特征】工具栏中的【孔】按钮 ，弹出【孔】操控面板，如图 6-4 所示。

图 6-4　【孔】操控面板

该面板中各选项的功能如下。

（1）【放置】按钮

单击该按钮，可弹出【放置】面板，在该面板中可进行放置孔特征的操作，如图 6-5 所示。

图 6-5　【放置】面板

- 【放置】列表框——该列表框用于显示孔的放置平面信息。
- 【偏移参照】列表框——该列表框用于显示孔的定位信息。

⊘ **注意：** 孔的放置面可以是基准平面或零件上的平面或曲线。如果在曲面上创建孔，则孔必须是径向孔并且曲面必须是凸起的。

- 【反向】按钮——单击该按钮，可改变孔放置的方向。

● 【类型】下拉列表框——可在该下拉列表框中选择孔的放置方式。选择【线性】选项，则使用两个线性尺寸定位孔，标注孔中心线到实体边或基准面的距离，如图 6-6 所示，标注的信息将显示在如图 6-5 所示的面板中。选择【径向】选项，则使用一个线性尺寸和一个角度尺寸定位孔，以极坐标的方式标注孔的中心线位置，此时应指定参考轴和参考平面，以标注极坐标的半径及角度尺寸，如图 6-7 所示。选择【直径】选项，则使用一个线性尺寸和一个角度尺寸定位孔，以直径的尺寸标注孔的中心线位置，此时应指定参考轴和参考平面，以标注极坐标的直径及角度尺寸，如图 6-8 所示。

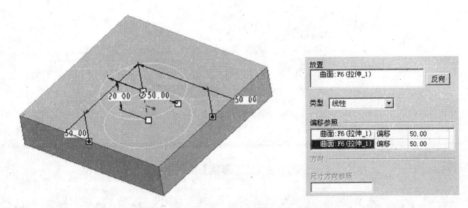

图 6-6　【线性】方式确定孔的位置

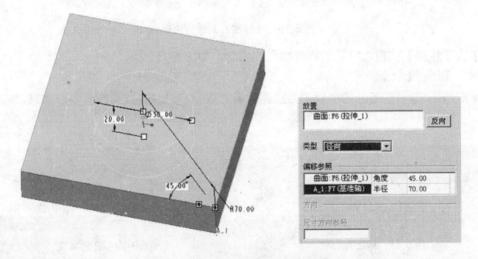

图 6-7　【径向】方式确定孔的位置

(2) 【形状】按钮

单击该按钮，可弹出孔【形状】面板。在该面板中可设置孔的形状及其尺寸，并可对孔的生成方式进行设定，其尺寸也可即时修改，如图 6-9 所示。

(3) 【注释】按钮

当生成"简单孔"或"草绘孔"时，该按钮为灰色不可用；当生成"标准孔"时，该按钮可用，如图 6-10 所示。

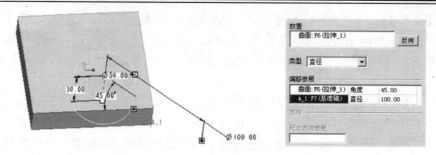

图 6-8 【直径】方式确定孔的位置

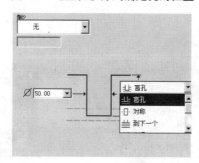

图 6-9 孔【形状】面板

图 6-10 【标准孔】操控面板

单击【注释】按钮，可显示该标准孔的信息，如图 6-11 所示。

（4）【属性】按钮

单击该按钮，可在打开的面板中显示孔的名称（可进行更改）及其相关参数信息，如图 6-12 所示。

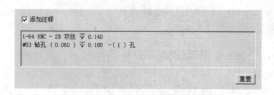

图 6-11 标准孔信息

图 6-12 孔的属性

（5）【创建简单孔】按钮 ⊔

在【孔】操控面板中单击该按钮，可以创建"简单孔"，【简单孔】面板如图 6-13 所示。在钻孔直径 ⌀20.00 的下拉列表框中可以显示和修改孔的直径。通过【孔类型】按钮 ⊔·，可以根据需要选择孔的各种生成方式，如图 6-14 所示。

（6）【创建草绘孔】按钮

在【孔】操作面板中单击该按钮，可以创建"草绘孔"，【草绘孔】操控面板如图 6-15 所示。

图 6-13 【简单孔】操控面板　　图 6-14 孔的生成方式　图 6-15 【草绘孔】操控面板

（7）【创建标准孔】按钮

单击该按钮，可以创建多种类型的标准孔，如图 6-16 所示。在【螺纹系列】下拉列表框中包括【ISO】、【UNC】和【UNF】3 个标准；在【螺钉尺寸】下拉列表框中可以输入或选择螺钉的尺寸；单击【添加攻丝】按钮，则以攻丝钻孔方式生成符合相应标准的孔；单击【添加埋头孔】按钮，则设定孔的形状为埋头孔；单击【添加沉孔】按钮；则设定孔的形状为沉孔。

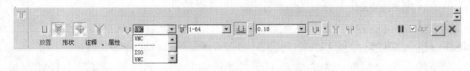

图 6-16 【标准孔】操控面板

6.2.2 创建简单孔

简单孔是直孔的一种，是最简单的孔特征，它放置于曲面上并延伸到指定的深度或终止面，截面形状为圆形。在菜单栏中选择【插入】→【孔】命令，或单击【工程特征】工具栏中的【孔】按钮，弹出【孔】操控面板，通过选定放置平面，给定孔的形状尺寸及定位尺寸，即可完成孔特征的创建。

建立简单孔的操作步骤如下。

（1）在菜单栏中选择【插入】→【孔】命令，或单击【工程特征】工具栏中的【孔】按钮，弹出【孔】操控面板。

（2）在操控面板中单击【创建简单孔】按钮，选择创建简单孔。

（3）单击【放置】按钮，在弹出的【放置】面板中确定孔的放置平面及孔的尺寸定位方式，并相应标注孔的定位尺寸。

（4）在操控面板中输入孔的直径，选定深度定义方式，并相应给出孔的深度。

（5）单击操控面板中的【特征预览】按钮观察生成的孔特征，单击操控面板中的按钮，完成简单孔特征的建立。

提示：建立简单孔，只需选定放置平面，给定形状尺寸与定位尺寸即可，而不需要设置草绘面、参考面等。

6.2.3 创建草绘孔

草绘孔就是使用草图中绘制的截面形状建立的孔特征，其特征生成原理与旋转切除特征

类似。在菜单栏中选择【插入】→【孔】命令，或单击【工程特征】工具栏中的【孔】按钮，
弹出【孔】操控面板，单击【创建草绘孔】按钮，选择创建"草绘孔"，如图 6-17 所示。

图 6-17　【草绘孔】操控面板

- 【打开现有的草绘轮廓】按钮——单击该按钮，打开一个草绘文件，该文件作为
  建立草绘孔特征的草绘剖面。
- 【Y】按钮——单击该按钮，直接进入草绘环境，绘制建立草绘孔特征的草绘剖面。
  绘制草绘孔的操作步骤如下。

（1）在菜单栏中选择【插入】→【孔】命令，或单击【工程特征】工具栏中的【孔】按
钮，系统弹出【孔】操控面板。

（2）单击【创建草绘孔】按钮，选定创建"草绘孔"。

（3）单击【打开现有草绘轮廓】按钮打开一个草绘文件，或单击【激活草绘器以创建
剖面】按钮进入草绘环境绘制一个剖面。

（4）在草绘环境绘制旋转中心线和剖面，并标注尺寸，系统返回【孔】操控面板。

（5）单击【放置】按钮，在【放置】面板中设定孔的放置平面及孔的尺寸定位方式，并
相应标注孔的定位尺寸。

（6）单击【特征预览】按钮，观察完成的孔特征。单击【确定】按钮，完成草绘
孔特征的建立。

注意：草绘孔截面必须有一条竖直放置的中心线，并且至少有一个垂直于该旋转轴的图元。

6.2.4　创建标准孔

标准孔是指基于相关工业标准的孔，标准孔类型(ISO、UNC 和 UNF)允许用户选择孔的
形状，如埋头孔、沉孔等。建立标准孔的过程与前述两种孔的建立过程基本上是一样的。

单击操控面板中的【创建标准孔】按钮，弹出【标准孔】操控面板，如图 6-18 所示。
在【螺纹系列】下拉列表框中可以选择孔依据的标准，包括【ISO】、【UNC】和【UNF】
标准，还可在【螺钉尺寸】下拉列表框中设置孔的尺寸。

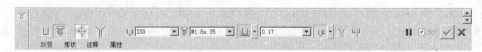

图 6-18　【标准孔】操控面板

标准孔一般有以下 5 种形式。

（1）一般螺孔形式

单击【添加攻丝】按钮，再单击【形状】按钮，弹出【孔形状】面板，在其中可设置
螺孔参数。点选【可变】单选钮，螺孔形式如图 6-19 所示；点选【全螺纹】单选钮，螺孔形
式如图 6-20 所示。

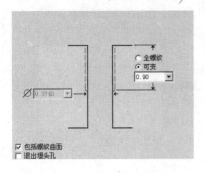

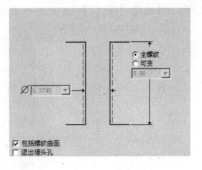

图 6-19　一般螺孔形式（可变）　　　　　　图 6-20　一般螺孔形式（全螺纹）

（2）埋头螺钉孔形式

单击【添加攻丝】按钮 ⊕ 和【添加埋头孔】按钮 ，再单击【形状】按钮，弹出【孔形状】面板，在其中可设置螺孔参数。不勾选【退出埋头孔】复选框，螺孔形式如图 6-21 所示；勾选【退出埋头孔】复选框，螺孔形式如图 6-22 所示。

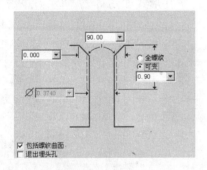

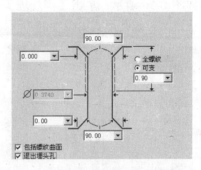

图 6-21　埋头螺钉孔形式　　　　　　图 6-22　埋头螺钉孔形式（退出埋头孔）

（3）沉头螺钉孔形式

单击【添加攻丝】按钮 ⊕ 和【添加沉孔】按钮 ，再单击【形状】按钮，弹出【孔形状】面板，在其中可设置螺孔参数。点选【可变】单选钮，螺孔形式如图 6-23 所示；点选【全螺纹】单选钮，螺孔形式如图 6-24 所示。

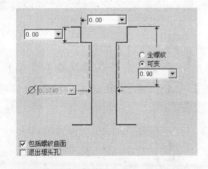

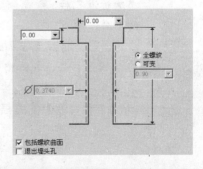

图 6-23　沉头螺钉孔形式（可变）　　　　　　图 6-24　沉头螺钉孔形式（全螺纹）

（4）沉头与埋头螺钉孔组合形式

单击【添加攻丝】按钮 ⊕ 、【添加埋头孔】按钮 和【添加沉孔】按钮 ，再单击【形状】按钮，弹出【孔形状】面板，在其中可设置螺孔参数，如图 6-25 所示。

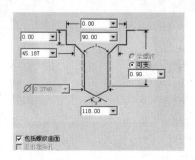

图 6-25　沉头与埋头螺钉孔组合形式

（5）过孔

过孔是没有螺纹的孔。可以创建 3 种类型的过孔。取消【添加攻丝】按钮 ◈ 、【添加埋头孔】按钮 ⍽ 和【添加沉孔】按钮 ⍿ 的选择，再选择【钻孔至与所有曲面相交】 ⫿ 方式，螺孔形式如图 6-26 所示；单击【添加埋头孔】按钮 ⍽，螺孔形式如图 6-27 所示；单击【添加沉孔】按钮 ⍿，螺孔形式如图 6-28 所示。

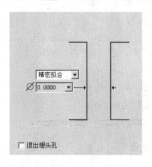

图 6-26　无沉头和埋头的过孔形式

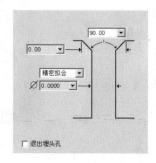

图 6-27　埋头过孔形式

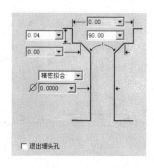

图 6-28　沉头过孔形式

注意：（1）标准孔特征不能创建真实的螺纹，可以使用创建螺旋扫描剪切特征的方式创建真实螺纹。

（2）添加标准孔后，系统会显示注释来标明孔的参数，有 3 种方式可以隐藏显示的参数。

● 新建图层，将注释添加到图层，然后隐藏图层。

● 在注释上右击，在弹出的快捷菜单中选择【删除】或【拭除】命令。

● 在菜单栏中选择【工具】→【环境】命令，在弹出的【环境】对话框中取消【名称注释】复选框的勾选。

6.3　筋　特　征

筋特征是零件建模过程中经常用到的一种特征，常依附于零件中强度较低的特征上，以增加零件的强度。根据所依附的特征，可将加强筋分为平直加强筋和旋转加强筋两种。若依附的特征若为平直造型，则生成平直造型的筋；若依附的特征为旋转造型，则生成旋转造型的筋特征。构建加强筋特征，必须在准备生成特征的位置生成一个基准平面作为绘图平面，绘制完剖面的形状后，特征将在草绘面的左、右两侧对称地伸出。

注意： 由于加强筋特征是依附于零件的另一个特征上，所以绘制的剖面必须是开放的剖面。

在菜单栏中选择【插入】→【筋】命令，或单击【工程特征】工具栏中的【筋】按钮，弹出【筋】操控面板，如图 6-29 所示。

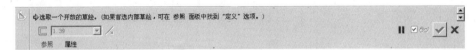

图 6-29　【筋】操控面板

选取或者定义一个草绘作为筋特征的剖面，并在【筋】操控面板中设定厚度参数，单击【确定】按钮就可以完成筋特征的创建，如图 6-30 所示。

直筋类型连接到直曲面，向一侧拉伸或关于草绘平面对称拉伸，如图 6-30(a)所示。

旋转筋类型连接到旋转曲面，筋的角形曲面是锥状的，而不是平面的，如图 6-30(b)所示。

(a) 直筋　　　　　　　　　　　　　　(b) 旋转筋

图 6-30　筋特征

注意： 绘制旋转筋时，由于采用旋转方式，因此要添加中心线。

6.4　倒圆角特征

倒圆角特征在零件设计中必不可少，它有助于模型设计中造型的变化或产生平滑的效果。在菜单栏中选择【插入】→【倒圆角】命令，或单击【工程特征】工具栏中的【倒圆角】按钮，可以弹出【倒圆角】操控面板，如图 6-31 所示。

图 6-31　【倒圆角】操控面板

创建圆角时应注意以下几点。

(1) 要注意倒圆角特征的创建顺序，一般在设计的最后添加倒圆角特征。

（2）最好将所有倒圆角特征放置在一个层上，在设计时隐藏该层可以加快工作进度。

（3）不要标注由倒圆角特征创建的边或相切边，避免创建从属于倒圆角特征的子项。

6.4.1　创建一般倒圆角

创建一般倒圆角特征的主要工作是选取放置参照和设置圆角半径。

常用的倒圆角放置参照的选取方式有以下 3 种。

（1）边

通过直接选取模型上一条或几条边线放置圆角，如图 6-32 所示。

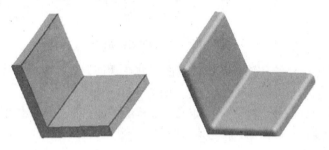

图 6-32　选取边放置倒圆角

（2）曲面

通过选取两个面放置倒圆角，生成的倒圆角特征与选取的两个面相切，如图 6-33 所示。

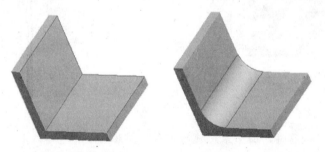

图 6-33　选择两个面放置倒圆角

（3）曲面和边

通过选取一条边和一个面来放置倒圆角，生成的倒圆角特征与选取的面相切，并且倒圆角的大小将延伸到选取的边，如图 6-34 所示。

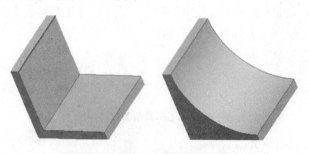

图 6-34　选择曲面和边放置倒圆角

注意： 在使用曲面和边的方法放置倒圆角特征时，边线和曲面的选择顺序不同，生成的倒圆角特征也不同。如图 6-34 所示的倒圆角特征为先选择曲面再选择边线。若先选择边线再选择曲面，生成的倒圆角特征如图 6-35 所示。

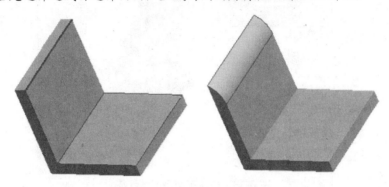

图 6-35　选择边和曲面放置倒圆角

6.4.2　创建完全圆角

单击【倒圆角】操控面板中的【设置】按钮，弹出倒圆角【设置】面板，如图 6-36 所示。

选取模型上的一对边，单击倒圆角【设置】面板中的【完全倒圆角】按钮，即可创建完全倒圆角特征，如图 6-37 所示。

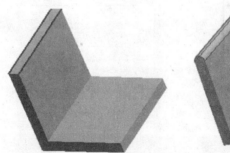

图 6-36　倒圆角【设置】面板　　　　图 6-37　创建完全倒圆角特征

6.4.3　创建可变倒圆角

通过对一条模型边线上不同位置点设定不同的倒圆角半径，可以创建可变倒圆角特征，倒圆角【设置】面板如图 6-38 所示。倒圆角半径可以通过指定具体数值或通过参照选取确定，位置点可以通过指定曲线比率或参照确定。

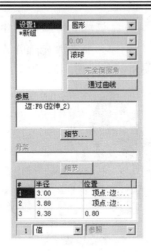
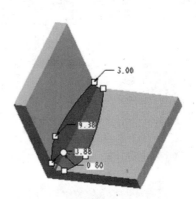

图 6-38　创建可变倒圆角特征

6.4.4　创建高级倒圆角

单击【倒圆角】操控面板中的【设置】按钮，弹出倒圆角【设置】面板，在其中可以使用高级倒圆角功能对倒圆角特征进行控制。在倒圆角【设置】面板的【截面形状】下拉列表框中可以选择倒圆角截面类型：【圆锥】、【圆形】和【D1×D2 圆锥】，如图 6-39 所示。

图 6-39　倒圆角的 3 种截面形状

- 【圆锥】——倒圆角的横截面为圆锥形。圆锥参数可以修改，范围在"0.05～0.95"之间，数值越大圆角越尖，如图 6-40 所示。
- 【圆形】——倒圆角的横截面为圆形，如图 6-41 所示。
- 【D1×D2 圆锥】——倒圆角的横截面为圆锥形，其形状由两个参数 D1 和 D2 控制，如图 6-42 所示。

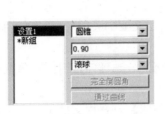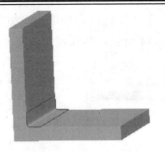

图 6-40　圆锥横截面的倒圆角

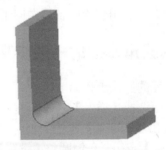

图 6-41　圆形横截面的倒圆角

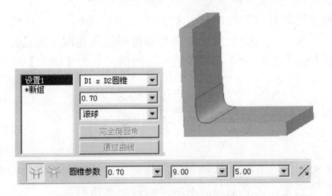

图 6-42　D1×D2 圆锥横截面的倒圆角

在倒圆角【设置】面板的【创建方法】下拉列表框中可以设置倒圆角集的创建方法,包括【滚球】和【垂直于骨架】两种方法,如图 6-43 所示。

图 6-43　倒圆角集的创建方法

- 【滚球】——通过沿着两个相邻曲面滚动一个假想中的球创建倒圆角。
- 【垂直于骨架】——通过扫描一个垂直于骨架的弧形或圆锥形横截面来创建倒圆角。当使用【垂直于骨架】方法创建倒圆角时,【完全倒圆角】按钮不可用。

提示:一个高级倒圆角可以由一个或多个倒圆角组或倒圆角段组成,每个倒圆角组可以单独设定属性、参照和半径。如果想把几条边的圆角放入同一组(集)中,即同时具有一个圆角半径,应按下<Ctrl>键,然后单击要加入的边线即可。

单击【倒圆角】操控面板中的【切换至过渡模式】按钮 ，可以对倒圆角组的过渡模式进行设定，如图 6-44 所示。各选项的含义如下。

图 6-44 倒圆角过渡模式

- 【缺省(仅限倒圆角)】——使用自定义的默认过渡类型。
- 【相交】——延伸每组倒圆角直到与其他倒圆角组相交。
- 【拐角球】——相交处是一个半径等于最大圆角组半径的球面，该选项只对圆形横截面有效。
- 【曲片面】——相交处的各边之间用曲面光滑连接。

6.4.5 建立倒圆角特征的一般步骤

建立倒圆角特征的操作步骤如下。

(1) 在菜单栏中选择【插入】→【倒圆角】命令，或单击【工程特征】工具栏中的【倒圆角】按钮 ，弹出【倒圆角】操控面板。

(2) 单击【设置】按钮，在倒圆角【设置】面板中设定倒圆角类型、形成倒圆角的方式、倒圆角的参照、倒圆角的半径等。

(3) 单击【切换至过渡模式】按钮 ，设置转角的形状。

(4) 单击【选项】按钮，选择生成的圆角是实体形式还是曲面形式。

(5) 单击【特征预览】按钮 ，观察生成的圆角，单击【确定】按钮 ，完成倒圆角特征的建立。

6.5 倒 角 特 征

Pro/ENGINEER Wildfire 4.0 提供两种方式的倒角，即边倒角和拐角倒角，并可对多边构成的倒角接头进行过渡设置。建立倒角的基本原则同倒圆角相同。

6.5.1 创建边倒角

边倒角是指从选定边中截掉一块平直剖面材料，在相邻两曲面之间创建斜角曲面，如图 6-45 所示。

图 6-45 边倒角特征示例

在菜单栏中选择【插入】→【倒角】→【边倒角】命令，或者单击【工程特征】工具栏中的【边倒角】按钮 ，弹出【倒角】操控面板，如图 6-46 所示。

图 6-46　【倒角】操控面板

边倒角包括 6 种倒角类型。

- 【D×D】——倒角距离选择边尺寸都为 D。
- 【D1×D2】——倒角选择边尺寸分别为 D1 与 D2。
- 【角度×D】——倒角距离所选择边为 D，并且与该边成一定角度。
- 【45×D】——在距选择的边尺寸为 D 的位置建立 45°的倒角，此选项仅适用于在两个垂直平面相交的边上建立倒角。
- 【0×0】——倒角距离选择边尺寸都为设置值。
- 【01×02】——倒角选择边尺寸分别为 01 的设置值和 02 的设置值。

6.5.2　创建拐角倒角

在菜单栏中选择【插入】→【倒角】→【拐角倒角】命令，弹出【倒角(拐角)：拐角】对话框，同时还弹出【菜单管理器】之【选出/输入】菜单用于输入距离，如图 6-47 所示。

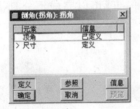

图 6-47　【倒角(拐角)：拐角】对话框及【选出/输入】菜单

在创建拐角倒角特征时，首先要定义拐角倒角的顶点位置，顶点是通过选择的第一条边线来确定的，鼠标选择边线后按就近原则选择顶点，接下来通过【选出/输入】菜单输入倒角距离。系统会高亮显示当前边线，单击输入，按信息提示输入边线的倒角距离值，将三条边都设定好，最后单击【倒角(拐角：拐角)】对话框中的【确定】按钮，完成拐角倒角特征的创建，如图 6-48 所示。

图 6-48　拐角倒角示例

6.6 拔 模 特 征

Pro/ENGINEER Wildfire 4.0 提供了丰富的拔模功能，拔模斜度的范围为"−30°～30°"。拔模特征可以通过指定参照，在选定的零件表面上生成。

6.6.1 单枢轴平面

1. 不分割拔模

不分割拔模是指对整个要拔模的面进行拔摸。

选择要拔模的曲面，在菜单栏中选择【插入】→【斜度】命令，或单击【工程特征】工具栏中的【拔模】按钮 ，再选择凸台的上端面作为拔模枢轴平面，此时弹出的【拔模】操控面板如图 6-49 所示。

图 6-49 【拔模】操控面板

默认情况下，系统会以枢轴平面作为拔模角的参考平面，在【拔模】操控面板中输入角度值和设定拔模角的方向，单击【确定】按钮 就可以完成不分割拔模特征的创建，如图 6-50 所示。

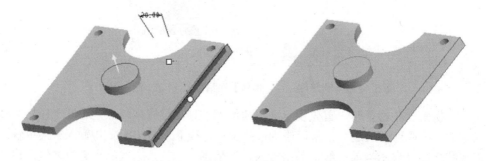

图 6-50 不分割拔模

2. 分割拔模

分割拔模是指将要拔模的面用固定面拆分为两个面，分别进行拔模。

接住<Ctrl>键，选择凸出的圆柱面和底座的左侧面作为要拔模的曲面，在菜单栏中选择【插入】→【斜度】命令，或单击【工程特征】工具栏中的【拔模】按钮 ，再选择凸台的上端面作为拔模枢轴平面，采用默认平面作为拔模角的参考平面，单击【拔模】操控面板中的【分割】按钮，弹出【分割选项】面板，在【分割选项】下拉列表框中选择【根据拔模枢轴分割】选项，在【侧选项】下拉列表框中选择【独立拔模侧面】选项，如图 6-51 所示。

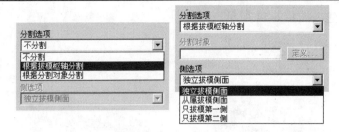

图 6-51　设置分割选项

修改两个拔模角的大小和方向，单击【确定】按钮 ✔ 就可以完成分割拔模特征的创建，如图 6-52 所示。

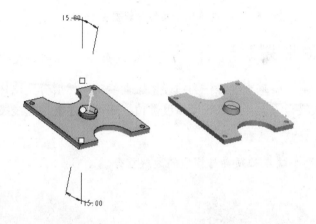

图 6-52　分割拔模

6.6.2　草绘分割拔模

草绘分割拔模是指用草绘截面将拔模面分成两个拔模面，这两个拔模面可以单独设定拔模角度和方向。

选择要拔模的曲面，在菜单栏中选择【插入】→【斜度】命令，或单击【工程特征】工具栏中的【拔模】按钮 ⚙ ，单击【拔模】操控面板中的【分割】按钮，在弹出的【分割选项】面板的【分割选项】下拉列表框中选取【根据分割对象分割】选项，如图 6-53 所示。

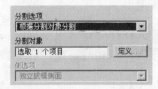

图 6-53　选择【根据分割对象分割】选项

单击【分割选项】面板中的【定义】按钮，选择拔模曲面作为草绘平面，进入草绘环境绘制分割截面。草绘完成后，在【侧选项】下拉列表框中选择【独立拔模侧面】选项，并在【拔模】操控面板中修改两个拔模角度的大小和方向，单击【确定】按钮 ✔ 就可以完成草绘分割拔模特征的创建，如图 6-54 所示。

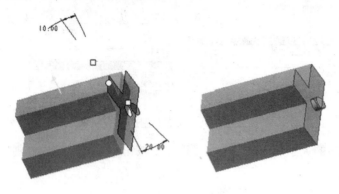

图 6-54　草绘分割拔模

6.6.3　创建枢轴曲线拔模

在拔模曲面上绘制一条基准曲线作为拔模枢轴曲线链，然后分别选择拔模曲面、拔模特征拖动方向参照和拔模角方向，输入拔模角度数值，即可创建枢轴曲线拔模特征，如图 6-55 所示。

❓ **注意：** 曲线的两个端点必须要与模型的边线重合。

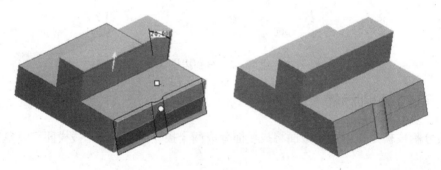

图 6-55　枢轴曲线拔模

6.7　抽　壳　特　征

建立箱体类零件，常常用到抽壳操作。抽壳可以去除实体的一个或几个面，掏空实体内部，从而得到壳。壳的各表面的厚度可以相等，也可以单独指定厚度。抽壳特征一般放在圆角特征之前创建。

📝 **提示：** 如果没有选取要移出的曲面，则会创建一个"封闭"的壳，将零件的整个内部都掏空，而且空心部分没有入口。

在菜单栏中选择【插入】→【壳】命令，或单击【工程特征】工具栏中的【壳】按钮 📄，弹出【壳】操控面板，如图 6-56 所示。

图 6-56　【壳】操控面板

选择要去除材料的实体表面，在【壳】操控面板的【厚度】下拉列表框中设定厚度参数，单击【确定】按钮✔完成抽壳特征的创建，如图 6-57 所示。

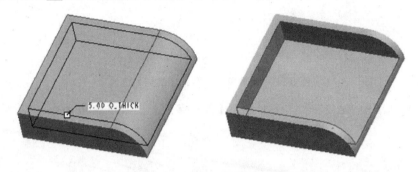

图 6-57　等厚壁抽壳特征

6.8　实 例 训 练

例 1：创建底座

1. 打开零件文件

(1) 在菜单栏中选择【文件】→【打开】命令，或单击工具栏中的【打开】按钮。

(2) 在【文件打开】对话框中选择随书光盘中 "ch06" 文件夹下的 "06example-1.prt" 文件。

(3) 单击【打开】按钮，零件如图 6-58 所示。

图 6-58　打开文件 "06example-1.prt"

2. 创建孔（直径）

(1) 在菜单栏中选择【插入】→【孔】命令，或单击【工程特征】工具栏中的【孔】按钮。

(2) 单击【孔】操控面板中的【放置】按钮，在弹出的【放置】面板中，选择凸台面作为【放置】，在【类型】下拉列表框中选择【直径】选项，如图 6-59 所示。

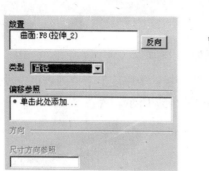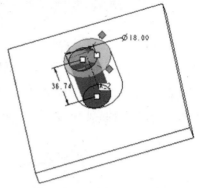

图 6-59 【放置】参照和【类型】选择

（3）选择基准轴"A-2"和一侧面作为【偏移参照】，如图 6-60 所示。

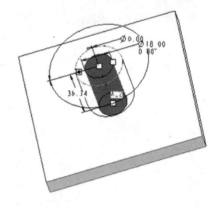

图 6-60 【偏移参照】选择

（4）在【孔】操控面板中输入直径尺寸为"18"、深度尺寸为"40"，单击【确定】按钮√完成孔的创建，如图 6-61 所示。

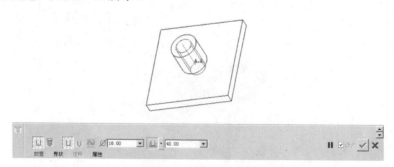

图 6-61 孔（直径）设置

3. 创建孔（径向）

（1）在菜单栏中选择【插入】→【孔】命令，或单击【工程特征】工具栏中的【孔】按钮 。
（2）单击【孔】操控面板中的【放置】按钮，在弹出的【放置】面板中，选择底座平面作为【放置】，在【类型】下拉列表框中选择【径向】选项，如图 6-62 所示。

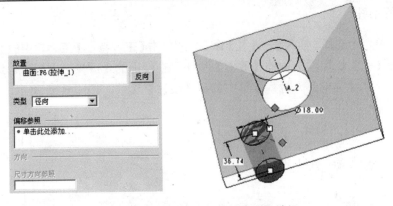

图 6-62 【放置】参照和【类型】选择

(3) 选择基准轴 "A-2" 和基准面 "RIGHT" 作为【偏移参照】, 分别将【半径】设置为 "30"、【角度】设置为 "90", 如图 6-63 所示。

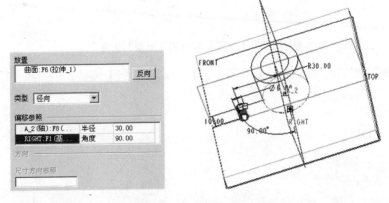

图 6-63 【偏移参照】选择

(4) 在【孔】操控面板中输入直径尺寸为 "6"、深度尺寸为 "10", 单击【确定】按钮✔完成设置, 如图 6-64 所示。

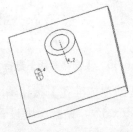

图 6-64 孔 (径向) 设置

4. 创建标准孔

（1）在菜单栏中选择【插入】→【孔】命令，或单击【工程特征】工具栏中的【孔】按钮。

（2）单击【孔】操控面板中的【放置】按钮，在弹出的【放置】面板中，选择底座平面作为【放置】，在【类型】下拉列表框中选择【线性】选项，如图 6-65 所示。

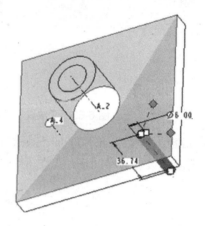

图 6-65　【放置】参照和【类型】选择

（3）选择底座相邻两侧面作为【偏移参照】，并将两个【偏移】距离尺寸改为"10"，如图 6-66 所示。

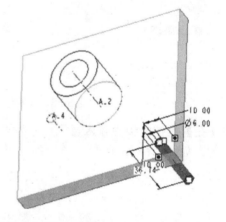

图 6-66　【偏移参照】选择

（4）在【孔】操控面板中单击【创建标准孔】按钮，在【螺纹系列】下拉列表框中选择【ISO】选项，螺钉尺寸设置为"M6x.5"，钻孔深度设置为"15"，先单击【添加沉头孔】按钮，再单击【添加埋头孔】按钮，如图 6-67 所示。

图 6-67　标准孔类型选择

（5）单击【确定】按钮✔完成标准孔的创建，结果如图 6-68 所示。

图 6-68　创建标准孔

5. 阵列孔 2

（1）在导航区的模型树中右击"孔 2"，在弹出的快捷菜单中选择【阵列】命令，如图 6-69 所示。

图 6-69　选择【阵列】命令

（2）在【阵列】操控面板中进行参数设置，如图 6-70 所示。

（3）单击【确定】按钮✔完成孔 2 的阵列，如图 6-71 所示。

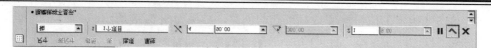

图 6-70　阵列参数设置

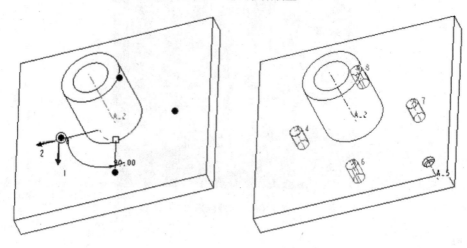

图 6-71　阵列孔 2

6. 阵列孔 3

用阵列孔 2 的方法阵列孔 3，结果如图 6-72 所示。

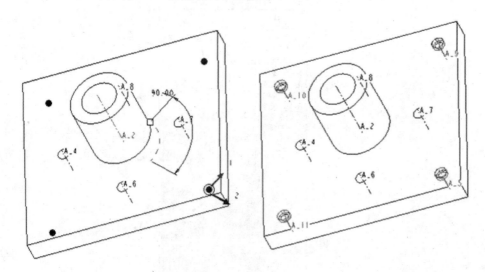

图 6-72　阵列孔 3

7. 创建草绘直孔

（1）在菜单栏中选择【插入】→【孔】命令，或单击【工程特征】工具栏中的【孔】按钮 。

（2）单击【孔】操控面板中的【放置】按钮，在弹出的【放置】面板中，选择凸台侧曲面作为【设置】，在【类型】下拉列表框中选择【径向】选项，如图 6-73 所示。

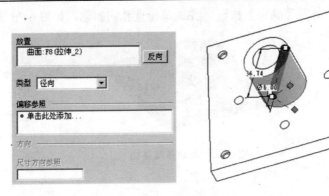

图 6-73　【放置】参照和【类型】选择

（3）选择凸台的上平面和基准平面"TOP"作为【偏移参照】，并分别将【角度】设置为"45"、【轴向】设置为"15"，如图 6-74 所示。

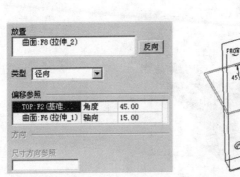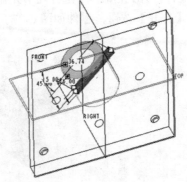

图 6-74　【偏移参照】选择

（4）单击【孔】操控面板中的【创建草绘孔】按钮，再单击【激活草绘器的创建剖面】按钮，通过草绘来创建截面。在菜单栏中选择【草绘】→【线】→【中心线】命令，绘制一条中心线，并绘制截面图形，如图 6-75 所示。

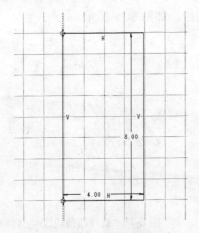

图 6-75　草绘截面

（5）完成草绘后，单击【确定】按钮✅完成草绘直孔的创建，如图 6-76 所示。

图 6-76　创建草绘直孔

 例 2：创建连杆

1. 打开零件文件

（1）在菜单栏中选择【文件】→【打开】命令，或单击工具栏中的【打开】按钮。

（2）在【文件打开】对话框中选择随书光盘中"ch06"文件夹下的"06example-2.prt"文件。

（3）单击【打开】按钮，零件如图 6-77 所示。

图 6-77　打开文件"06example-2.prt"

2. 创建倒圆角（常数）

（1）在菜单栏中选择【插入】→【倒圆角】命令，或单击【工程特征】工具栏中的【倒圆角】按钮。

（2）选择模型中的四条边线，如图 6-78 所示。

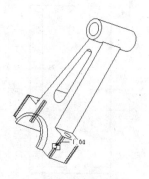

图 6-78　选择四条边线

（3）在【倒圆角】操控面板中，将半径尺寸设置为"1"，如图 6-79 所示。

图 6-79　设置半径尺寸

（4）单击【确定】按钮 ✓ 完成倒圆角（常数）的创建，如图 6-80 所示。

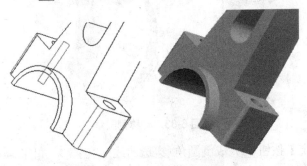

图 6-80　创建倒圆角（常数）

3. 创建倒圆角（穿透曲线）

（1）在菜单栏中选择【插入】→【倒圆角】命令，或单击【工程特征】工具栏中的【倒圆角】按钮 。

（2）选择模型中的一条曲线边，如图 6-81 所示。

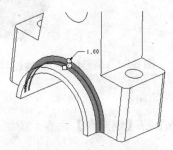

图 6-81　选择一条曲线边

（3）在倒圆角【设置】面板中选择【通过曲线】按钮。再选择另一条曲线边作为驱动曲线，如图 6-82 所示。

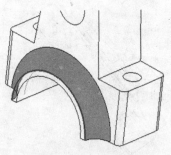

图 6-82　选择驱动曲线

（4）旋转模型至另一侧，在图形显示区任意处右击，在弹出的快捷菜单中选择【参照】命令，单击选取对称的边线，按照步骤（2）、（3）的操作倒圆角，如图 6-83 所示。

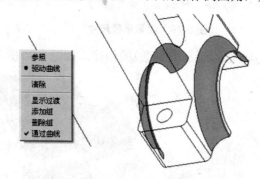

图 6-83　对称倒圆角

（5）单击【确定】按钮 ✓ 完成倒圆角（穿透曲线）的创建，如图 6-84 所示。

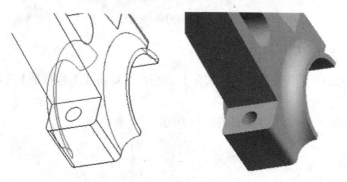

图 6-84　倒圆角（穿透曲线）

4. 创建倒圆角（变化半径）

（1）在菜单栏中选择【插入】→【倒圆角】命令，或单击【工程特征】工具栏中的【倒圆角】按钮 。

（2）选择模型中的一条边，如图 6-85 所示。

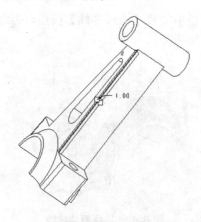

图 6-85　选择边

(3) 在两个小方块、一个小圆处右击，在弹出的快捷菜单中选择【添加半径】命令，如图 6-86 所示。

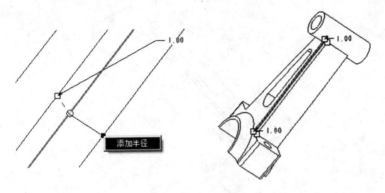

图 6-86 添加半径

(4) 选择靠近底部的小方块，按照步骤(3)的操作再次添加半径，如图 6-87 所示。

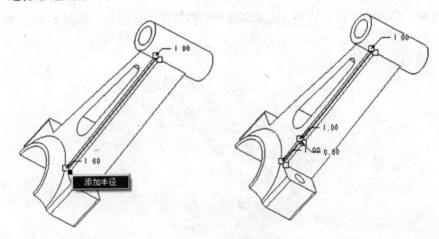

图 6-87 再次添加半径

(5) 在小圆上有一个数字，为曲线比例，将此比例修改为"0.4"，如图 6-88 所示。

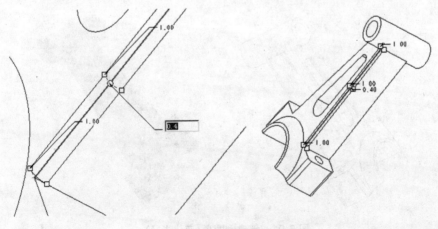

图 6-88 修改曲线比例

(6) 修改半径分别为"1"、"1.5"和"2",如图 6-89 所示。

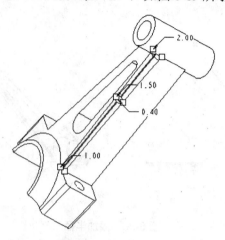

图 6-89 修改半径

(7) 按照上述方法在剩下的 3 条边上创建相同的变化半径圆角,如图 6-90 所示。

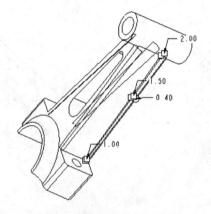

图 6-90 创建 4 个变化半径圆角

(8) 单击【确定】按钮 ☑ 完成倒圆角(变化半径)的创建,如图 6-91 所示。

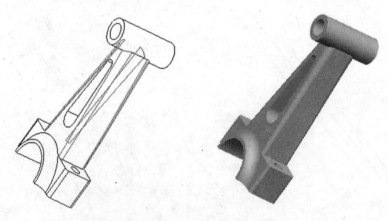

图 6-91 创建倒圆角(变化半径)

5. 创建边倒角(D×D)

(1) 在菜单栏中选择【插入】→【倒角】→【边倒角】命令，或单击【工程特征】工具栏中的【边倒角】按钮 。

(2) 选择边线，如图 6-92 所示。

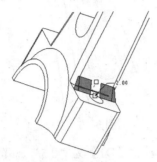

图 6-92　选择边

(3) 在【倒角】操控面板中，倒角类型选择为【D×D】，并将 D 设置为"1"，单击【确定】按钮 完成单侧边倒角(D×D)的创建，如图 6-93 所示。

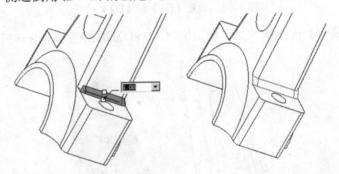

图 6-93　创建单侧边倒角(D×D)

(4) 按上述步骤对模型的另一边进行边倒角，如图 6-94 所示。

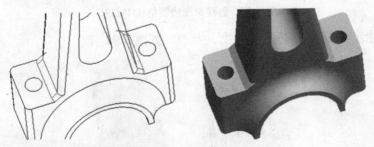

图 6-94　创建双侧边倒角(D×D)

6. 创建边倒角(D1×D2)

(1) 在菜单栏中选择【插入】→【倒角】→【边倒角】命令，或单击【工程特征】工具栏中的【边倒角】按钮 。

（2）在【倒角】操控面板中，倒角类型选择为【D1×D2】，选择边线，如图 6-95 所示。

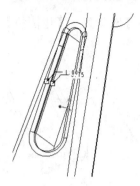

图 6-95　选择边

（3）在【倒角】操控面板中设置【D1】为"0.5"、【D2】为"2"，如图 6-96 所示。

图 6-96　设置【D1】和【D2】尺寸

（4）单击【确定】按钮☑完成单侧边倒角（D1×D2）的创建，如图 6-97 所示。

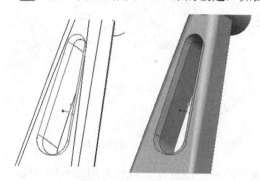

图 6-97　创建单侧边倒角（D1×D2）

（5）按上述步骤对模型的另一边进行边倒角，如图 6-98 所示。

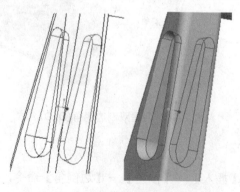

图 6-98　创建双侧边倒角（D1×D2）

7. 创建边倒角(角度×D)

(1) 在菜单栏中选择【插入】→【倒角】→【边倒角】命令，或单击【工程特征】工具栏中的【边倒角】按钮 。

(2) 选择边线，如图 6-99 所示。

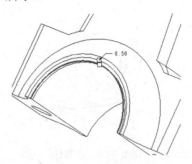

图 6-99 选择边

(3) 在【倒角】操控面板中，倒角类型选择为【角度×D】，【角度】设置为"60"，【D】设置为"1"，如图 6-100 所示。

图 6-100 参数设置

(4) 单击【确定】按钮 完成单侧边倒角(角度×D)的创建，如图 6-101 所示。

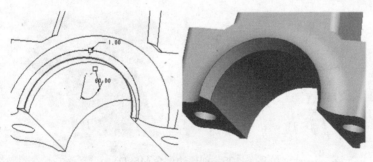

图 6-101 创建单侧边倒角(角度×D)

(5) 按上述步骤对模型的另一边进行边倒角，如图 6-102 所示。

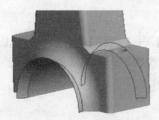

图 6-102 创建双侧边倒角(角度×D)

8. 创建边倒角(45×D)

（1）在菜单栏中选择【插入】→【倒角】→【边倒角】命令，或单击【工程特征】工具栏中的【边倒角】按钮 。

（2）选择边线，如图 6-103 所示。

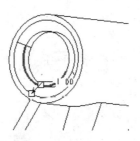

图 6-103　选择边

（3）在【倒角】操控面板中，倒角类型选择为【45×D】，【D】设置为"1"，如图 6-104 所示。

图 6-104　参数设置

（4）单击【确定】按钮 完成一侧边倒角(45×D)的创建，按上述步骤对模型的另一边进行边倒角，如图 6-105 所示。

图 6-105　创建边倒角(45×D)

 例 3：创建顶盖

1. 打开零件文件

（1）在菜单栏中选择【文件】→【打开】命令，或单击工具栏中的【打开】按钮 。

（2）在【文件打开】对话框中选择随书光盘中"ch06"文件夹下的"06example-3.prt"文件。

（3）单击【打开】按钮，零件如图 6-106 所示。

2. 创建壳

（1）在菜单栏中选择【插入】→【壳】命令，或单击【工程特征】工具栏中的【壳】按钮回，出现内部为封闭中空的图形，如图 6-107 所示。

图 6-106 打开文件"06example-3.prt"

图 6-107 封闭中空

（2）选取底面作为移除面，如图 6-108 所示。

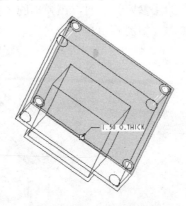

图 6-108 选择移除面

（3）在【壳】操控面板中，【厚度】设置为"3.5"，单击【确定】按钮✓完成抽壳的创建，如图 6-109 所示。

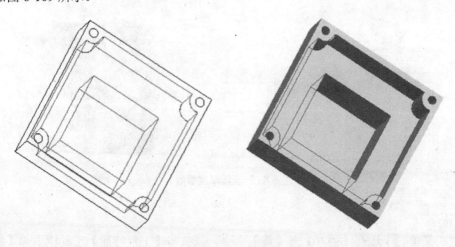

图 6-109 创建壳

（4）在导航区选取"壳 1"特征，右击，在弹出的快捷菜单中选择【编辑定义】命令，如图 6-110 所示。

图 6-110　选择【编辑定义】命令

（5）单击【壳】操控面板中的【参照】按钮，在弹出的【参照】面板中，单击【非缺省厚度】列表框，然后选择模型顶面，如图 6-111 所示。

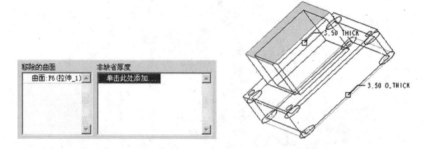

图 6-111　选取非缺省厚度

（6）在【非缺省厚度】列表框中，设置选取底面的厚度为"8"。单击【确定】按钮☑完成厚度参数的设置，如图 6-112 所示。

图 6-112　设置厚度参数

3. 创建筋

（1）在菜单栏中选择【插入】→【筋】命令，或单击【工程特征】工具栏中的【筋】按钮，在弹出的【筋】操控面板中单击【参照】按钮。在弹出的【参照】面板中单击【定义】按钮，弹出【草绘】对话框，选择"TOP"基准面作为草绘平面，然后单击【草绘】按钮进入草绘模式，如图 6-113 所示。

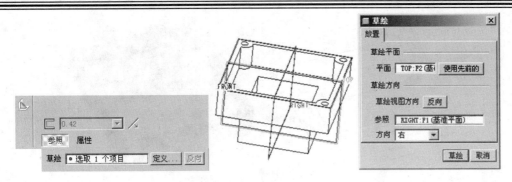

图 6-113　选择草绘平面

(2) 在菜单栏中选择【草绘】→【参照】命令，弹出【参照】对话框，单击【剖面】按钮，选择内侧面和底面作为参照，如图 6-114 所示。

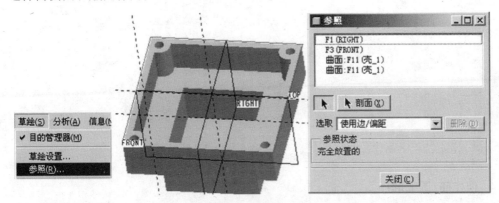

图 6-114　草绘参照选择

(3) 绘制一条斜直线，单击【确定】按钮☑完成直线的绘制，如图 6-115 所示。

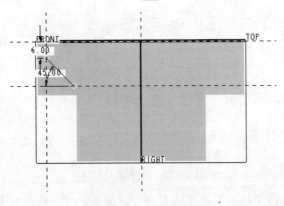

图 6-115　草绘直线

(4) 在【筋】操控面板中设置厚度值为"3"，并单击【筋】操控面板中的【更换两个侧面之间的厚度选项】按钮，使厚度生成方式为【对称】，单击【确定】按钮☑完成单个筋的创建，如图 6-116 所示。

(5) 用上述的方法，在其他 3 个面上创建筋，如图 6-117 所示。

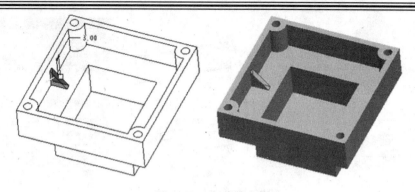

图 6-116　创建单个筋

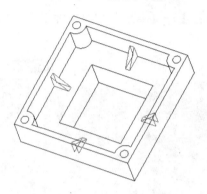

图 6-117　创建 4 个筋

4. 创建筋（圆弧形）

（1）创建基准面"DTM1"，并使其与基准面"TOP"和"RIGHT"成 45°角，如图 6-118 所示。

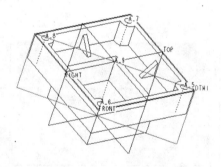

图 6-118　基准面 DTM1

（2）在菜单栏中选择【插入】→【筋】命令，或单击【工程特征】工具栏中的【筋】按钮，在弹出的【筋】操控面板中单击【参照】按钮。在弹出的【参照】面板中单击【定义】按钮，弹出【草绘】对话框，选择"DTM1"基准面作为草绘平面，然后单击【草绘】按钮进入草绘模式。

（3）在菜单栏中选择【草绘】→【参照】命令，弹出【参照】对话框，单击【剖面】按钮，选择轴"A-8"和底面作为参照。

(4) 绘制一个图形，如图 6-119 所示。

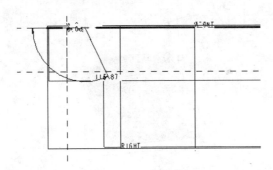

图 6-119　草绘图形

(5) 完成草绘后，在【筋】操控面板中设置厚度值为"3"，单击【确定】按钮☑完成单个筋(圆弧形)的创建，如图 6-120 所示。

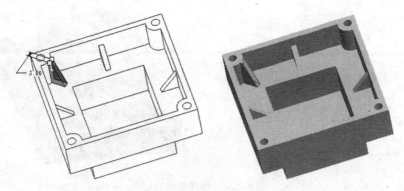

图 6-120　创建单个筋(圆弧形)

(6) 用上述的方法，在其他 3 个曲面上创建筋，如图 6-121 所示。

5. 创建拔模特征

(1) 在菜单栏中选择【插入】→【斜度】命令，或单击【工程特征】工具栏中的【拔模】按钮△，弹出【拔模】操控面板，选取凸台的 4 个侧面，如图 6-122 所示。

图 6-121　创建 4 个筋(圆弧形)

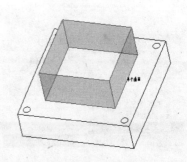

图 6-122　选取 4 个侧面

（2）选择顶面作为拔模枢轴，设置拔模角度为"15°"，如图6-123所示。

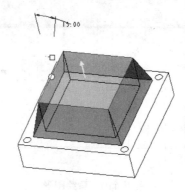

图6-123　拔模枢轴和拔模角

（3）单击【确定】按钮✔完成拔模特征的创建，如图6-124所示。

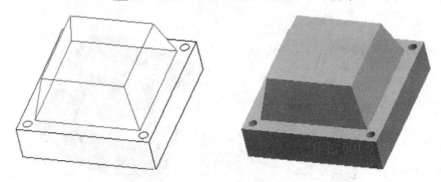

图6-124　创建拔模特征

6. 创建拐角倒角特征

（1）在菜单栏中选择【插入】→【倒角】→【拐角倒角】命令，如图6-125所示。弹出【倒角（拐角）：拐角】对话框。

（2）先选择一个角的一条边，如图6-126所示。

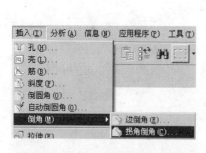

图6-125　选择【拐角倒角】命令

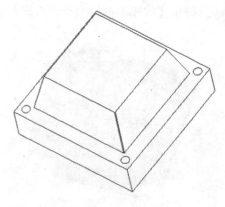

图6-126　选择一条边

（3）在已选择的第 1 条边上单击，此时组成拐角的第 2 条边会成为预选加亮的状态，如图 6-127 所示。

（4）选取第 2 条边后，第 3 条边预选加亮，如图 6-128 所示。

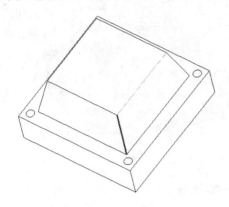 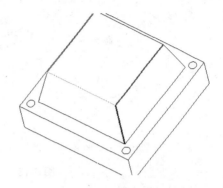

　　　　图 6-127　第 2 条边预选加亮　　　　　　　　图 6-128　第 3 条边预选加亮

（5）选取第 3 条边后，单击【倒角（拐角）：拐角】对话框中的【确定】按钮完成拐角倒角特征创建，如图 6-129 所示。

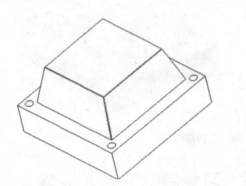 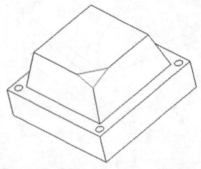

图 6-129　创建拐角倒角特征

（6）选择刚刚创建的拐角倒角特征，在图形显示区的空白处右击，在弹出的快捷菜单中选择【编辑】命令，如图 6-130 所示。

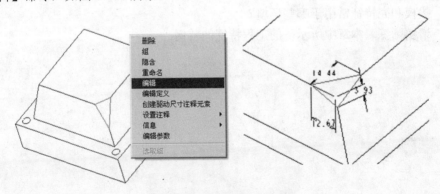

图 6-130　编辑拐角倒角特征

（7）在图形显示区的数值上双击，将尺寸修改为"10"、"10"和"10"，单击【编辑】工具栏中的【再生】按钮 完成拐角倒角特征的修改，如图 6-131 所示。

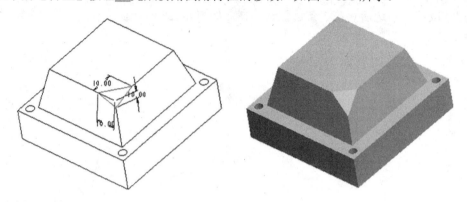

图 6-131　修改拐角倒角特征

（8）用上述方法对其余的 3 个顶角进行拐角倒角的创建，如图 6-132 所示。

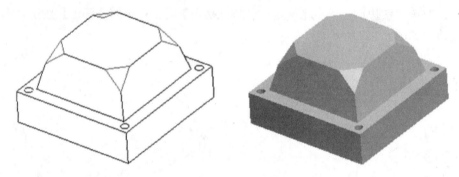

图 6-132　拐角倒角创建结果

6.9　练　习　题

（1）创建孔的方法有哪些？
（2）创建倒角的方法有哪些？
（3）拔模和壳特征常用于哪些环境？
（4）请实际练习本章中所示范的工程特征的范例。

第7章 基本曲面特征

复杂的造型可以由基础实体特征组合而成，也可以由曲面特征通过实体化而成。由于曲面特征相对较易操作，创建方法灵活，所以更适合于设计较为复杂的造型。曲面特征可以由多种方法来创建，除前面介绍的创建基础实体特征的方法(拉伸、旋转、扫描和混合)外，还有专门用于曲线和曲面的造型工具。

本章重点介绍通过拉伸、旋转、扫描、混合和填充工具创建基本曲面特征的方法，曲面特征的基本编辑方法及曲面向实体转化的方法。

7.1 概　　述

曲面作为实体的表面，没有厚度，也不存在体积，只有形状与面积。这在一定程度上简化了设计的复杂性，在创建复杂的造型时，只关心表面的形状，会使设计工作变得简单、可行。虽然通过实体特征的组合也可以实现较为复杂的造型设计，但组合后的特征仍具有较为规则的表面，对于具有不规则表面的复杂外形，就只有通过曲面特征的创建、编辑和实体化来实现。

由于曲面特征也是基础特征的一种，所以在进入零件或组件创建环境后，才可以进行曲面特征的创建。基本的创建方法与实体特征相似，包括拉伸、旋转、扫描和混合等。另外，还可以通过填充的方法创建具有草绘形状边界的平面。

曲面特征在现实中不会单独存在，总是要依附于实体而存在。因此，在创建曲面特征后，还需要对曲面进行适当的编辑，并对曲面特征进行实体化，从而创建实际的零件特征。

7.2 曲面的创建

创建曲面特征需要两个基本过程，首先要绘制新的草绘截面或选取已有草图截面，然后设定特征类型与参数。下面举例说明曲面的创建方法。

7.2.1 创建填充平面

在草绘环境中绘制一个平面的边界曲线，通过填充的方法可以创建这个平的曲面。操作方法如下。

(1) 在菜单栏中选择【编辑】→【填充】命令，弹出【填充】操控面板，如图7-1所示。

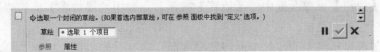

图7-1　【填充】操控面板

（2）单击操控面板中的【参照】按钮，在弹出的【参照】面板中单击【定义】按钮，弹出【草绘】对话框。

（3）单击图形显示区中的实体平面或基准平面，定义草绘平面，选择参照平面、草绘方向、视图方向后，单击【草绘】对话框中的【草绘】按钮进入内部草绘环境。

（4）绘制如图 7-2 所示的草图，绘制结束后单击【草绘器工具】工具栏中的【完成】按钮 ✓。

（5）单击【填充】操控面板中的【确定】按钮 ✓（或单击鼠标中键），完成曲面特征的创建，如图 7-3 所示。

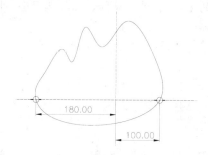

图 7-2　草绘平面边界曲线

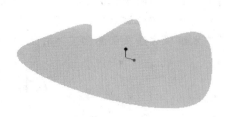

图 7-3　填充曲面特征

提示：也可以首先在图形显示区选取已有的草绘截面，如图 7-4 所示，然后在菜单栏中选择【编辑】→【填充】命令，直接创建填充曲面特征，如图 7-5 所示。

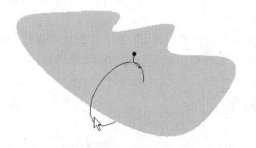

图 7-4　选取已有草绘截面

图 7-5　填充曲面特征

7.2.2　创建拉伸曲面

创建拉伸曲面特征与拉伸实体特征的方法相似，首先是选择一个草绘平面创建内部草绘截面，或选择已有的草图截面，然后进行特征类型与深度参数设定。操作方法如下。

（1）单击【基础特征】工具栏中的【拉伸】按钮 ⬚，弹出【拉伸】操控面板。

（2）单击【拉伸】操控面板中的【放置】按钮，在弹出的【放置】面板中单击【定义】按钮，弹出【草绘】对话框。

（3）单击图形显示区中的实体平面或基准平面，定义草绘平面，选择草绘视图方向、草绘参照平面。单击【草绘】对话框中的【草绘】按钮，进入内部草绘环境。

（4）绘制如图 7-6 所示的草图，绘制结束后单击【草绘器工具】工具栏中的【完成】按钮 ✔。

（5）选择创建曲面特征的草绘截面，单击【拉伸】操控面板中的【拉伸为曲面】按钮 🗔。

（6）单击【拉伸】操控面板中的【选项】按钮，弹出如图 7-7 所示的【选项】面板。在【第 1 侧】下拉列表框中选择【盲孔】选项，并在右侧的文本框中输入深度值"50"，按<Enter>键确认；在【第 2 侧】下拉列表框中选择【无】选项。

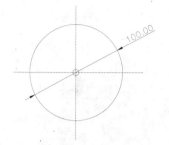

图 7-6　草绘截面

图 7-7　【选项】面板

📝 **提示：** *如果创建曲面特征的草绘截面是封闭截面，则【选项】面板中的【封闭端】复选框为可选状态，勾选该复选框后将创建上下表面，形成封闭的曲面特征。*

（7）单击【拉伸】操控面板中的【确定】按钮 ✔（或单击鼠标中键），完成拉伸曲面特征的创建。未勾选【选项】面板中的【封闭端】复选框时创建的拉伸曲面特征如图 7-8 所示，勾选【封闭端】复选框时创建的拉伸曲面特征如图 7-9 所示。

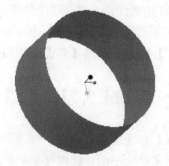

图 7-8　创建未封闭上下表面的拉伸曲面特征

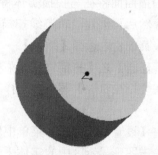

图 7-9　创建封闭上下表面的拉伸曲面特征

7.2.3　创建旋转曲面

创建旋转曲面特征与旋转实体特征的方法相似，首先是选择一个草绘平面创建内部草绘截面，或选择已有的草图截面，然后进行特征类型与角度参数的设定。操作方法如下。

（1）单击【基础特征】工具栏中的【旋转】按钮 🔷，弹出【旋转】操控面板。

（2）单击【旋转】操控面板中的【位置】按钮，在弹出的【位置】面板中单击【定义】按钮，弹出【草绘】对话框。

（3）绘制如图 7-10 所示的草图，绘制结束后单击【草绘器工具】工具栏中的【完成】按钮✓。

（4）选择创建曲面特征的草绘截面，单击【旋转】操控面板中的【作为曲面旋转】按钮◻。

（5）选择草绘截面的中心线作为旋转轴，选择【变量】按钮⊻作为角度类型，并在右侧的文本框中输入角度值"180"。

（6）单击【旋转】操控面板中的【确定】按钮✓(或单击鼠标中键)，完成旋转曲面特征的创建，如图 7-11 所示。

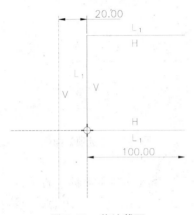

图 7-10　草绘截面

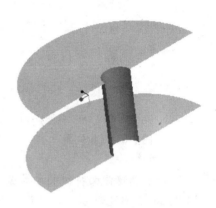

图 7-11　旋转曲面特征

7.2.4　创建扫描曲面

创建扫描曲面特征与扫描实体特征的方法相似，首先要绘制一条新的扫描轨迹或选取已有轨迹，然后再创建沿轨迹线扫描的草图截面，即可创建扫描曲面特征。操作方法如下。

（1）在菜单栏中选择【插入】→【扫描】→【曲面】命令，弹出【曲面：扫描】对话框和【菜单管理器】之【扫描轨迹】菜单。

（2）在【扫描轨迹】菜单中选择【草绘轨迹】命令，【菜单管理器】中弹出【设置草绘平面】菜单。

（3）在【设置草绘平面】菜单中依次选择【新设置】和【平面】命令。

（4）单击图形显示区中的实体平面或基准平面，定义草绘平面，此时【菜单管理器】中弹出【方向】菜单。选择【正向】命令，此时【菜单管理器】中弹出【草绘视图】菜单。选择【缺省】命令，进入草绘环境。

（5）在草绘环境中绘制扫描轨迹，如图 7-12 所示。绘制结束后单击【草绘器工具】工具栏中的【完成】按钮✓，此时弹出【菜单管理器】之【属性】菜单。

（6）选择【属性】菜单中的【无内部因素】命令，再选择【完成】命令，再一次进入草绘环境。

（7）绘制如图 7-13 所示的扫描截面，绘制结束后单击【草绘器工具】工具栏中的【完成】按钮✓。

（8）此时的【曲面：扫描】对话框如图 7-14 所示，单击对话框中的【确定】按钮，完成扫描曲面特征的创建，如图 7-15 所示。

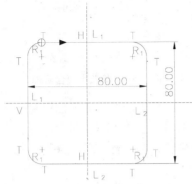

图 7-12 草绘轨迹

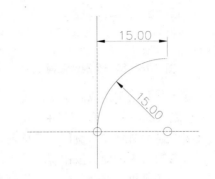

图 7-13 扫描截面

图 7-14 【曲面：扫描】对话框

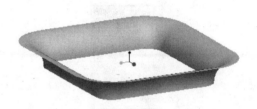

图 7-15 扫描曲面特征

7.2.5 创建混合曲面

创建混合曲面特征与混合实体特征的方法相似，首先要确定生成混合的方向，然后绘制两个或多个草绘截面，即可创建混合曲面特征。操作方法如下。

(1) 在菜单栏中选择【插入】→【混合】→【曲面】命令，弹出【菜单管理器】之【混合选项】菜单。

(2) 选择【混合选项】菜单中的一种混合特征类型，如先选择【平行】命令，然后再依次选择【规则截面】、【草绘截面】和【完成】命令，弹出【曲面：混合，平行，规则截面】对话框与【菜单管理器】之【属性】菜单。

(3) 依次选择【属性】菜单中的【直的】、【开放终点】和【完成】命令，会弹出【菜单管理器】之【设置草绘平面】菜单。

(4) 在【设置草绘平面】菜单中依次选择【新设置】和【平面】命令。

(5) 单击图形显示区中的实体平面或基准平面，定义草绘平面，此时【菜单管理器】中弹出【方向】菜单。选择【正向】命令，此时【菜单管理器】中弹出【草绘视图】菜单。选择【缺省】命令，进入草绘环境。

(6) 在草绘环境中绘制第一个混合截面，如图 7-16 所示。

(7) 在菜单栏中选择【草绘】→【特征工具】→【切换剖面】命令(也可以在图形显示区右击，在弹出的快捷菜单中选择【切换剖面】命令)，绘制第二个混合截面，如图 7-17 所示。

图 7-16　第一个混合截面　　　　　　　　图 7-17　第二个混合截面

（8）混合截面绘制完成后，单击【草绘器工具】工具栏中的【完成】按钮✓，弹出【菜单管理器】之【深度】菜单，如图 7-18 所示。依次选择【盲孔】和【完成】命令，在图形显示区的顶部会显示消息输入窗口，在该窗口的文本框中输入截面深度值"50"，然后单击消息输入窗口右侧的【接受】按钮✓。

（9）单击【曲面：混合，平行，规则截面】对话框中的【确定】按钮，完成混合曲面特征的创建，如图 7-19 所示。

图 7-18　【深度】菜单

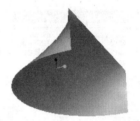

图 7-19　混合曲面特征

7.3　曲面的编辑

曲面特征的编辑与图元的编辑一样重要，创建曲面特征后，通过编辑可以使曲面造型更加合理、灵活并满足设计需要。编辑方法主要有偏移、复制、修剪、延伸和合并曲面等。下面举例说明曲面的基本编辑方法。

7.3.1　偏移曲面

偏移曲面的操作方法如下。

（1）选取曲面特征，例如选择如图 7-20 所示的圆面。

（2）在菜单栏中选择【编辑】→【偏移】命令，弹出如图 7-21 所示的【偏移】操控面板。

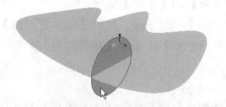

图 7-20　选择曲面特征

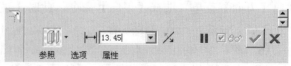

图 7-21　【偏移】操控面板

(3) 单击【偏移】操控面板中的【选项】按钮，出现如图 7-22 所示的【选项】面板，在下拉列表框中可以选择不同的偏移方式，例如选择【垂直于曲面】方式。

各种偏移方式的功能如下。

- 【垂直于曲面】——沿参照曲面的法线方向偏移，是系统默认的方式。
- 【自动拟合】——沿参照曲面的法线方向偏移，并自动生成与原曲面形状相似的结果。
- 【控制拟合】——沿指定的方向偏移。

另外，在【选项】面板中，如果勾选【创建侧曲面】复选框，将会创建侧表面，从面创建封闭的曲面特征。

(4) 单击【偏移】操控面板中的偏移类型按钮⑩·右侧的按钮·，可以选择不同的偏移类型，例如选择【标准偏移特征】按钮⑩(系统默认类型)。各偏移类型按钮的功能如下。

- 【标准偏移特征】按钮⑩——只沿指定方向偏移，是系统默认类型。
- 【拔模特征】按钮⑩——指定偏移方向，同时指定拔模角度进行偏移。
- 【展开特征】按钮⑩——选取任意数量的曲面进行偏移。
- 【替换曲面特征】按钮⑩——替换曲面。

(5) 在【偏移】操控面板的文本框中输入偏移距离值“20”。

(6) 单击【偏移】操控面板中的【确定】按钮✓(或单击鼠标中键)，完成曲面特征的偏移。未勾选【选项】面板中的【创建侧曲面】复选框时创建的偏移曲面特征如图 7-23 所示，勾选【创建侧曲面】复选框时创建的偏移曲面特征如图 7-24 所示。

图 7-22　【选项】面板　　图 7-23　未创建侧曲面的偏移曲特征　　图 7-24　创建侧曲面的偏移曲面特征

7.3.2　复制曲面

复制曲面的操作方法如下。

(1) 选取曲面特征，例如选择如图 7-25 所示的曲面。

(2) 在菜单栏中选择【编辑】→【复制】命令，然后再单击菜单栏中的【编辑】→【粘贴】命令，弹出如图 7-26 所示的操控面板。

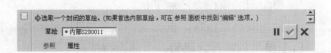

图 7-25　选择曲面特征　　　　　　　图 7-26　操控面板

注意：此处弹出的操控面板对应于所复制曲面的创建方法，本例所复制的曲面通过【填充】的方式创建生成。复制曲面的操作过程类似于再一次创建所复制的曲面。

（3）单击操控面板中的【参照】按钮，弹出如图 7-27 所示的【参照】面板。单击【编辑】按钮，会弹出【草绘】对话框，单击图形显示区中的实体平面或基准平面，定义草绘平面，选择草绘视图方向、草绘参照平面及草绘参照平面所在方向。单击【草绘】对话框中的【草绘】按钮，进入草绘环境。

（4）在草绘环境下单击确定复制曲面的初始位置，然后可以对曲面的截面形状与位置进行编辑，如图 7-28 所示，绘制结束后单击【草绘器工具】工具栏中的【完成】按钮 ✔。

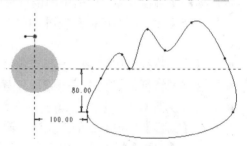

图 7-27　【参照】面板　　　　　　　　　图 7-28　复制曲面的位置

（5）单击操控面板中的按钮【确定】✔(或单击鼠标中键)，完成曲面特征的复制。如图 7-29 所示为粘贴一次的曲面特征，如图 7-30 所示为粘贴两次的曲面特征。

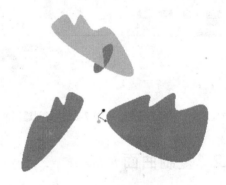

图 7-29　粘贴一次的曲面特征　　　　　　图 7-30　粘贴两次的曲面特征

提示：选取多个曲面进行复制、粘贴操作时，需要依次对各个曲面进行操作。

7.3.3　镜像曲面

镜像曲面的操作方法如下。

（1）选取曲面特征，例如选择如图 7-31 所示的两个曲面特征(选取一个曲面特征后，按住<Ctrl>键不放，再选取另一个曲面特征)。

（2）在菜单栏中选择【编辑】→【镜像】命令，或单击【编辑特征】工具栏中的【镜像】按钮 ，弹出如图 7-32 所示的【镜像】操控面板。

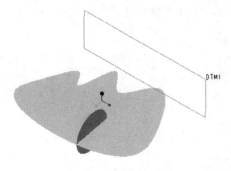

图 7-31　选取曲面特征

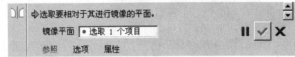

图 7-32　【镜像】操控面板

（3）在图形显示区选取一个平面作为镜像平面，例如选择如图 7-31 所示的"DTM1"。

（4）单击【镜像】操控面板中的【选项】按钮，弹出【选项】面板，在这里可以选择复制的特征尺寸是否将从属于选定特征的尺寸。系统默认【复制为从属项】复选框是选中状态，即复制的特征尺寸从属于选定特征的尺寸。

（5）单击【镜像】操控面板中的按钮【确定】 ✓（或单击鼠标中键），完成曲面特征的镜像，如图 7-33 所示。

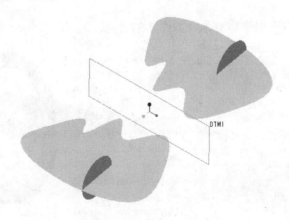

图 7-33　曲面的镜像

7.3.4　修剪曲面

修剪曲面主要有两种方法。一种是选择已有的修剪对象对需要修剪的曲面进行操作，修剪对象可以是平面、曲线、曲面等。另一种是通过创建去除材料曲面的方法，对需要修剪的曲面进行操作。

1. 选择已有的修剪对象进行修剪

操作方法如下。

（1）选取需要修剪的曲面特征，例如选择如图 7-34 所示的曲面。

（2）在菜单栏中选择【编辑】→【修剪】命令，或单击【编辑特征】工具栏中的【修剪】按钮 ，弹出如图 7-35 所示的【修剪】操控面板。

提示：系统默认【修剪对象】收集器是激活状态，可以在弹出【修剪】操控面板后，直接在图形显示区选择修剪对象。

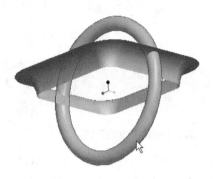

图 7-34　选取需要修剪的面　　　　　　　　图 7-35　【修剪】操控面板

（3）单击【修剪】操控面板中的【参照】按钮，弹出如图 7-36 所示的【参照】面板。如果单击【修剪的面组】收集器，可以在图形显示区重新选择需要修剪的面。如果单击【修剪对象】收集器，可以在图形显示区选择任意平面、曲线链和曲面作为修剪对象，用来修剪被修剪的曲面。

（4）在图形显示区选取修剪对象，如图 7-37 所示。

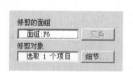

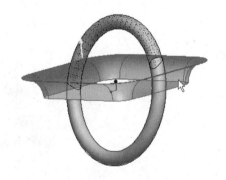

图 7-36　【参照】面板　　　　　　　　　　图 7-37　选取修剪对象

（5）单击【修剪】操控面板中的按钮【确定】✓（或单击鼠标中键），完成曲面特征的修剪，如图 7-38 所示。如果单击【修剪】操控面板中的【更改方向】按钮✗（或在图形显示区的箭头上单击），可以选择保留曲面的另一侧，如图 7-39 所示。

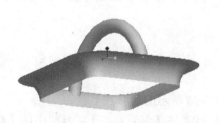

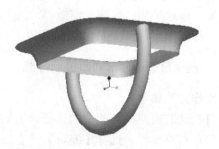

图 7-38　曲面特征的修剪　　　　　　　　　图 7-39　保留曲面的另一侧

2. 创建去除材料曲面修剪特征

这种修剪方法与创建曲面特征的操作方法类似，只是在创建拉伸和旋转等曲面特征时，单击操控面板中的【去除材料】按钮，使该按钮处于被按下状态，或者选择创建扫描与混合的【曲面修剪】或【薄曲面修剪】命令。下面以对拉伸曲面进行修剪为例，具体操作方法如下。

(1) 单击【基础特征】工具栏中的【拉伸】按钮，弹出【拉伸】操控面板。

(2) 单击该操控面板中的【放置】按钮，在弹出的【放置】面板中单击【定义】按钮，弹出【草绘】对话框。

(3) 单击图形显示区中的实体平面或基准平面，定义草绘平面，选择草绘视图方向、草绘参照平面及草绘参照平面所在方向。单击【草绘】对话框中的【草绘】按钮，进入内部草绘环境。

(4) 绘制如图 7-40 所示的草图，绘制结束后单击【草绘器工具】工具栏中的【完成】按钮。

(5) 选择步骤(4)中绘制的草图，单击操控面板中的【拉伸为曲面】按钮，单击【去除材料】按钮使其处于按下状态，此时操控面板中会显示【面组】收集器，如图 7-41 所示。

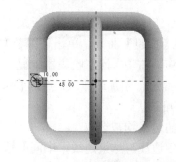

　图 7-40　绘制草图　　　　　　　　图 7-41　显示【面组】收集器的操控面板

(6) 单击【面组】收集器(弹出收集器时，系统默认收集器是激活状态)，在图形显示区选取需要修剪的曲面特征，如图 7-42 所示。

(7) 在操控面板的拉伸类型按钮右侧的文本框中输入深度值。如果单击【加厚草绘】按钮，其右侧会显示文本框，可在文本框中输入加厚草绘的厚度值。

(8) 单击操控面板中的【确定】按钮(或单击鼠标中键)，完成曲面特征的创建，实际上也是对曲面特征的修剪，如图 7-43 所示。如果单击操控面板中的【将材料的拉伸方向更改为草绘的另一侧】按钮，可以选择保留曲面的另一侧，如图 7-44 所示。

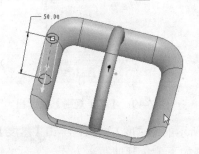

　图 7-42　选取需要修剪的面　　　图 7-43　曲面特征的修剪　　　图 7-44　保留曲面的另一侧

7.3.5　延伸曲面

延伸曲面的操作方法如下。

（1）选取需要延伸曲面的一条边线，如图 7-45 所示。

（2）在菜单栏中选择【编辑】→【延伸】命令，弹出如图 7-46 所示的【延伸】操控面板。

图 7-45　选取曲面边线　　　　　　　　　图 7-46　【延伸】操控面板

（3）系统默认沿原始曲面延伸曲面方式，此时【沿原始曲面延伸曲面】按钮 处于按下状态。单击操控面板中的【参照】按钮，出现如图 7-47 所示的【参照】面板。单击【细节】按钮，弹出如图 7-48 所示的【链】对话框。点选【标准】单选钮，在【参照】收集器中显示已选择的边线，按下 <Ctrl> 键不放，可以在图形显示区中单击边线进行添加或删减。点选【基于规则】单选钮，如图 7-49 所示，有三种选择边线的【规则】可选。

- 【相切】——点选该单选钮，则所有与所选边线相切的边线均被选取。
- 【部分环】——点选该单选钮，则选取相切边线的首条边线与结束边线，中间的边线也被选取。
- 【完整环】——点选该单选钮，则选取一个环上所有的边线。

图 7-47　【参照】面板　　　　图 7-48　【链】对话框　　　图 7-49　【基于规则】单选钮

（4）单击操控面板中的【量度】按钮，弹出如图 7-50 所示的【量度】面板。单击【量度】面板中的测量延伸距离方式按钮 右侧的按钮 ，可以选择如下测量延伸距离方式。

- 按钮 ——在参照曲面中测量延伸距离。

- 按钮 ——在选定平面中测量延伸距离。

另外，在【距离类型】文本框中单击，会弹出如图 7-51 所示的下拉列表框，在这里可以选择不同的距离类型。

- 【垂直于边】——垂直于边界边测量延伸距离。
- 【沿边】——沿测量边测量延伸距离。
- 【至顶点平行】——在顶点处开始延伸边，并平行于边界边。
- 【至顶点相切】——在顶点处开始延伸边，并与下一单侧边相切。

如果选择【垂直于边】或【沿边】选项，需要在【距离】文本框中输入距离值。

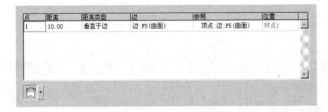

图 7-50　【量度】面板　　　　　　　　图 7-51　【距离类型】下拉列表框

提示： 在【量度】面板中右击，在弹出的快捷菜单中选择【添加】或【删除】命令并进行相应设置，可使边线的不同位置产生不同的延伸距离。

(5) 单击操控面板中的【选项】按钮，弹出如图 7-52 所示的【选项】面板，在【方式】下拉列表框中可以选择 3 种不同的延伸方式。

- 【相同】——延伸得到的曲面与原有曲面方向相同，即延长原有曲面。
- 【切线】——延伸得到的曲面与原有曲面相切。
- 【逼近】——系统自动创建边界混成曲面。

提示： 单击【延伸】操控面板中的【将曲面延伸到参照曲面】按钮 ，可以将曲面延伸到参照平面，此时延伸得到的曲面与参照平面垂直。

(6) 单击操控面板中的【确定】按钮 （或单击鼠标中键），完成曲面特征的延伸。如图 7-53 所示为选择【相同】延伸方式得到的延伸曲面。如图 7-54 所示为选择【切线】延伸方式、且边线产生不同延伸距离的延伸曲面。如图 7-55 所示为延伸到参照平面的延伸曲面。

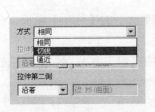

图 7-52　【选项】面板

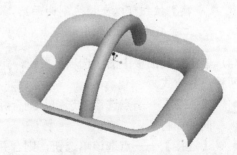

图 7-53　选择【相同】延伸方式得到的延伸曲面

图 7-54　选择【切线】延伸方式的延伸曲面　　　　图 7-55　延伸到参照平面的延伸曲面

7.3.6　合并曲面

合并曲面可以将两个相交或相邻的曲面特征合并为一个曲面特征，当有多个曲面特征需要合并时，应两两进行合并。操作方法如下。

(1) 选取需要合并的两个曲面特征，如图 7-56 所示。

(2) 在菜单栏中选择【编辑】→【合并】命令，或单击【编辑特征】工具栏中的【合并】按钮，弹出如图 7-57 所示的【合并】操控面板。

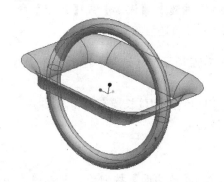

图 7-56　选取两个曲面特征　　　　　图 7-57　【合并】操控面板

(3) 单击操控面板中的【参照】按钮，弹出如图 7-58 所示的【参照】面板。此时【面组】收集器是激活状态，可以在图形显示区中重新选择需要合并的面。

注意：先选择的曲面为第一面组，后选择的面为第二面组(单击【参照】面板中的【交换】按钮可以交换主副曲面)。第一与第二面组分别对应操控面板上的第一与第二个反向按钮。

(4) 单击操控面板中的【选项】按钮，弹出如图 7-59 所示的【选项】面板。在这里可以选择两种合并方式。

- 【求交】——点选该单选钮，则合并两个相交的面组，并分别保留面组的某一侧方向曲面特征。
- 【连接】——点选该单选钮，则合并两个相邻的面组。

图 7-58　【参照】面板

图 7-59　【选项】面板

（5）单击操控面板中的第一与第二面组的反向按钮 。可以选择保留面组的某一侧方向曲面特征。

（6）单击操控面板中的【确定】按钮 （或单击鼠标中键），完成曲面特征的合并，如图 7-60 所示。选择保留曲面的不同侧方向曲面特征时，曲面特征的合并如图 7-61 所示。

注意：曲面特征被合并后，两个曲面特征将成为一个曲面特征，这与曲面的修剪是不同的。

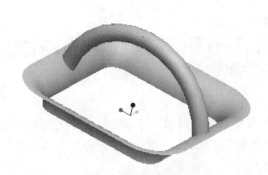

图 7-60　曲面特征的合并

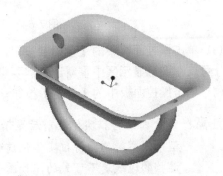

图 7-61　保留不同侧方向时的合并

7.4　曲面向实体的转化

创建曲面特征并进行适当的编辑，需要对曲面特征进行实体化，从而创建实际的零件特征。常用的转化方式有 3 种，分别是实体化创建实体、偏移创建实体和加厚创建实体。

7.4.1　实体化创建实体

以曲面作为参考，通过实体化创建实体特征主要有两种类型，即创建伸出项实体特征和创建切口实体特征。

1. 创建伸出项实体特征

（1）选取要实体化操作的闭合曲面特征。如图 7-62 所示的不闭合曲面特征是不能进行实体化的，首先需要在开口处创建填充曲面使其闭合，如图 7-63 所示，再对这两个面特征进行合并，然后选取这样的闭合曲面特征才能进行实体化操作。

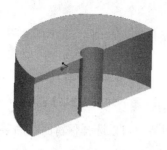

图 7-62　不闭合曲面特征

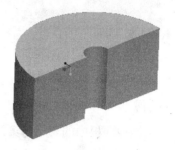

图 7-63　闭合曲面特征

(2) 在菜单栏中选择【编辑】→【实体化】命令，弹出如图 7-64 所示的【实体化】操控面板。

图 7-64　【实体化】操控面板

(3) 单击操控面板中的【参照】按钮，弹出【参照】面板。此时【面组】收集器是激活状态，可以在图形显示区中重新选择需要实体化的曲面特征。

(4) 单击操控面板中的【确定】按钮 ✔，完成曲面特征的实体化。

注意：闭合曲面特征实体化前后显示的着色模型是相同的。可以通过显示无隐藏线模型来观察，曲面特征实体化前的边线都是可见的，如图 7-65 所示；实体化后被遮挡的边线是不可见的，如图 7-66 所示。

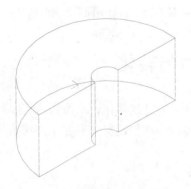

图 7-65　实体化前的曲面特征

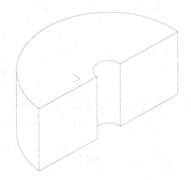

图 7-66　实体化后的曲面特征

2. 创建切口实体特征

(1) 选取曲面特征，作为去除实体特征一部分材料的边界，如图 7-67 所示。

(2) 在菜单栏中选择【编辑】→【实体化】命令，弹出如图 7-64 所示的【实体化】操控面板。

(3) 单击【去除材料】按钮 ◢，选择创建切口实体特征。可以单击【反向】按钮 ✗，更改去除材料方向。

（4）单击操控面板中的按钮✔，完成曲面特征的实体化。创建的切口实体特征如图 7-68 所示，更改去除材料方向后的特征如图 7-69 所示。

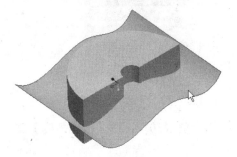

图 7-67　选取曲面特征

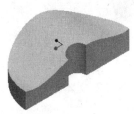

图 7-68　切口实体特征

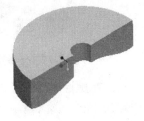

图 7-69　更改去除材料方向

7.4.2　偏移创建实体

通过偏移曲面的方法，可以创建实体特征。主要有 3 种类型，即创建偏移拔模特征、创建偏移展开特征和创建偏移替换特征。

1. 创建偏移拔模特征

（1）选取实体的曲面特征，如图 7-70 所示。

（2）在菜单栏中选择【编辑】→【偏移】命令，弹出如图 7-71 所示的【偏移】操控面板。

（3）单击操控面板中的偏移特征类型按钮 右侧的按钮，选择【具有拔模特征】按钮，将可以创建具有拔模角度的伸出项实体特征或切口实体特征。此时【偏移】操控面板如图 7-71 所示，出现了【拔模角度】文本框。

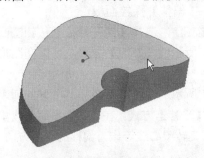

图 7-70　选取曲面特征

图 7-71　【偏移】操控面板

（4）单击操控面板中的【参照】按钮，弹出如图 7-72 所示的【参照】面板，单击【定义】按钮，会弹出【草绘】对话框，定义草绘平面后，选择草绘视图方向、草绘参照平面及草绘参照平面所在方向。单击【草绘】对话框中的【草绘】按钮，进入草绘环境。

（5）绘制拔模特征的草图截面，绘制结束后单击【草绘器工具】工具栏中的【完成】按钮✔。

（6）单击操控面板中的【选项】按钮，弹出如图 7-73 所示的【选项】面板，在下拉列表框中可以选择不同的偏移方式，分别为【垂直于曲面】和【平移】方式。还可以选择【侧曲面垂直于】和【侧面轮廓】选项。

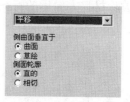

图 7-72 【参照】面板 　　　　　　　图 7-73 【选项】面板

(7) 在操控面板的【拔模深度】文本框中输入偏移距离值 "30"，在【拔模角度】文本框中输入 "25"。

(8) 单击操控面板中的【确定】按钮 ✓，完成曲面特征的偏移，并创建相应实体。如图 7-74 所示为创建伸出项实体特征；如图 7-75 所示为单击操控面板中的【将偏移方向变更为其他侧】按钮 ✗ 后，创建的切口实体特征。

图 7-74 创建伸出项实体特征 　　　　图 7-75 反向后创建切口实体特征

2. 创建偏移展开特征

(1) 选取实体的曲面特征，如图 7-70 所示。

(2) 在菜单栏中选择【编辑】→【偏移】命令，弹出【偏移】操控面板。

(3) 单击操控面板中的偏移特征类型按钮 ⑪ 右侧的按钮 ·，选择【展开特征】按钮 ⑪。

(4) 单击操控面板中的【参照】按钮，弹出如图 7-76 所示的【参照】面板，可以在图形显示区重新选择需要偏移的面。

(5) 单击操控面板中的【选项】按钮，弹出如图 7-77 所示的【选项】面板，在下拉列表框中可以选择不同的偏移方式，分别为【垂直于曲面】和【平移】方式。在【方向参照】收集器处于激活的状态下，可以在图形显示区选取边线或曲面的旋转中心线等作为偏移的参照方向。

图 7-76 【参照】面板 　　　　　　　图 7-77 【选项】面板

(6) 在操控面板的文本框中输入偏移距离值 "30"。

（7）单击操控面板中的【确定】按钮✓，完成曲面特征的偏移，并创建相应实体。如图 7-78 所示为创建的伸出项实体特征；如图 7-79 所示为单击操控面板中的【将偏移方向变更为其他侧】按钮✗后，创建的切口实体特征。

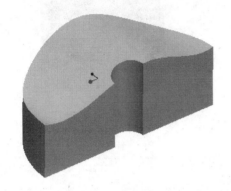

图 7-78　创建伸出项实体特征

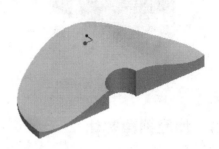

图 7-79　反向后创建切口实体特征

3. 创建偏移替换特征

（1）选取实体的曲面特征，如图 7-70 所示。

（2）在菜单栏中选择【编辑】→【偏移】命令，弹出【偏移】操控面板。

（3）单击操控面板中的偏移特征类型按钮▥▾右侧的按钮▾，选择【替换曲面特征】按钮▨。

（4）单击操控面板中的【参照】按钮，弹出如图 7-80 所示的【参照】面板，如果单击【偏移曲面】收集器，可以在图形显示区中重新选择需要替换的面。如果单击【替换面组】收集器，可以在图形显示区中选择用来替换的曲面，如图 7-81 所示。

提示：系统默认【替换面组】收集器是激活状态，可以在选择【替换曲面特征】按钮▨后，直接在图形显示区中选择替换面组。

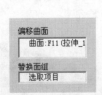

图 7-80　【参照】面板

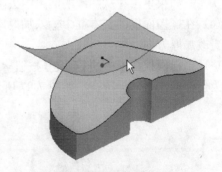

图 7-81　选取替换面组

（5）单击操控面板中的【选项】按钮，弹出【选项】面板，勾选【保持替换面组】复选框可以使替换面组保留，不会被系统自动删除。

（6）单击操控面板中的【确定】按钮✓，完成曲面特征的替换，并创建相应实体。如图 7-82 所示为不保留替换面组的特征，如图 7-83 所示为保留替换面组的特征。

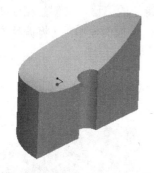

图 7-82　不保留替换面组

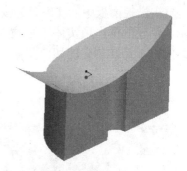

图 7-83　保留替换面组

7.4.3　加厚创建实体

加厚曲面可以创建伸出项薄板特征与切口薄板特征，操作方法如下。

（1）选取曲面特征，如图 7-84 所示。

（2）在菜单栏中选择【编辑】→【加厚】命令，弹出如图 7-85 所示的【加厚】操控面板。

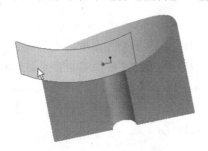

图 7-84　选取曲面特征

图 7-85　【加厚】操控面板

（3）系统默认创建伸出项薄板特征，此时【用实体材料填充加厚的面组】按钮□处于被按下状态。如果单击【从加厚的面组中去除材料】按钮△，将创建切口薄板特征。

（4）在操控面板的文本框中输入加厚厚度"10"。单击【反转结果几何的方向】按钮✕，可以更改加厚方向。

（5）单击操控面板中的【确定】按钮✔，完成曲面特征的加厚，创建相应实体。如图 7-86所示为创建伸出项薄板特征，如图 7-87 所示为创建切口薄板特征。

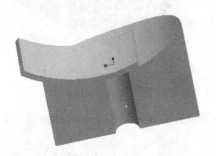

图 7-86　创建伸出项薄板特征

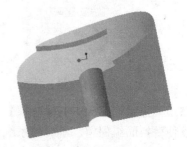

图 7-87　创建切口薄板特征

7.5 实例训练

 例: 创建如图 7-88 所示的水杯模型

此模型文件见随书光盘中的"\ch07\07example.prt"。

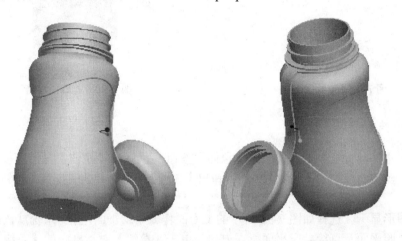

图 7-88 水杯模型

1. 进入创建环境

在菜单栏中选择【文件】→【新建】命令,或单击工具栏中的【新建】按钮□,弹出【新建】对话框,在对话框中点选【零件】单选钮,在【名称】文本框中输入零件名称"水杯",单击【确定】按钮,进入创建环境。

2. 创建旋转曲面

(1) 单击【基础特征】工具栏中的【旋转】按钮◈,弹出【旋转】操控面板。

(2) 单击操控面板中的【位置】按钮,弹出【位置】面板,单击【定义】按钮,弹出【草绘】对话框。

(3) 选择图形显示区中的"TOP"基准平面作为草绘平面,接受系统默认的草绘视图方向、草绘参照平面及草绘参照平面所在方向。单击【草绘】对话框中的【草绘】按钮,进入内部草绘环境。

(4) 绘制如图 7-89 所示的草图,绘制结束后单击【草绘器工具】工具栏中的【完成】按钮✓。

(5) 选择创建曲面特征,单击【旋转】操控面板中的【作为曲面旋转】按钮□。

(6) 选择以截面内中心线作为旋转轴,选择【变量】⊔作为角度类型,并在右侧的文本框中输入角度值"360"(系统默认状态)。

(7) 单击【旋转】操控面板中的【确定】按钮✓,完成旋转曲面特征的创建,如图 7-90 所示。

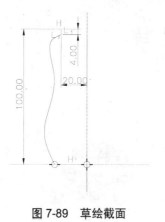

图 7-89　草绘截面

图 7-90　旋转曲面特征

3. 创建拉伸曲面

(1) 单击【基础特征】工具栏中的【拉伸】按钮 ，弹出【拉伸】操控面板。

(2) 单击操控面板中的【放置】按钮，弹出【放置】面板，单击【定义】按钮，弹出【草绘】对话框。

(3) 在图形显示区选择如图 7-91 所示的上沿面作为草绘平面，接受系统默认的草绘视图方向、草绘参照平面及草绘参照平面所在方向。单击【草绘】对话框中的【草绘】按钮，进入内部草绘环境。

(4) 绘制如图 7-92 所示的草图，绘制结束后单击【草绘器工具】工具栏中的【完成】按钮 。

(5) 单击【拉伸】操控面板中的【拉伸为曲面】按钮 ，选择创建曲面特征。

(6) 在操控面板中的拉伸类型按钮 右侧的文本框中输入深度值"15"，按<Enter>键确认。

(7) 单击操控面板中的【确定】按钮 ，完成曲面特征的创建，如图 7-93 所示。

图 7-91　定义草绘平面

图 7-92　草绘截面

图 7-93　拉伸曲面特征

4. 偏移曲面

(1) 选取曲面特征，此处选择如图 7-94 所示的外表面。

(2) 在菜单栏中选择【编辑】→【偏移】命令，弹出【偏移】操控面板。

(3) 单击操控面板中的偏移特征类型按钮 右侧的按钮 ，选择【展开特征】按钮 。

(4) 单击操控面板中的【选项】按钮，弹出【选项】面板，点选【草绘区域】单选钮，此时【选项】面板如图 7-95 所示，单击【定义】按钮，弹出【草绘】对话框。

图 7-94　选取偏移曲面　　　　　　　　图 7-95　【选项】面板

　　（5）选择图形显示区中的"TOP"基准平面作为草绘平面，接受系统默认的草绘视图方向、草绘参照平面及草绘参照平面所在方向。单击【草绘】对话框中的【草绘】按钮，进入内部草绘环境。

　　（6）绘制如图 7-96 所示的草图，绘制结束后单击【草绘器工具】工具栏中的【完成】按钮 ✓。

　　（7）在【偏移】操控面板的文本框中输入偏移距离值"1"。

　　（8）单击操控面板中的【确定】按钮 ✓，完成曲面特征的偏移，如图 7-97 所示。

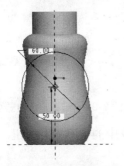

图 7-96　草绘截面　　　　　　　　　　图 7-97　偏移曲面

5. 创建混合曲面

　　（1）在菜单栏中选择【插入】→【混合】→【曲面】命令，弹出【菜单管理器】之【混合选项】菜单。

　　（2）依次选择【旋转的】、【规则截面】、【草绘截面】和【完成】命令，弹出【曲面：混合，旋转的，草绘截面】对话框与【菜单管理器】之【属性】菜单。

　　（3）依次选择【属性】菜单中的【光滑】、【开放】、【封闭端】和【完成】命令，会弹出【菜单管理器】之【设置草绘平面】菜单。

　　（4）在【设置草绘平面】菜单中依次选择【新设置】和【平面】命令。

　　（5）选择图形显示区中的"TOP"基准平面作为草绘平面，此时【菜单管理器】中弹出【方向】菜单。选择【正向】命令，此时【菜单管理器】中弹出【草绘视图】菜单。选择【缺省】命令，进入草绘环境。

　　（6）在草绘环境中绘制第一个混合截面，如图 7-98 所示。

（7）混合截面绘制完成后，单击【草绘器工具】工具栏中的【完成】按钮✓，在图形显示区的底部会显示【为截面 2 输入 y_axis 旋转角】窗口，在文本框中输入第二个截面与第一个截面的夹角"120"，然后单击消息输入窗口右侧的【接受】按钮✓，再一次进入草绘环境。

（8）再次在草绘环境中绘制混合截面，如图 7-99 所示。绘制完成后，单击【草绘器工具】工具栏中的【完成】按钮✓，在图形显示区的底部会显示【继续下一截面吗?】消息输入窗口，单击【继续下一截面吗?】文本框右侧的【是】按钮，在图形显示区的底部会显示混合截面夹角消息输入窗口，在【为截面 3 输入 y_axis 旋转角】文本框中输入第三个截面相对于第二个截面的夹角"120"，然后单击消息输入窗口右侧的【接受】按钮✓，再一次进入草绘环境。

（9）重复步骤(8)的操作，绘制 7 个草绘截面，截面形状如图 7-99 所示，只是图中尺寸"2"依次改为"4"、"6"、"8"、"10"和"12"。最后一个截面绘制完成后单击【草绘器工具】工具栏中的【完成】按钮✓，在弹出的消息输入窗口中，单击【继续下一截面吗?】文本框右侧的【否】按钮。

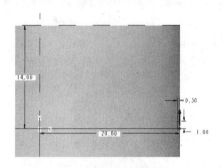

图 7-98　第一个混合截面

图 7-99　第二个混合截面

（10）单击【曲面：混合，旋转的，草绘截面】对话框中的【确定】按钮，如图 7-100 所示，完成混合曲面特征的创建，如图 7-101 所示。

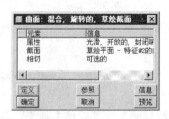

图 7-100　【曲面：混合，旋转的，草绘截面】对话框

图 7-101　混合曲面特征

6. 加厚创建实体

（1）选取曲面特征，此处选择如图 7-94 所示的外表面。

（2）在菜单栏中选择【编辑】→【加厚】命令，弹出【加厚】操控面板。

（3）选择创建伸出项薄板特征，此时【用实体材料填充加厚的面组】按钮▢处于被按下状态(系统默认状态)。

（4）在操控面板的文本框中输入加厚厚度"1"。

（5）单击操控面板中的【确定】按钮☑，完成曲面特征的加厚，创建实体特征，如图 7-102 所示。

（6）重复前面步骤的操作，选取如图 7-93 所示的拉伸曲面，重复加厚创建实体的操作，再次创建实体特征，如图 7-103 所示。

图 7-102　加厚创建实体　　　　　　　　　图 7-103　再次加厚创建实体

7．实体化创建实体

（1）选取如图 7-94 所示的混合曲面特征。

（2）在菜单栏中选择【编辑】→【实体化】命令，弹出【实体化】操控面板。

（3）单击操控面板中的【确定】按钮☑，完成曲面特征的实体化，着色模型显示效果与图 7-103 所示相同。

注意：创建混合曲面特征时，需要在【菜单管理器】的【属性】菜单中选择【封闭端】命令，这样创建的闭合曲面才可以进行实体化。

8．倒圆角

（1）选取如图 7-104 所示的边线。

（2）在菜单栏中选择【插入】→【倒圆角】命令，弹出【倒圆角】操控面板。

（3）按<Ctrl>键不放，可以选取其他边线。

（4）在操控面板的文本框中输入圆角半径"0.2"。

（5）单击操控面板中的【确定】按钮☑，完成倒圆角特征的创建，如图 7-105 所示。至此，杯体创建结束。

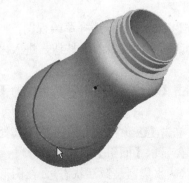
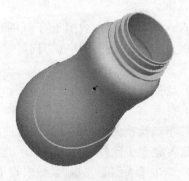

图 7-104　选取边线　　　　　　　　　　　图 7-105　倒圆角特征

提示：杯体创建完成后，接下来将创建杯盖。每个零件都可以有不同的建模顺序。

9. 创建第二个拉伸曲面

（1）单击【基础特征】工具栏中的【拉伸】按钮，弹出【拉伸】操控面板。

（2）单击操控面板中的【放置】按钮，弹出【放置】面板，单击【定义】按钮，弹出【草绘】对话框。

（3）选择图形显示区中的"TOP"基准平面作为草绘平面，接受系统默认的草绘视图方向、草绘参照平面及草绘参照平面所在方向。单击【草绘】对话框中的【草绘】按钮，进入内部草绘环境。

（4）绘制如图 7-106 所示的草图，绘制结束后单击【草绘器工具】工具栏中的【完成】按钮。

（5）单击操控面板中的【拉伸为曲面】按钮，选择创建曲面特征。

（6）在操控面板中的拉伸类型按钮右侧的文本框中输入深度值"25"，按<Enter>键确认。

（7）单击操控面板中的【确定】按钮，完成拉伸曲面特征的创建，如图 7-107 所示。

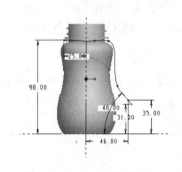

图 7-106　草绘截面

图 7-107　第二个拉伸曲面

10. 修剪曲面

（1）单击【基础特征】工具栏中的【拉伸】按钮，弹出【拉伸】操控面板。

（2）单击操控面板中的【放置】按钮，弹出【放置】面板，单击【定义】按钮，弹出【草绘】对话框。

（3）选择图形显示区中的"FRONT"基准平面作为草绘平面，选择草绘视图方向、草绘参照平面及草绘参照平面所在方向。单击【草绘】对话框中的【草绘】按钮，进入内部草绘环境。

（4）绘制如图 7-108 所示的草图，绘制结束后单击【草绘器工具】工具栏中的【完成】按钮。

（5）单击操控面板中的【拉伸为曲面】按钮，单击【去除材料】按钮使其处于按下状态，选择创建去除材料曲面特征，此时操控面板中会显示【面组】收集器。

（6）单击【面组】收集器(弹出收集器时，系统默认收集器是激活状态)，在图形显示区中选取如图 7-107 所示的第二个拉伸曲面特征。

（7）在操控面板中选择【穿透】 作为深度类型。

（8）单击操控面板中的【确定】按钮 ，完成对曲面的修剪，如图 7-109 所示。

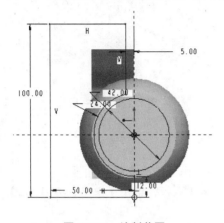

图 7-108　绘制草图

图 7-109　修剪曲面

11. 镜像曲面

（1）选取曲面特征，如图 7-110 所示。

（2）在菜单栏中选择【编辑】→【镜像】命令，或单击【编辑特征】工具栏中的【镜像】按钮 ，弹出【镜像】操控面板。

（3）在图形显示区中选取"TOP"基准平面作为镜像平面。

（4）单击操控面板中的【确定】按钮 ，完成曲面的镜像，如图 7-111 所示。

图 7-110　选取曲面特征

图 7-111　镜像曲面

12. 合并曲面

（1）选取需要合并的两个曲面特征，此处选择如图 7-111 所示的镜像曲面与原曲面。

（2）在菜单栏中选择【编辑】→【合并】命令，或单击【编辑特征】工具栏中的【合并】按钮 ，弹出【合并】操控面板。

（3）单击操控面板中的【确定】按钮 ，完成曲面特征的合并，着色模型显示与图 7-111 所示相同，无隐藏线显示的合并前效果如图 7-112 所示，合并后的效果如图 7-113 所示。

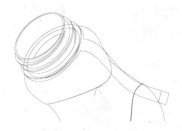

图 7-112　合并前　　　　　　　　　　　　图 7-113　合并后

13. 创建填充曲面

（1）在菜单栏中选择【编辑】→【填充】命令，弹出【填充】操控面板。

（2）单击操控面板中的【参照】按钮，弹出【放置】面板，单击【定义】按钮，弹出【草绘】对话框。

（3）在图形显示区中选择如图 7-114 所示的平面作为草绘平面，选择参照平面、草图方向和视图方向后，单击【草绘】对话框中的【草绘】按钮，进入内部草绘环境。

（4）绘制如图 7-115 所示的草图，绘制结束后单击【草绘器工具】工具栏中的【完成】按钮 ✓。

（5）单击操控面板中的【确定】按钮 ✓，完成填充曲面的创建，如图 7-116 所示。

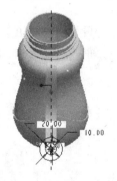

图 7-114　选取草绘平面　　　　图 7-115　绘制草图　　　　图 7-116　创建填充曲面

14. 创建第二个旋转曲面

（1）单击【基础特征】工具栏中的【旋转】按钮 ⚛，弹出【旋转】操控面板。

（2）单击操控面板中的【位置】按钮，弹出【位置】面板，单击【定义】按钮，弹出【草绘】对话框。

（3）选择图形显示区中的"TOP"基准平面作为草绘平面，接受系统默认的草绘视图方向、草绘参照平面及草绘参照平面所在方向。单击【草绘】对话框中的【草绘】按钮，进入内部草绘环境。

（4）绘制如图 7-117 所示的草图，绘制结束后单击【草绘器工具】工具栏中的【完成】按钮 ✓。

（5）单击操控面板中的【作为曲面旋转】按钮 ▭，选择创建曲面旋转特征。

（6）选择以截面上的中心线作为旋转轴，选择【变量】◡作为角度类型，并在右侧的文本框中输入角度值"360"（系统默认状态）。

（7）单击操控面板中的【确定】按钮✓，完成旋转曲面特征的创建，如图 7-118 所示。

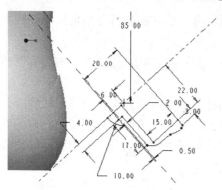

图 7-117　绘制草图

图 7-118　第二个旋转曲面

15. 创建第二个混合曲面

重复创建混合曲面的操作，创建第二个混合曲面特征，如图 7-119 所示。

📝 **提示**：具体操作可参考前述步骤 5，不再赘述，以下各步骤相同。

16. 加厚创建实体

分别选取如图 7-93 所示的拉伸曲面和如图 7-116 所示的填充曲面，重复加厚创建实体的操作，再次创建加厚实体特征。

17. 实体化创建实体

分别选取如图 7-118 所示的旋转曲面和如图 7-119 所示的混合曲面，重复实体化创建实体的操作，创建实体特征。最终的着色模型显示如图 7-120 所示，无隐藏线显示如图 7-121 所示。

图 7-119　第二个混合曲面

图 7-120　着色模型显示

图 7-121　无隐藏线显示

7.6 练 习 题

(1) 创建一个拉伸特征,并在创建草图截面后,分别选择实体特征与曲面特征类型,通过预览观察不同特征类型的区别。

(2) 练习使用【基础特征】工具栏中的【边界混合】按钮，选择不同的边界创建混合曲面特征。

(3) 练习使用【插入】→【螺旋扫描】→【曲面】命令,创建实例训练中的混合曲面。

(4) 创建拉伸曲面并勾选【选项】面板中的【封闭端】复选框,与创建填充曲面后再偏移并勾选【选项】面板中的【创建侧曲面】复选框,都可以创建如图 7-122 所示的空心圆柱曲面特征。比较这两种曲面特征的差别。

图 7-122 空心圆柱曲面特征

提示： 前者创建的曲面特征为一个曲面，可以直接进行实体化。后者创建的曲面特征为 4 个曲面，需要两两合并后才可以进行实体化。

(5) 创建如图 7-123 所示的曲面特征。

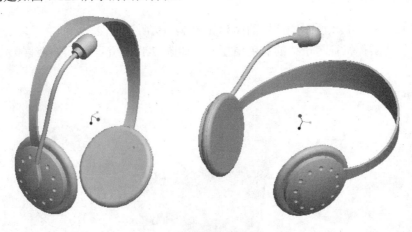

图 7-123 曲面特征练习

第 8 章　特征的基本操作

复杂的模型需要创建很多特征，而对有些形状类似的特征，可以通过对已有特征进行复制或阵列操作来快速创建，从而避免完全相同的重复创建过程，降低特征创建的复杂程度。Pro/ENGINEER 提供了相当灵活的特征复制与阵列功能，包括镜像、平移、旋转、新参照复制以及平移与旋转阵列等。

对于多个特征，还可以创建特征局部组，利用组可以方便地对多个特征同时进行操作，与单个特征的复制与阵列操作一样，可以对特征局部组进行复制与阵列。

8.1　特征的复制

特征的复制是指再生一个与已有特征类似的特征，并放置到其他位置。所复制的特征与已有特征可以有相同的参照面与特征尺寸，也可以有不同的参照面与特征尺寸。主要的复制方法包括镜像复制、平移复制、旋转复制和新参照复制。

8.1.1　镜像复制

镜像复制是以参照面为对称面，复制出一个与已有特征具有镜像关系的特征。操作方法如下。

（1）选取第 5 章中创建的接插件零件的螺钉特征(选取旋转特征后，按下<Ctrl>键不放，再选取另一个拉伸特征)，如图 8-1 所示。

提示：在图形显示区中，如果不方便对特征进行选取，可以在导航区的【模型树】列表中选取特征，如图 8-2 所示。同样，按下<Ctrl>键不放，可以选取或取消选取某个特征。另外，选取一个特征后，按下<Shift>键不放，再单击另一个特征，则系统会自动选取这两个特征之间的所有特征。

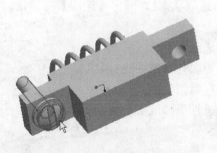

图 8-1　在图形显示区中选取特征

图 8-2　在【模型树】列表中选择特征

（2）在菜单栏中选择【编辑】→【镜像】命令，或单击【编辑特征】工具栏中的【镜像】按钮 ，弹出【镜像】操控面板。

（3）在图形显示区选取"RIGHT"基准平面作为对称平面，如图 8-3 所示。

（4）单击操控面板中的【选项】按钮，弹出【选项】面板，在这里可以选择复制的特征尺寸是否将从属于选定特征的尺寸。系统默认【复制为从属项】复选框为选中状态，即复制的特征尺寸从属于选定特征的尺寸。

（5）单击操控面板中的【确定】按钮 ，完成特征的镜像复制，如图 8-4 所示。

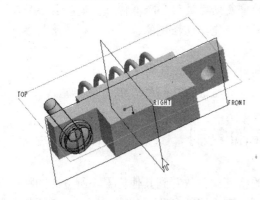

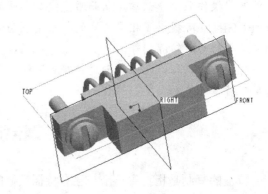

图 8-3　在图形显示区选取对称平面　　　　　图 8-4　特征的镜像复制

提示：在菜单栏中选择【编辑】→【特征操作】命令，在弹出的【菜单管理器】之【特征】菜单中依次选择【复制】和【完成】命令，然后再在菜单栏中选择【编辑】→【镜像】命令并执行后续操作，也可以实现特征的镜像复制，具体操作过程可参见 8.1.2 小节。

8.1.2　平移复制

平移复制是将已有特征沿着直线方向进行复制。操作方法如下。

（1）在菜单栏中选择【编辑】→【特征操作】命令，弹出【菜单管理器】之【特征】菜单，如图 8-5 所示。

（2）选择【复制】命令，【菜单管理器】中弹出【复制特征】菜单，如图 8-6 所示。依次选择【移动】、【选取】、【从属】和【完成】命令，【菜单管理器】中将弹出【选取特征】菜单，如图 8-7 所示。选择【选取】命令（默认选取状态），弹出【选取】对话框。

【复制特征】菜单中各命令的功能如下。

- 【新参考】——使用新的放置面与参考面进行复制。
- 【相同参考】——使用与原特征相同的放置面与参考面进行复制。
- 【镜像】——选择对称面，对已有特征进行镜像复制。
- 【移动】——选择参考方向，对已有特征进行平移或旋转复制。
- 【选取】——依次选取需要复制的特征。
- 【所有特征】——选取所有特征进行复制。
- 【不同模型】——从不同的模型中选取需要复制的特征。

- 　【不同版本】——从当前模型的不同版本中选取需要复制的特征。
- 　【自继承】——选取要从中复制特征的继承特征。
- 　【独立】——复制特征的尺寸与原特征的尺寸相互独立，即修改原特征的尺寸后，复制特征的尺寸不会发生变化。
- 　【从属】——复制特征的尺寸与原特征的尺寸具有从属关系，即修改原特征的尺寸后，复制特征的尺寸也会随之发生变化。

图 8-5　【特征】菜单　　　　图 8-6　【复制特征】菜单　　　　图 8-7　【选取特征】菜单

　　(3) 在图形显示区选取需要平移的特征，此处选择如图 8-8 所示的拉伸特征，然后在【选取特征】菜单中选择【完成】命令，【菜单管理器】中弹出【移动特征】菜单，如图 8-9 所示。选择【平移】命令，【菜单管理器】中弹出【选取方向】菜单，如图 8-10 所示。

　　在这里可以选择不同方式来确定平移方向。

- 　【平面】——以平面的法线方向作为平移方向。
- 　【曲线/边/轴】——以边线或轴线作为平移方向。
- 　【坐标系】——与坐标系的坐标轴方向作为平移方向。

图 8-8　选取特征　　　　　图 8-9　【移动特征】菜单　　　　图 8-10　【选取方向】菜单

　　(4) 在【选取方向】菜单中选择【曲线/边/轴】命令，然后在图形显示区选择一条边线作为平移方向，如图 8-11 所示，此时【菜单管理器】中弹出【方向】菜单，如图 8-12 所示。

　　(5) 在【方向】菜单中选择【正向】命令，在图形显示区的底部会显示如图 8-13 所示的【输入偏距距离】文本框，在文本框中输入偏距距离，例如输入 "20"，然后单击文本框右侧的【接受】按钮 ✓。

图 8-11　选取边线　　　　　图 8-12　【方向】菜单　　　图 8-13　【输入偏距距离】文本框

（6）在【移动特征】菜单中选择【完成移动】命令，此时弹出【组元素】对话框，如图 8-14 所示，同时弹出【菜单管理器】之【组可变尺寸】菜单，如图 8-15 所示。

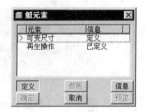

图 8-14　【组元素】对话框　　　　　　　图 8-15　【组可变尺寸】菜单

（7）在【组可变尺寸】菜单中可以勾选需要更改的特征尺寸复选框，然后选择【完成】命令，在弹出的消息输入窗口的文本框中依次输入更改的特征尺寸值，并单击消息输入窗口右侧的【接受】按钮✔。

（8）单击【组元素】对话框中的【确定】按钮，完成特征的平移复制，不更改特征尺寸的平移复制如图 8-16 所示，更改特征尺寸的平移复制如图 8-17 所示。

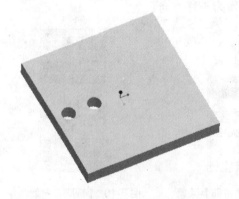

图 8-16　不更改特征尺寸的平移复制　　　　　图 8-17　更改特征尺寸的平移复制

8.1.3　旋转复制

旋转复制是将已有特征绕某中心轴进行复制，操作方法如下。

（1）在菜单栏中选择【编辑】→【特征操作】命令，弹出【菜单管理器】之【特征】菜单。

（2）选择【复制】命令，【菜单管理器】中弹出【复制特征】菜单，依次选择【移动】、【选取】、【从属】和【完成】命令，【菜单管理器】中将弹出【选取特征】菜单，选择【选取】命令(默认选取状态)，弹出【选取】对话框。

（3）在图形显示区选取需要旋转的特征，此处选择如图 8-8 所示的拉伸特征，然后在【选取特征】菜单中选择【完成】命令，【菜单管理器】中弹出【移动特征】菜单；选择【旋转】命令，【菜单管理器】中弹出【选取方向】菜单。

（4）在【选取方向】菜单中选择【曲线/边/轴】命令，然后在图形显示区选择一条轴线作为旋转中心轴，如图 8-18 所示，此时【菜单管理器】中弹出【方向】菜单。

（5）在【方向】菜单中选择【正向】命令，在图形显示区的底部会显示如图 8-19 所示的【输入旋转角度】文本框，在文本框中输入旋转角度"45"，然后单击文本框右侧的【接受】按钮✓。

| 图 8-18　选取轴线 | 图 8-19　【输入旋转角度】文本框 |

（6）在【移动特征】菜单中选择【完成移动】命令，此时弹出【组元素】对话框和【菜单管理器】之【组可变尺寸】菜单。

（7）在【组可变尺寸】菜单中可以勾选需要更改的特征尺寸复选框，然后选择【完成】命令，在弹出的消息输入窗口的文本框中依次输入更改的特征尺寸值，并单击消息输入窗口右侧的【接受】按钮✓。

（8）单击【组元素】对话框中的【确定】按钮，完成特征的旋转复制，不更改特征尺寸的旋转复制如图 8-20 所示，更改特征尺寸的旋转复制如图 8-21 所示。

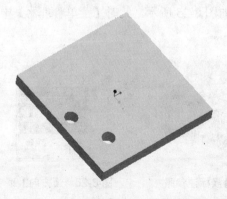 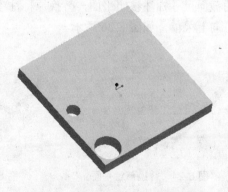

| 图 8-20　不更改特征尺寸的旋转复制 | 图 8-21　更改特征尺寸的旋转复制 |

8.1.4 新参照复制

新参照复制是指使用新的放置面与参考面对已有特征进行复制，操作方法如下。

（1）在菜单栏中选择【编辑】→【特征操作】命令，弹出【菜单管理器】之【特征】菜单。

（2）选择【复制】命令，弹出【复制特征】菜单，依次选择【新参考】、【选取】、【从属】和【完成】命令，【菜单管理器】中将弹出【选取特征】菜单；选择【选取】命令（默认选取状态），弹出【选取】对话框。

（3）在图形显示区选取需要复制的特征，此处选择如图 8-8 所示的拉伸特征，然后在【选取特征】菜单中选择【完成】命令。此时弹出【组元素】对话框，如图 8-22 所示，同时弹出【菜单管理器】之【组可变尺寸】菜单。

（4）在【组可变尺寸】菜单中可以选择需要更改的特征尺寸复选框，然后选择【完成】命令，在弹出的消息输入窗口的文本框中依次输入更改的特征尺寸值，并单击消息输入窗口右侧的【接受】按钮。此时【菜单管理器】中弹出【参考】菜单，如图 8-23 所示。

在【参考】菜单中可以选择不同方式来确定新的参照。

- 【替换】——选择新的放置面或参照替换原放置面或参照。
- 【相同】——使用原放置面或参照。
- 【跳过】——跳过对当前参照的选择。
- 【参照信息】——提供当前参照的相关信息。

图 8-22 【组元素】对话框   图 8-23 【参考】菜单

（5）选择【参考】菜单中的【替换】命令（默认选取状态），在图形显示区选择一个新的草绘平面，替换原拉伸特征的草绘平面，如图 8-24 所示。然后选择【参考】菜单中的【相同】命令，使用原草绘参照。再选择【参考】菜单中的【替换】命令，并在图形显示区选择一个新的截面尺寸标注参照平面，替换原标注参照，如图 8-25 所示。此时【菜单管理器】中弹出【方向】菜单，如图 8-26 所示。

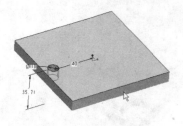

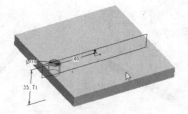

图 8-24 替换草绘平面   图 8-25 替换标注参照   图 8-26 【方向】菜单

（6）在【方向】菜单中选择【正向】命令，【菜单管理器】中弹出【组放置】菜单，如

图 8-27 所示，选择【完成】命令，完成特征的新参照复制，如图 8-28 所示。

图 8-27 【组放置】菜单　　　　　　　图 8-28 新参照复制

8.2 特征的阵列

特征的阵列是指再生多个与已有特征类似的特征，并放置到其他位置。阵列也可以看作是多个复制操作的组合。阵列方法包括尺寸阵列、方向阵列、轴阵列、填充阵列、表阵列、参照阵列和曲线阵列。

8.2.1 尺寸阵列

尺寸阵列是将已有特征沿着特征尺寸方向进行阵列，操作方法如下。

（1）在图形显示区选取需要阵列的特征，此处选择如图 8-8 所示的拉伸特征。

注意：特征的阵列只允许选取一个特征或一个特征局部组（可由多个特征组成），局部组的操作参见 8.3 节。

（2）在菜单栏中选择【编辑】→【阵列】命令，或单击【编辑特征】工具栏中的【阵列】按钮，弹出【阵列】操控面板，如图 8-29 所示。

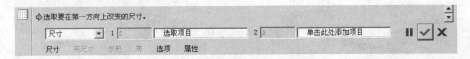

图 8-29 【阵列】操控面板

（3）在操控面板左侧的【阵列类型】下拉列表框中选择【尺寸】选项（系统默认选项）。

（4）在图形显示区的尺寸"40"位置单击，弹出如图 8-30 所示的尺寸输入文本框，输入"-20"作为阵列的增量，按<Enter>键确认。此尺寸的方向即作为阵列的第一方向，负号表示阵列的方向与尺寸的方向相反。

（5）单击操控面板中的【尺寸】按钮，弹出如图 8-31 所示的【尺寸】面板。激活【方向1】或【方向2】收集器，还可以添加或删除其他尺寸，在某一方向添加多个尺寸时需要按<Ctrl>键。

（6）单击操控面板中的【选项】按钮，弹出【选项】面板，在【再生选项】选项区中有如下 3 个单选钮供选择。

● 【相同】——点选该单选钮，所有阵列特征在同一曲面上，形状都相同，且不可以相互交叉。

- 【可变】——点选该单选钮，所有阵列特征可以在不同曲面上，形状也可以不同，但不可以相互交叉。
- 【一般】——点选该单选钮，所有阵列特征可以在不同曲面上，形状也可以不同，还可以互相交叉。

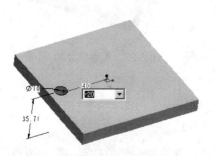

图 8-30　输入阵列增量

图 8-31　【尺寸】面板

提示：系统默认点选【一般】单选钮作为【再生选项】类型，此时系统会分别计算每个阵列特征的几何，并对每个特征求交，生成阵列时间较长。当不确定阵列的【再生选项】类型时，可以点选【一般】单选钮，防止出错。

(7) 在操控面板的【1】右侧的文本框中输入第一方向的阵列数量，例如输入"5"，按<Enter>键确认。此时，阵列特征的位置会显示黑色圆点，如图 8-32 所示。

(8) 单击操控面板中的【确定】按钮，完成特征的尺寸阵列，如图 8-33 所示。

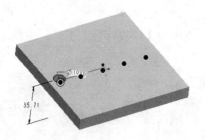

图 8-32　输入阵列间距

图 8-33　尺寸阵列特征

提示：当选择的特征尺寸为线性尺寸时，将产生线性阵列；当选择的特征尺寸为角度尺寸时，将产生圆周阵列。

8.2.2　方向阵列

方向阵列是将已有特征沿着选取方向进行阵列，操作方法如下。

(1) 在图形显示区选取需要阵列的特征，此处选择如图 8-8 所示的拉伸特征。

(2) 在菜单栏中选择【编辑】→【阵列】命令，弹出【阵列】操控面板。

（3）在操控面板左侧的【阵列类型】下拉列表框中选择【方向】选项。

（4）单击操控面板中的【选项】按钮，弹出【选项】面板，在这里可以在【再生选项】选项区中点选不同的单选钮。

（5）在图形显示区选取一条边线作为阵列的第一方向，如图 8-34 所示。在操控面板中【反向第一方向】按钮右侧的第一个文本框中输入阵列数量，例如输入"5"，在第二个文本框中输入阵列间距，例如输入"20"，按<Enter>键确认。

（6）激活操控面板中的【2】收集器，如图 8-35 所示。在图形显示区选取一条边线作为阵列的第二方向，如图 8-36 所示，然后在相应文本框中输入阵列数量"3"和阵列间距"15"，按<Enter>键确认。

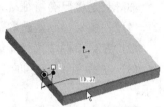

图 8-34　选取阵列第一方向

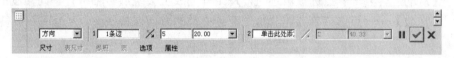

图 8-35　激活【2】收集器

（7）单击操控面板中的【确定】按钮，完成特征的方向阵列，如图 8-37 所示。

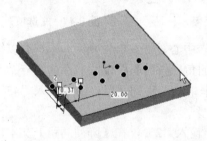

图 8-36　选取阵列第二方向

图 8-37　方向阵列特征

提示：进行阵列操作时，可以单击【阵列】操控面板中的【尺寸】按钮，弹出如图 8-31 所示的【尺寸】面板。激活【方向 1】或【方向 2】收集器，可以添加或删除随阵列位置变化的特征尺寸。在第一方向上增加圆孔直径尺寸的阵列特征如图 8-38 所示，在第二方向上增加圆孔直径尺寸的阵列特征如图 8-39 所示。

图 8-38　沿第一方向上变化直径的阵列特征

图 8-39　沿第二方向上变化直径的阵列特征

8.2.3 轴阵列

轴阵列是将已有特征绕着基准轴进行圆周阵列，操作方法如下。

（1）在图形显示区选取需要阵列的特征，此处选择如图 8-8 所示的拉伸特征。

（2）在菜单栏中选择【编辑】→【阵列】命令，弹出【阵列】操控面板。

（3）在操控面板左侧的【阵列类型】下拉列表框中选择【轴】选项，此时操控面板如图 8-40 所示。

（4）单击操控面板中的【选项】按钮，弹出【选项】面板，如图 8-41 所示，在这里可以在【再生选项】选项区中点选【相同】、【可变】或【一般】单选钮。还可以点选【旋转平面上的成员方向】选项区中的单选钮，确定阵列特征的不同方向，各选项的功能如下。

- 【从动旋转】——点选该单选钮，每个阵列成员会绕旋转轴进行不同角度的旋转。
- 【常数】——点选该单选钮，每个阵列成员的方向保持不变。

图 8-40　【轴】阵列类型的【阵列】操控面板　　　　　图 8-41　【选项】面板

（5）在图形显示区选取一条轴线作为阵列的旋转中心，如图 8-42 所示，系统会以绕轴旋转的方向作为第一方向，在操控面板的【反向阵列的角度方向】按钮右侧的第一个文本框中输入阵列数量，例如输入"8"，在第二个文本框中输入阵列间距，例如输入"45"，按 <Enter> 键确认。

（6）在第二方向【2】的【阵列数量】文本框中输入"2"，在【阵列间距】文本框中输入"-15"，按 <Enter> 键确认，此时系统会将径向方向作为第二方向。

（7）单击操控面板中的【确定】按钮，完成特征的轴阵列，如图 8-43 所示。

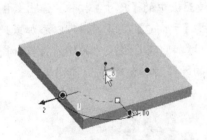
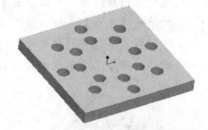

图 8-42　选取轴线作为阵列中心　　　　　图 8-43　圆周阵列特征

提示：对于圆形特征，在【选项】面板中点选【旋转平面上的成员方向】选项区中的不同单选钮时产生的阵列特征相同。对于具有方向性的其他特征，如方形特征，点选【从动旋转】单选钮时产生的阵列特征如图 8-44 所示；点选【常数】单选钮时产生的阵列特征如图 8-45 所示。

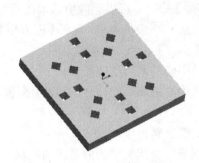

图 8-44　【从动旋转】阵列

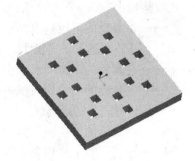

图 8-45　【常数】阵列

8.2.4　填充阵列

填充阵列是用阵列成员填充草绘区域，操作方法如下。

（1）在图形显示区选取需要阵列的特征，此处选择如图 8-8 所示的拉伸特征。

（2）在菜单栏中选择【编辑】→【阵列】命令，弹出【阵列】操控面板。

（3）在操控面板左侧的【阵列类型】下拉列表框中选择【填充】选项，此时操控面板如图 8-46 所示。

图 8-46　【填充】阵列类型的【阵列】操控面板

（4）单击操控面板中的【参照】按钮，弹出【参照】面板，单击【定义】按钮，弹出【草绘】对话框。

（5）在图形显示区选择如图 8-47 所示的实体平面作为草绘平面，接受系统默认的草绘视图方向、草绘参照平面及草绘参照平面所在方向。单击【草绘】对话框中的【草绘】按钮，进入内部草绘环境。

（6）绘制如图 8-48 所示的草图，绘制结束后单击【草绘器工具】工具栏中的【完成】按钮 ✔ 。

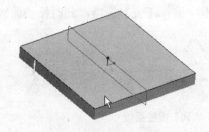

图 8-47　选择草绘平面

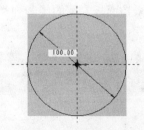

图 8-48　绘制草图

（7）草图绘制结束后，可以设置操控面板中的其他参数。各选项的功能如下。

● 【草绘内部剖面】——单击收集器将其激活，可以选择已有的草绘截面进行填充。

在收集器上右击，在弹出快捷菜单选择【移除】命令，可以删除所选取的草绘截面。

- ▦——在其后的下拉列表框中选择不同的分隔阵列成员类型，包括【正方形】、【菱形】、【三角形】、【圆】、【曲线】和【螺旋】6 个分隔类型选项。
- ▦——在其后的下拉列表框中设置阵列成员中心的两两间隔距离。
- ▦——在其后的下拉列表框中设置阵列成员中心距离草绘边界的距离，负值表示位于草绘边界之外的距离。
- ↗——在其后的下拉列表框中设置阵列成员的旋转角度。
- ↗——在其后的下拉列表框中设置圆形或螺旋形分隔类型的成员径向距离。

(8) 单击操控面板中的【选项】按钮，弹出【选项】面板，如图 8-49 所示，在这里可以在【再生选项】选项区中点选【相同】、【可变】或【一般】单选钮，还可以勾选【使用替代原件】或【跟随曲面形状】复选框。如勾选【跟随曲面形状】复选框，则需要点选【成员方向】选项区中的单选钮，确定阵列特征的不同方向。

(9) 单击操控面板中的【确定】按钮 ✔，完成特征的填充阵列。选择【正方形】分隔类型的填充阵列如图 8-50 所示，选择【圆】分隔类型的填充阵列如图 8-51 所示。

 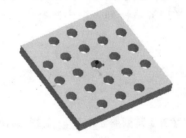 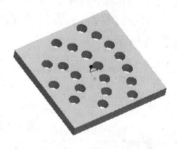

图 8-49　【选项】面板　　图 8-50　【正方形】分隔类型的阵列　　图 8-51　【圆】分隔类型的阵列

8.2.5　表阵列

表阵列是为每个阵列成员分别指定尺寸值的阵列，操作方法如下。

(1) 在图形显示区选取需要阵列的特征，此处选择如图 8-8 所示的拉伸特征。

(2) 在菜单栏中选择【编辑】→【阵列】命令，弹出【阵列】操控面板。

(3). 在操控面板左侧的【阵列类型】下拉列表框中选择【表】选项，此时操控面板如图 8-52 所示。

图 8-52　【表】阵列类型的【阵列】操控面板

(4) 单击操控面板中的【表尺寸】按钮，弹出【表尺寸】收集器，在图形显示区的尺寸"40"位置单击，将该特征尺寸作为表尺寸，按下<Ctrl>键可以选择多个表尺寸。

📝 **提示：** 弹出操控面板后，【表尺寸】收集器默认为激活状态，可以直接在图形显示区的尺寸位置单击，将其作为表尺寸。

（5）单击操控面板中的【表】按钮，弹出【表】面板，如图 8-53 所示。在【表】面板中右击，弹出快捷菜单，如图 8-54 所示，可以对表进行各种操作，快捷菜单中各命令的功能如下。

- 【添加】——添加阵列表（一个阵列可以有多个阵列表）。
- 【移除】——移除选取的阵列表。
- 【应用】——将选取的阵列表作为当前活动的阵列表，用于产生阵列特征。
- 【编辑】——编辑选取的阵列表。
- 【读取】——读取先前保存的阵列表文件。
- 【写入】——将选取的阵列表保存为一个阵列表文件。

图 8-53　【表】面板

图 8-54　右键快捷菜单

（6）单击操控面板中的【编辑】按钮，可以编辑当前活动的阵列表，此时会弹出表编辑器窗口，如图 8-55 所示。

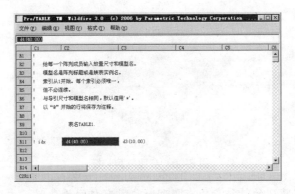

图 8-55　表编辑器窗口

（7）在表编辑器窗口中编辑表格内容，为每个阵列成员分别指定尺寸值，如图 8-56 所示。然后在表编辑器窗口的菜单栏中选择【文件】→【退出】命令。

（8）单击操控面板中的【确定】按钮 ✓，完成特征的表阵列，如图 8-57 所示。

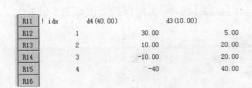

图 8-56　编辑阵列成员的尺寸值

图 8-57　表阵列特征

8.2.6　参照阵列

参照阵列是在已有阵列特征的基础上，利用相同参照创建数量与增量都相同的阵列，操作方法如下。

（1）在图形显示区选取需要阵列的特征，此处选择如图 8-58 所示的倒角特征。

（2）在菜单栏中选择【编辑】→【阵列】命令，弹出【阵列】操控面板，如图 8-59 所示，此时系统默认选择【参照】选项为阵列类型。

图 8-58　选取倒角特征　　　　　图 8-59　【参照】阵列类型的【阵列】操控面板

（3）单击操控面板中的【确定】按钮✓，完成特征的参照阵列，如图 8-60 所示。

图 8-60　参照阵列特征

注意： 只有需要阵列的特征与已有阵列特征具有相同的参照，才能进行参照阵列。

8.2.7　曲线阵列

曲线阵列是沿着指定曲线对已有特征进行阵列，操作方法如下。

（1）在图形显示区选取需要阵列的特征，此处选择如图 8-8 所示的拉伸特征。

（2）在菜单栏中选择【编辑】→【阵列】命令，弹出【阵列】操控面板。

（3）在操控面板左侧的【阵列类型】下拉列表框中选择【曲线】选项，此时操控面板如图 8-61 所示。

图 8-61　【曲线】阵列类型的【阵列】操控面板

(4) 单击操控面板中的【参照】按钮，弹出【参照】面板，单击【定义】按钮，弹出【草绘】对话框。

(5) 在图形显示区选择如图 8-47 所示的实体平面作为草绘平面，接受系统默认的草绘视图方向、草绘参照平面及草绘参照平面所在方向。单击【草绘】对话框中的【草绘】按钮，进入内部草绘环境。

(6) 绘制如图 8-62 所示的草图，绘制结束后单击【草绘器工具】工具栏中的【完成】按钮✔。

(7) 单击【阵列】操控面板中的【阵列间距】按钮✧（系统默认状态），在其后的下拉列表框中可以设置阵列成员的间距距离（系统根据曲线长度自动生成阵列数量），如"20"。此时如果单击【阵列数量】按钮⅘，在其后的下拉列表框中可以设置阵列成员的数量（系统自动生成阵列间距）。

(8) 单击操控面板中的【选项】按钮，弹出【选项】面板，在这里可以点选【再生选项】选项区中的单选钮。还可以点选【草绘平面上的成员方向】选项区中的单选钮，确定阵列特征的不同方向。如果勾选【跟随曲面形状】复选框，则需要在【成员方向】选项区中点选不同的单选钮，确定阵列特征的不同方向。

(9) 单击操控面板中的【确定】按钮✔，完成特征的曲线阵列，如图 8-63 所示。

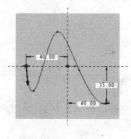

图 8-62　绘制草图

图 8-63　曲线阵列特征

8.3　特征的局部组

选取多个特征创建特征局部组，利用组可以对多个特征同时进行操作，与对单个特征操作类似，可以对组进行复制与阵列等。

8.3.1　组的建立

创建特征局部组的多个特征必须是连续创建的所有特征，建立方法如下。

(1) 在图形显示区选取需要创建局部组的特征，如图 8-64 所示。也可以在导航区的【模型树】列表中选取特征，如图 8-65 所示。同样，按下<Ctrl>键不放，可以选取或取消选取某个特征。另外，选取一个特征后，按下<Shift>键不放，再选择另一个特征，则系统会自动选取这两个特征之间的所有特征。

📝 **提示**：局部组中可以包括特征，也可以包括其他局部组。

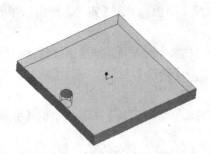

图 8-64　在图形显示区选取特征　　　　　　图 8-65　在【模型树】列表中选择特征

（2）在菜单栏中选择【编辑】→【组】命令（或在导航区的【模型树】列表中选择某一特征并右击，在弹出的快捷菜单中选择【组】命令），完成组的建立，此时【模型树】列表中显示新建立的组，如图 8-66 所示。

注意： 如果所选取的特征之间还有其他特征，在图形显示区底部显示【是否组合所有其间的特征?】文本框，如图 8-67 所示，单击【是】按钮，完成组的建立。

图 8-66　在【模型树】列表中显示建立的组　　图 8-67　【是否组合所有其间的特征?】文本框

提示： 在菜单栏中选择【编辑】→【特征操作】命令，然后对特征进行复制操作后，系统会自动创建一个包括复制特征的组。

8.3.2　组的分解

在【模型树】列表中选取特征局部组右击，弹出如图 8-68 所示的快捷菜单。在其中选择【分解组】命令，完成组的分解，如图 8-69 所示。

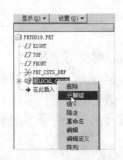

图 8-68　选择【分解组】命令　　　　　　图 8-69　完成组的分解

8.3.3　组的操作

组的操作与特征的操作类似，在导航区的【模型树】列表中选择组右击，在弹出的快捷菜单中可以选择【删除】和【编辑】等命令进行操作。与单个特征操作不同的是，利用组的操作，可以对多个特征同时进行复制、阵列等操作。下面以对组进行方向阵列为例，操作方法如下。

（1）在导航区的【模型树】列表中选取需要阵列的组，此处选择如图 8-66 所示的特征局部组。

（2）在菜单栏中选择【编辑】→【阵列】命令，弹出【阵列】操控面板。

（3）在操控面板左侧的【阵列类型】下拉列表框中选择【方向】选项。

（4）在图形显示区选取"FRONT"基准平面，将其法线作为阵列的第一方向。在操控面板的【反向第一方向】按钮右侧的第一个文本框中输入阵列数量，例如输入"4"；在第二个文本框中输入阵列间距，例如输入"150"，按<Enter>键确认。

（5）单击操控面板中的【确定】按钮，完成特征局部组的阵列，如图 8-70 所示。此时展开模型中的阵列，如图 8-71 所示。

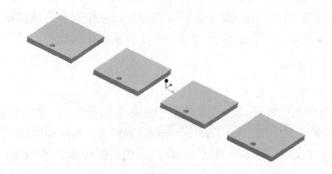

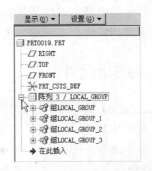

图 8-70　特征局部组的阵列　　　　　　　图 8-71　展开模型中的阵列

8.4　练　习　题

（1）比较两种镜像方法的异同(一种方法为在菜单栏中选择【编辑】→【镜像】命令。另一种方法为在菜单栏中选择【编辑】→【特征操作】命令，在弹出的【菜单管理器】之【特征】菜单中依次选择【复制】和【完成】命令，然后再选取要复制的特征，再在【菜单管理器】之【选取特征】菜单中选择【完成】命令，选择【镜像】命令并执行后续操作)。

（2）练习对组的复制、镜像。

（3）进行特征操作后，观察导航区【模型树】列表中的不同生成结果，并练习对特征进行编辑。

第 9 章　设计变更工具

在建模设计的过程中，往往需要对模型进行各种编辑和修改以适应设计需求。例如对于一些相似特征，希望可以通过已存在的模型特征，来得到其余特征；此外，对已存在的特征进行编辑可重新设置特征的参数，以在模型树中隐含或恢复特征，或是调整特征的位置。本章将介绍设计变更的使用和操作方法。

9.1　特征的变更

在 Pro/ENGINEER Wildfire 4.0 中，用户可对完成的或正在建立中的模型进行修改或重定义，如使特征成为只读方式，修改特征名称和修改特征截面等。灵活运用 Pro/ENGINEER 软件具备的对模型的编辑功能，可有效提高产品建模的灵活性和设计效率。

需要注意的是，对特征进行编辑后模型树的相应部分会发生再生，如果编辑后的特征不符合要求，则系统会提示再生失败，需要对再生失败进行处理，重新调整特征的变更。

9.1.1　编辑尺寸

在导航区【模型树】列表中选择要修改的特征，右击，在弹出的快捷菜单中选择【编辑】命令，如图 9-1 所示(此模型文件见随书光盘中的 "\ch09\09example-1.prt")。系统会在图形显示区显示该特征的所有尺寸，双击尺寸文本，进入编辑状态，修改数值后按<Enter>键确定，如图 9-2 所示。

图 9-1　在模型树中选择要修改的特征

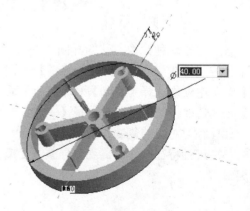

图 9-2　修改特征尺寸

提示：在工作区中双击要编辑的特征，同样可以对特征尺寸进行编辑修改，但是修改后的特征尺寸不会立即更新，需要在菜单栏中选择【编辑】→【再生】命令，模型才会被更新。

9.1.2 编辑参照

在特征的定义过程中需要定义各种参照，参照可以是用作草图平面的零件表面，也可以是为了定位选择的基准轴。由于特征之间存在父子关系，父特征发生修改时，可能影响到子特征，这取决于创建子特征需要的参照是否发生了变化。如果父特征被删除或隐含，则子特征也将被删除或隐含。要在建模的过程中避免这种情况发生，改变参照是一种解决方案。

例如，一个三角形拉伸特征创建在基准平面"DTM1"上，而"DTM1"是创建在圆柱拉伸特征的基础上，如图9-3所示。

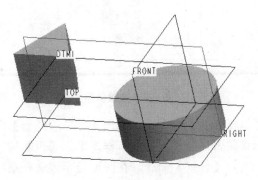

图9-3 关联的拉伸特征

当要删除基准平面"DTM1"时，被影响的特征的边界将以绿色表示，在导航区的【模型树】列表中也将以高亮度显示，如图9-4所示。

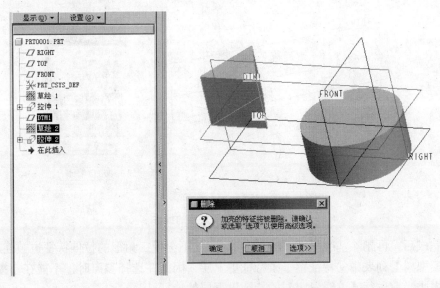

图9-4 删除基准平面DTM1

确定被影响的特征后，就可以对其参照进行修改，如图 9-5 所示。

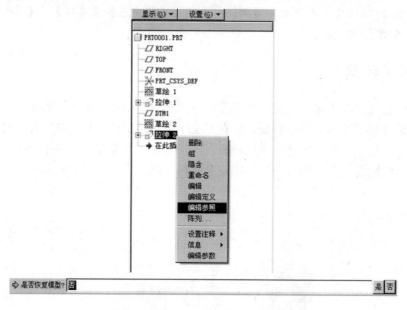

图 9-5　编辑参照

在快捷菜单中选择【编辑参照】命令后，弹出【菜单管理器】之【重定参照】菜单，并在图形显示区的下方显示【是否恢复模型】文本框，单击【否】按钮，【菜单管理器】中将显示【重定参照】菜单，选择【替换】命令，在图形显示区选择圆柱拉伸特征的顶面作为取代的平面，然后选择三次【相同参考】命令，如图 9-6 所示。

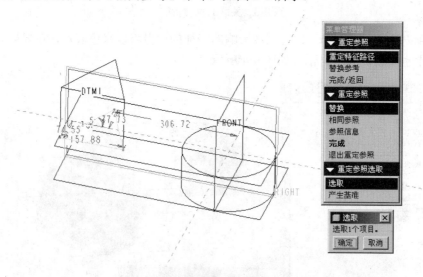

图 9-6　取消父子关系的操作

修改完成后，再删除基准平面"DTM1"时，就不会使三角形的拉伸特征也被连带删除。由于在【模型树】列表中父特征位于子特征更上层，因此在选择参照时，不能在【模型树】列表中选中比当前进行【编辑参照】的特征更下层的特征。

9.1.3　编辑定义

用来对特征的定义进行修改，基本上相当于对特征进行重新建构，在修改的过程中，对需要修改的参数或参照进行修改。在【模型树】列表中右击要修改的模型特征，在弹出的快捷菜单中选择【编辑定义】命令，工作区将变为与创建该特征时相同的界面，可以对特征重新进行完全定义，不但可以修改特征的尺寸，还可以修改特征的其他参数。当用户完成修改退出界面时，系统会自动再生模型。

对于编辑定义后的模型特征再生，应注意以下几点。

（1）如果放弃特征编辑定义，则系统不会进行模型特征的再生，零件将恢复原状。

（2）没有外部参照的特征从第一个修改的特征开始再生，该特征不是被编辑定义或定义路径的特征。

（3）编辑定义特征截面时，可能需要对被替换的参照边或曲面的子特征进行编辑定义或重定义路径。

（4）除了包含【编辑】和【编辑参考】功能，它还能够修改特征的其他参数。例如，将【拉伸为实体】改为【拉伸为曲面】、将【增加材料】改为【去除材料】等。

（5）对于某个特征进行特征的编辑定义时，在屏幕上将只显示在【模型树】列表中的这个特征以上的特征，而在这个特征以下的特征则不显示。

9.1.4　重新排序

如果特征与特征之间没有父子关系，那么这两个特征在【模型树】列表中的顺序可调。在以下情况中，可能需要对特征进行重新排序。

（1）因为某些特征的作用范围，只能涵盖【模型树】列表中在它以上的其他特征，因此可能要在【模型树】列表中调整特征的位置，以改变其作用的范围。

（2）要参照的特征位于【模型树】列表的下方，所以要调整特征在【模型树】列表中的位置。由于父特征在【模型树】列表中始终位于子特征之上，因此当子特征被拖动时，父特征也会自动进行移动，以保持其位于子特征之上。

（3）直接在【模型树】列表中将特定的特征拖到合适的位置上。

（4）在菜单栏中选择【编辑】→【特征操作】命令，在弹出的【菜单管理器】之【特征】菜单中选择【重新排序】命令。

9.1.5　删除、隐含和恢复

Pro/ENGINEER Wildfire 允许用户对产生的特征进行隐含或删除操作。隐含的特征就相当于将特征从模型中临时删除，可通过恢复命令进行恢复；而删除的特征将不可恢复。在【模型树】列表中右击要修改的模型特征，在弹出的快捷菜单中选择【隐含】命令，如图 9-7所示。

单击【隐含】命令后，弹出【隐含】对话框，如图 9-8 所示。

单击【确定】按钮可以完成隐含操作。单击【取消】按钮可以取消对特征的隐含操作。

单击【选项】按钮，弹出【子项处理】对话框，在其中可以对将要隐含特征的子特征是否隐含进行设置，若在【状态】栏中选择【隐含】，则子特征将随父特征一起隐含；若在【状态】栏中选择【挂起】，则子特征将不会被隐含，如图 9-9 所示。

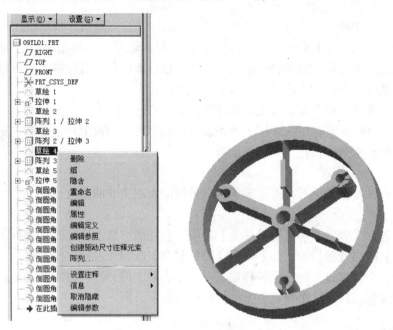

图 9-7　选择要隐含的拉伸特征

图 9-8　【隐含】对话框

图 9-9　【子项处理】对话框

【隐含】操作后的模型树和零件模型如图 9-10 所示。

图 9-10　隐含草绘特征

同样，在装配模式中也可以隐含或恢复元件。隐含特征不是删除特征，删除特征是彻底在模型中删除该特征，隐含特征只是暂时不显示某特征，它们的共同点是都会对子特征产生影响。

对特征进行隐含的作用包括以下几点。

(1) 隐含某个特征，在该特征之前添加新特征。

(2) 在【零件】模式下，零件中的某些复杂特征，如高级圆角、数组复制(阵列)等，这些特征的产生与显示通常会占据较多系统资源，将其隐含可以节省模型再生或刷新的时间。

(3) 使用组件模块进行装配时，使用【隐含】命令隐含装配件中复杂的特征可减少模型再生时间。

(4) 通过隐含、隐藏其他特征，使当前工作区只显示目前的操作状态，便于当前设计工作的开展。

> **提示**：如果隐含或删除的特征具有子特征，则隐含或删除特征后，其相应的子特征也随之隐含或删除。若不想隐含或删除子特征，则可通过在菜单栏中选择【编辑】→【参照】命令，重新设定特征的参照，解除特征间的父子关系。

隐含特征后的【模型树】列表将不显示特征的图标，如果想查看隐含的特征，可以在导航区【模型树】选项卡的菜单栏中选择【设置】→【树过滤器】命令，如图 9-11 所示，弹出【模型树项目】对话框，勾选【隐含的对象】复选框进行控制，如图 9-12 所示。

勾选【隐含的对象】复选框后，【模型树】列表中显示出已隐含的特征。要注意的是，虽然【模型树】列表中显示出了被隐含的特征，但是图形显示区中的模型特征并不显示该特征。在【模型树】列表中右击被隐含的特征，在弹出的快捷菜单中选择【恢复】命令，就可以恢复被隐含的特征，如图 9-13 所示。

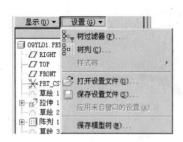

图 9-11 选择【树过滤器】命令

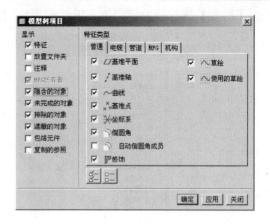

图 9-12 【模型树项目】对话框

图 9-13 恢复隐含特征

若要删除特征，是要在【模型树】列表中右击想要删除的特征，在弹出的快捷菜单中选择【删除】命令，就可永久删除特征。

注意：
- 与其他特征不同，基本特征不能隐含。如果对基本(第一个)特征不满意，可以重新定义特征剖面，或将其删除并重新开始。
- 如果父特征通过修改，则被隐含的特征在恢复时，可能由于参照的变化而改变，有时甚至会导致恢复失败。
- 如果删除的特征有子特征，则子特征将一起被删除，但可以通过复位参照来保存子特征。通常，在选择【再生】命令时，Pro/ENGINEER 会再生从第一修改特征或外部参照的第一特征开始的所有特征。而在删除操作期间，当计算从何处开始再生过程时，Pro/ENGINEER 不会考虑具有外部参照的特征。

9.1.6 特征信息的查询

在 Pro/ENGINEER 中，特征和模型信息可以显示在软件的浏览器中，如图 9-14 所示。

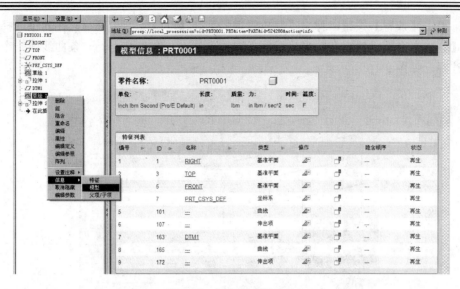

图 9-14　特征信息的查询

9.1.7　特征的注释

模型注释是可以附加到对象的字符串中，并且可以将任意数量的注释附加到模型的任意对象中。当将注释附加到对象后，该对象将成为此注释的父对象。删除父对象时，所有的子注释将随之一同删除。可以使用模型注释来做以下的事情。

● 告诉工作组中的其他成员如何检查或使用已经创建的模型。
● 说明如何在定义模型特征时处理或解决设计问题。
● 说明对模型特征所做的改变。

创建注释的操作方法如下。

（1）在【模型树】列表中右击需要注释的特征，在弹出的快捷菜单中选择【设置注释】→【特征】命令，在弹出的【注释】对话框的【文字】文本框中填写注释的内容，如图 9-15 所示。

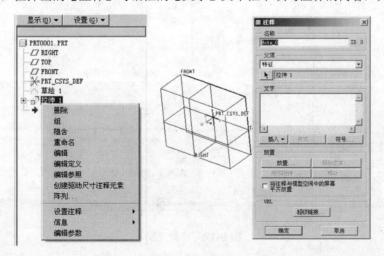

图 9-15　设置注释

(2) 单击【放置】按钮，弹出【菜单管理器】之【注释类型】菜单，在其中选择【带引线】和【完成】命令，然后在图形显示区选取一个边、一个基准点、一条曲线或一个顶点用以放置注释，如图 9-16 所示。

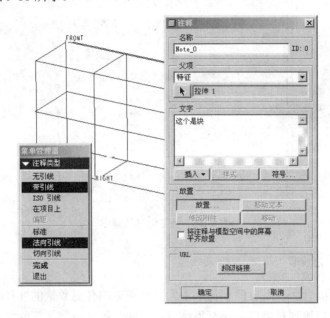

图 9-16　放置注释

(3) 在【注释】对话框中单击【移动】按钮，可以重新摆放注释的位置，如图 9-17 所示。

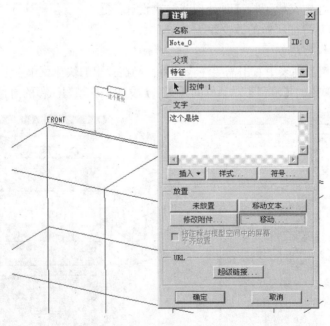

图 9-17　移动注释

(4) 单击【注释】对话框中的【确定】按钮完成注释的创建，如图 9-18 所示。

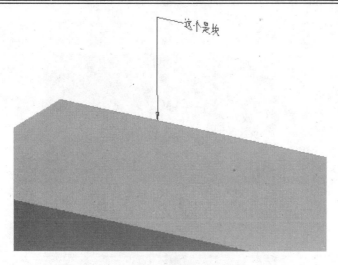

图 9-18 注释创建结果

9.2 解决特征失败

在父特征改变之后，子特征将有可能失去基准或参照，而使系统出现错误提示。在建模后的修改过程中，经常会遇到这类问题。为此需要了解特征失败的解决方案，尽量减少修改时间和不必要的损失。要演示的图例如图 9-19 所示（此模型文件见随书光盘中的 "\ch09\09example-2.prt"）。

图 9-19 文件 "09example-2.prt"

筋特征是建立在特征 "拉伸 2" 上的，当缩减中心圆柱的直径时，就可能因为参照特征变更而出错。把中心圆柱的直径从 "15" 减为 "12" 时，出现错误，如图 9-20 所示。

修改后，重新生成特征时出现错误，如图 9-21 所示。

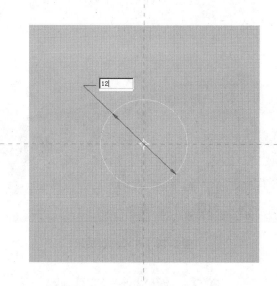

图 9-20 修改直径尺寸

图 9-21 发生错误

在【菜单管理器】的【求解特征】菜单中选择【取消更改】命令，可以还原未更改以前的样子。若无从改起，或是想跳出此错误窗口，可以选择【删除】命令。

在【菜单管理器】的【求解特征】菜单中选择【快速修复】和【重定义】命令，将"7.5"修改为"6"，如图 9-22 所示。

单击【Yes(确认)】完成特征的修改，如图 9-23 所示。

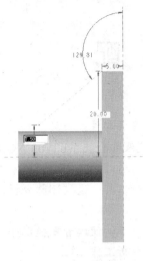

图 9-22 修复模型

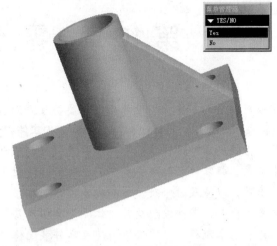

图 9-23 特征修改结果

注意：
● 有时可能出现错误的子特征有多个，在解决一个之后，第二个特征错误的提示会立即出现。因此，在解决之前要先了解详细的错误信息。

● 并不是所有的错误都可以修复。有时会因为父特征更改过大，而导致子特征无法修复。此时可以在【菜单管理器】之【求解特征】的菜单中选择【快速修复】命令，在弹出的【快速修复】菜单中选择【隐含】、【修剪隐含】或【删除】命令退出，再使用跟踪文件来找回部分图形。

　　Pro/ENGINEER 采用的是关系型特征参照架构，当修改一个零件时，包含此零件的组件文件和工程图都会因关联而自动修改。当要从这个层层叠加的参照中删除一个时，建筑于其上的子特征就受到牵连。而且删除的对象越接近底层，受牵连的就越多。因此要在一般的零件图中完全避免这类错误的发生，是不可能的。使用以下技巧可以尽可能地避免特征错误的发生。

　　(1) 慎选草绘参照面。只要是以后有可能变动的地方，不到万不得已不要选已建实体的面来作为草绘面，而使用自定义基准面的方式来取代。

　　(2) 慎选参照。进入草绘后还要定参照。同理，尽量不要拿关键实体的边或面来作为参照，而以自绘的中心线，或是加以约束(如对齐、对称、等长/等径、相切等)来绘制草图。

9.3 练 习 题

　　(1) 如何编辑特征？
　　(2) 进行特征排序操作在建模中有何意义？想一想进行特征排序操作的具体方法？
　　(3) 理解特征隐含、特征恢复和删除特征的含义及具体操作方法，并说一说进行特征隐含操作在建模中有何意义？
　　(4) 出现特征失败时应该如何处理？

第10章 零件装配

完成产品全部零件模型设计后，需要将独立的零件模型装配成部件或产品。在装配过程中，为将每个零件固定在装配体上，需要定义零件模型间的位置及配合关系。Pro/ENGINEER 除了具有很强的零件设计功能外，还具有较强的装配设计功能。通过定义每个模型零件之间的约束关系，将零件装配成完整产品，同时还提供了装配体分析工具，通过测量分析，可检查元件干涉，以便及时修改，从而提高设计效率。

本章主要介绍零件装配及装配体测量分析的基本方法，通过实例使读者掌握零件装配的基本知识和基本流程，以便快速地建立零件装配体并开展相关分析工作。

10.1 装配概述

10.1.1 装配环境

1. 新建装配文件

在菜单栏中选择【文件】→【新建】命令，或单击工具栏中的【新建】按钮 □，弹出【新建】对话框，如图 10-1 所示。点选【组件】单选钮，在【名称】文本框中输入文件名，取消【使用缺省模板】复选框的勾选，单击【确定】按钮，弹出【新文件选项】对话框，如图 10-2 所示。在列表框中选择【mmns_asm_design】选项，单击【确定】按钮，进入装配环境，如图 10-3 所示。

图 10-1 【新建】对话框

图 10-2 装配模板选择

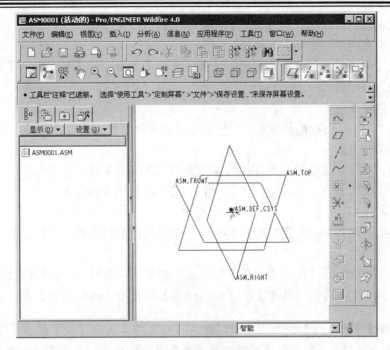

图 10-3 创建装配文件

提示：装配模型模板选择与零件设计时模板选择类似，可用于定义模型的视图方向及进行必要参数设置，使用模板文件可以方便装配模型的操作。

在装配环境下，系统创建了装配基准坐标系"ASM_DEF_CSYS"，以及"ASM_FRONT"、"ASM_TOP"和"ASM_RIGHT" 3 个装配基准面，可作为用户装配的参照对象。

2. 定义约束

在菜单栏中选择【插入】→【元件】→【装配】命令，或单击【工程特征】工具栏中的【装配】按钮，在弹出的【打开】对话框中选择需要添加的元件后，即可将该元件模型添加到系统图形显示区中，同时在图形显示区的上方弹出【约束定义】操控面板，如图 10-4 所示。

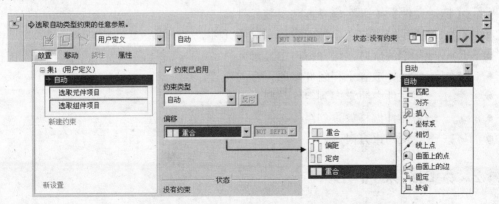

图 10-4 Pro/ENGINEER 装配环境下的【约束定义】操控面板

在【约束定义】操控面板的【放置】面板中可执行以下操作。

（1）选择约束类型

用户可从【约束类型】下拉列表框中选择所需约束类型，如【匹配】、【对齐】和【插入】等，各约束类型的详细说明见后。

（2）选择约束参照

选定约束类型后，可根据约束要求，分别选择元件和组件上的点、线或面作为约束参照。

（3）定义偏移参数

选择了约束参照，需要定义元件和组件约束参照之间的偏移，在【偏移】下拉列表框中共有 3 种参数定义方式可供选择，即【重合】、【定向】和【偏距】。

（4）启用约束

用户可根据装配需要，勾选或取消勾选【约束已启用】复选框，决定是否启用该约束。

（5）查看约束状态

在约束定义过程中，【约束定义】操控面板中的状态栏实时反映元件约束状态及错误信息，如【没有约束】、【部分约束】、【完全约束】和【组件连接失败】等。

> 提示：在【约束定义】操控面板中，默认【指定约束时在窗口中显示元件】按钮 处于激活状态，即在组件窗口中显示元件并指定约束。单击【指定约束时在单独窗口中显示元件】按钮 ，则弹出独立窗口，单独显示该步骤中需要装配的元件，为定义复杂装配体中的约束提供了方便。

通过完成装配元件的相关约束定义，单击【约束定义】操控面板中的【确定】按钮 ，便完成了该元件的放置操作。针对不同零部件分别进行操作后，即可完成包含多个元件的复杂产品装配。

3. 常用按钮

装配环境中常用按钮的功能如下：

- 【装配】按钮 ——将元件添加到组件。
- 【创建】按钮 ——在组件模式下创建元件。
- 【拖动元件】按钮 ——拖动封装元件。
- ——指定约束时在单独的窗口中显示元件。
- ——指定约束时在组件窗口中显示元件。
- ——将元件放置于和组件参照重合的位置。
- ——将元件参照定向到组件参照。
- ——将元件偏移放置到组件参照。
- ——改变约束方向。

10.1.2 装配约束

在 Pro/ENGINEER 中，为与实际装配情况相符，装配设计过程中需要对零部件进行装配约束定义，如匹配、插入等，以保证元件与组件相对位置的正确性，系统将根据用户定义的装配约束关系进行元件定位,因此进行装配约束定义是 Pro/ENGINEER 装配设计的关键环节。下面对常用的装配约束类型及操作方法分别进行介绍。

1. 匹配

【匹配】约束用于对元件曲面(或基准平面)和组件曲面(或基准平面)进行约束,使其正法线方向相反,即面面相对,用户可定义 3 种偏移类型,即重合、定向和偏距。重合匹配如图 10-5 所示。

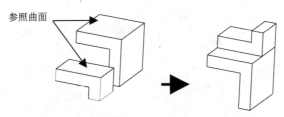

图 10-5　【匹配】约束定义——重合匹配

📝 提示：　【重合】——面与面完全贴合。

　　　　　【定向】——仅约束方向,无距离约束。

　　　　　【偏距】——指定面与面之间距离。

2. 对齐

【对齐】约束用于对元件与组件的点、线、面进行约束,与【匹配】约束不同,【对齐】约束的约束对象正法线方向相同,如图 10-6 所示。约束参照可选取模型顶点、曲线端点、模型边线、轴线、模型表面及基准平面,组成面面对齐、线线对齐或点点对齐,其中仅面面对齐可定义偏距。

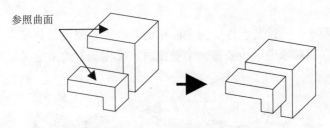

图 10-6　【对齐】约束定义——重合对齐

📝 提示：　在【约束定义】操控面板中单击【改变约束方向】按钮，或在【约束定义】操控面板的【放置】面板中单击【反向】按钮，会使曲面法向方向反转，即与匹配约束相同。

3. 插入

【插入】约束用于使元件与组件中的圆柱曲面同轴,作为参照的圆柱曲面不一定全是 360°曲面,两个参照曲面的半径可不相同。【插入】约束定义如图 10-7 所示。

4. 坐标系

【坐标系】约束用于使元件与组件坐标系自动对齐，即元件坐标系与组件坐标系的 X、Y、Z 轴完全对齐。分别选中元件与组件的参考坐标系，元件位置将自动改变并完全约束。【坐标系】约束定义如图 10-8 所示。

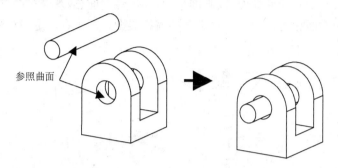

参照曲面

图 10-7 【插入】约束定义

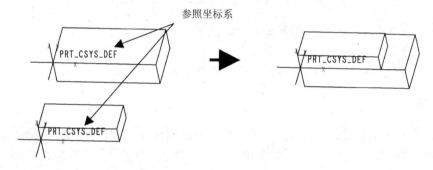

参照坐标系

图 10-8 【坐标系】约束定义

5. 相切

【相切】约束用于使元件与组件中的曲面相切，约束参照可以是模型中的曲面或基准平面，但选择的两个参照对象中至少要有一个是曲面。【相切】约束定义如图 10-9 所示。

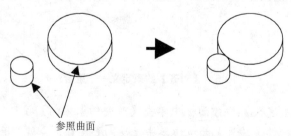

参照曲面

图 10-9 【相切】约束定义

6. 线上点

【线上点】约束用于使元件(或组件)上的基准点、顶点或曲线端点在组件(或元件)的轴线、边线或基准曲线上。【线上点】约束定义如图 10-10 所示。

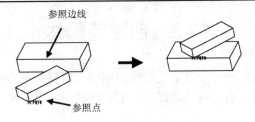

图 10-10　【线上点】约束定义

7. 曲面上的点

【曲面上的点】约束同【线上点】约束类似，用于使元件(或组件)上的基准点、顶点或曲线端点在组件(或元件)的曲面或基准面上。【曲面上的点】约束定义如图 10-11 所示。

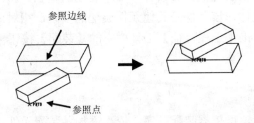

图 10-11　【曲面上的点】约束定义

8. 曲面上的边

【曲面上的边】约束用于使元件(或组件)上的直线边在组件(或元件)的曲面或基准面上。【曲面上的边】约束定义如图 10-12 所示。

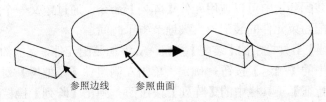

图 10-12　【曲面上的边】约束定义

9. 固定

【固定】约束用于固定元件和组件当前位置，进行完全约束。

10. 默认

【默认】约束用于将元件坐标系与系统创建的组件坐标系对齐。

注意： 元件若要实现准确定位，有时需要使用多个约束，可通过单击【约束定义】操控面板的【放置】面板中的【新设置】按钮来添加新约束。当定义的不同约束之间相互矛盾时，可通过右击约束名称，在弹出的快捷菜单中选择【删除】命令，增加合理约束条件来完成装配。

10.2　创建装配体

在装配环境中，若要完成一个复杂装配体的创建，需要对主装配体及各个元件进行装配约束定义，在进行约束定义的同时，还可以使用元件阵列、封装和移动等常用方法，帮助用户提高装配效率。

10.2.1　装配基本步骤

1. 添加主装配体

在产品装配过程中，主装配体是其余各个部件装配的基础。新建装配文件后，一般以第一个添加的元件为主装配体，该元件是其他元件装配的基础，相对于基准平面及其他元件不发生任何移动和转动。单击【工程特征】工具栏中的【装配】按钮，经过约束定义后，可完成主装配体的添加。

2. 添加其余装配元件

完成主装配体装配后，可依据装配顺序，依次添加各装配元件，装配元件既可以是单个的零件模型，也可以是装配子组件。经过约束定义后，可完成各装配元件的添加。

10.2.2　阵列元件

装配过程中，往往需要装配多个相同的元件。同零件设计过程类似，当多个元件按照一定规律分布时，在装配环境中可以使用元件【阵列】命令，通过定义一个元件约束，便可完成多个具有相同装配约束元件的装配，大大地节省了时间。

单击【工程特征】工具栏中的【装配】按钮，添加装配元件，完成约束定义后单击【约束定义】操控面板中的【确定】按钮确定。单击左侧组件【模型树】列表中新添加的装配元件，单击【编辑特征】工具栏中的【阵列】按钮，弹出【阵列】操控面板，定义方法与特征阵列方法类似，可定义【尺寸】、【方向】、【轴】及【参照】等阵列，具体操作可参见第 8 章。如图 10-13 所示为以阵列孔及平面为参照的装配元件阵列实例。

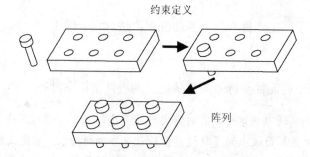

图 10-13　Pro/ENGINEER 装配模式【参照】阵列元件实例

10.2.3　封装元件

在进行装配过程中，有时会遇到暂时无法确定装配元件位置或不希望该元件定位受其他元件影响的情况，即非参数化装配，元件处于部分约束或不约束状态，则称该元件为封装元件或包装元件。进行封装元件定义主要有以下两种方式。

1. 菜单定义

在菜单栏中选择【插入】→【元件】→【封装】命令，弹出【菜单管理器】之【包装】菜单，可进行【添加】、【移动】、【固定位置】等操作。选择【添加】命令，可选择所需封装的元件，如图 10-14 所示。

图 10-14　【包装】菜单

2. 固定约束定义

除了上述方式外，单击【工程特征】工具栏中的【装配】按钮，添加装配元件时，在【约束类型】下拉列表框中选择【固定】选项可以限制元件全部自由度，元件将被固定于当前位置，不与其他元件相关联。定义后单击【约束定义】操控面板中的【确定】按钮✔确认。导航区模型树列表中将对该元件添加封装元件标识"□"，如图 10-15 所示。

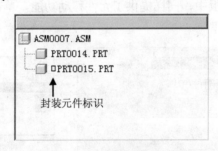

图 10-15　Pro/ENGINEER 装配模式封装元件标识

📝 **提示**：经过【包装】菜单定义的元件，若在菜单中选择【固定位置】和【完成】命令后，便不再是封装元件。若要对元件进行位置调整，则需要右击模型树列表中该元件名称，在弹出的快捷菜单中选择【编辑定义】命令，对其进行位置约束修改。

10.2.4　移动元件

在装配过程中，有时需要调整装配元件的位置，对元件进行移动。Pro/ENGINEER 装配模式下移动元件有如下两种途径。

1. 移动封装元件

通过上述菜单定义方式进行封装元件定义时，完成模型添加后，在【菜单管理器】的【包括】菜单中选择【确定】命令，弹出【移动】对话框，如图 10-16 所示。

图 10-16　　【移动】对话框

2. 移动装配元件

在【约束定义】操控面板中，同样提供了元件移动功能，单击【移动】按钮，弹出【移动】面板，如图 10-17 所示。

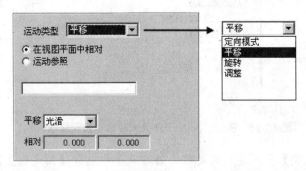

图 10-17　　【约束定义】操控面板中的【移动】面板

以上两种移动方法基本相同，其主要选项说明如下。

● 【运动类型】——可以分别选择【平移】、【旋转】和【调整】3 种运动类型，分别依据不同的运动参照进行移动。

● 【运动参照】——可以从列表或视图中选择方向参照，可以是视图平面也可以是组件或元件的某个点、线、面。

● 【位置】和【调整】——图 10-16 中的【位置】选项区和图 10-17 中的【运动类型】的【调整】选项均可在运动参照定义的基础上定义元件移动的相对位置。

10.2.5　设置组件颜色

为便于各个组件和元件清晰显示，可对组件颜色进行设置。在菜单栏中选择【视图】→【颜色和外观】命令，弹出【外观编辑器】对话框。在彩球选项区，选择颜色对象；在【指定】选项区，在【选择要应用外观的类型】下拉列表框中选择需要进行颜色设置的组件或元件，单击【应用】按钮完成模型颜色的更改；在【属性】选项区可以进行颜色属性微调，如图 10-18 所示。当装配元件众多时，为方便查看组件内部结构，常常需要将组件调整为透明显示，在【模型树】列表中右击元件名称，在弹出的快捷菜单中选择【激活】命令，该元件便呈透明显示，也可在【外观编辑器】对话框中选择【高级】选项卡对元件应用颜色的透明度进行调节。

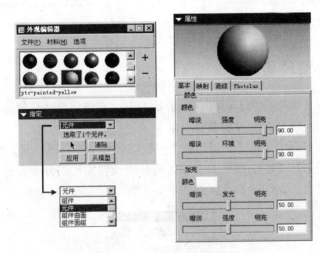

图 10-18　【外观编辑器】对话框

10.3　分 解 视 图

复杂组件完成装配后，内部结构不再清晰可见，通过 Pro/ENGINEER 装配设计模块的视图管理功能，可以创建装配组件的分解视图（又称爆炸图），定义元件分解位置，从而清晰显示模型结构，查看组件中各个元件位置状态，为实际装配工作提供方便。

10.3.1　创建分解视图

打开装配体文件后，在菜单栏中选择【视图】→【视图管理器】命令，弹出【视图管理器】对话框，选择【分解】选项卡，在【名称】列表框中显示默认设置，如图 10-19 所示。单击【新建】按钮，在弹出的文本框中输入名称，创建新的分解视图。在视图名称上右击，在弹出的快捷菜单中选择命令可将该视图设置为活动。单击【属性】按钮，弹出分解视图管理界面，如图 10-20 所示。单击【取消分解视图】按钮和【分解视图】按钮，可在分解视图与原始视图间进行切换。

图 10-19　【视图管理器】对话框的【分解】选项卡　　　　图 10-20　分解视图管理界面

10.3.2　修改分解位置

若分解视图选择【缺省分解】，则在分解状态下，系统将自动分解各个元件，但往往不能满足用户要求，因此需要对元件的具体分解位置进行调整。

在分解视图管理界面中单击【编辑位置】按钮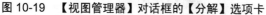，弹出【分解位置】对话框，如图 10-21 所示。在【运动类型】和【运动参照】选项区可分别设置元件的分解方法和参照，在【运动增量】选项区可设置具体运动参数，详细说明如下。

图 10-21　【分解位置】对话框

1. 运动类型

【运动类型】主要包括【平移】、【复制位置】、【缺省分解】和【重置】4 种。

- 【平移】——点选该单选钮，则对视图中的元件进行平移操作，指定【运动参照】后，选定元件沿运动参照方向移动。
- 【复制】——点选该单选钮，则复制已定义分解元件的分解操作。

- 　【缺省分解】——点选该单选钮，则系统自动设置分解位置，可应用于简单结构组件中以实现快速分解。
- 　【重置】——点选该单选钮，则将选定元件恢复至初始位置，可连续选择多个元件。

2. 运动参照

【运动参照】主要包括【视图平面】、【选取平面】、【图元/边】、【平面法向】、【2点】和【坐标系】6 个选项。

- 　【视图平面】——使元件以视图平面为运动参照。
- 　【选取平面】——使元件以所选取的平面为运动参照。
- 　【图元/边】——使元件以轴线或模型边线为运动参照。
- 　【平面法向】——使元件以选定平面的法向为运动参照。
- 　【2 点】——使元件以 2 点连线为运动参照。
- 　【坐标系】——使元件以选定坐标轴为运动参照。

10.3.3　定义偏移线

在创建分解视图过程中，为了更好地表示各分解部件间的关系，装配模块还提供了定义偏移线的功能。

在分解视图管理界面中，单击【创建】按钮，系统弹出【菜单管理器】之【图元选取】菜单以定义偏移线，如图 10-22 所示。分别选择要建立偏移线的两个元件的参照，即可创建偏移线。单击【创建】按钮右侧的按钮，选择下拉列表中的不同按钮，可对偏移线进行编辑、删除等操作，各按钮具体含义如下。

- 　【创建】按钮——创建分解偏移线。
- 　【修改】按钮——重定义偏移线。
- 　【删除】按钮——删除偏移线。
- 　【修改线体】按钮——修改偏移线线体，如图 10-23 所示。
- 　【设置缺省线体】按钮——设置将被用于新偏移线的缺省线体。

图 10-22　【图元选取】菜单　　　　　图 10-23　偏距线【线体】对话框

10.3.4　保存分解视图

完成分解位置定义后，在分解视图管理界面中单击【返回】按钮，然后单击【显示】按钮，在下拉列表框中选择【添加列】命令，在【模型树】列表中便添加分解视图列，可单独切换元件分解状态。

在【视图管理器】对话框的【分解】选项卡中单击【编辑】按钮，在下拉列表框中选择【保存】命令，便可保存当前分解视图，保存组件模型文件时，分解视图信息也将被保存在组件文件中。

10.4　装配体干涉分析

在实际装配过程中，如果零件设计尺寸有误，则会在零件之间发生干涉，这是在传统设计过程中经常出现的问题。Pro/ENGINEER 提供的测量及分析功能，作为装配设计的重要工具，能够直观反映各装配元件间是否存在干涉，为设计人员提供修改依据。

10.4.1　基本测量方法

进行装配体分析之前，首先需要掌握 Pro/ENGINEER 提供的基本测量方法，主要包括以下 6 种。

1. 距离

【距离】测量工具可以对两基本图元间的距离进行测量。选择基本图元后，可以选择各种其他图元测量从它开始的许多距离，计算关于第一个图元的所有距离，直到重新开始测量过程。

在菜单栏中选择【分析】→【测量】→【距离】命令，弹出【距离】对话框，如图 10-24 所示。在图形显示区选定被测图元后，测量结果显示在对话框的【分析】选项卡的信息窗口中。在下方的下拉列表框中将【快速】选项更改为【特征】选项，可在【特征】选项卡中查看或编辑相关特征，如图 10-25 所示。单击【重复当前的分析】按钮 ，可重新开始分析。

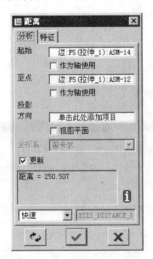

图 10-24　【距离】测量结果显示　　　　图 10-25　【距离】测量特征信息

2. 长度

【长度】测量工具可以对所选边或曲线的长度或者曲线链或边链的长度进行测量。

在菜单栏中选择【分析】→【测量】→【长度】命令，弹出【长度】对话框。在图形显示区直接选择待测边线或曲线，长度测量结果显示在【分析】选项卡的信息窗口中，如图 10-26 所示。在下方的下拉列表框中将【快速】选项更改为【特征】选项，可在【特征】选项卡中查看被测特征的相关信息并可对其进行编辑，如图 10-27 所示。

图 10-26　【长度】测量结果显示

图 10-27　【长度】测量特征信息

3. 角

【角】测量工具可以测量两个图元之间的角度。图元可以选择轴、平面曲线、平面非线性边、平面或基准平面。

在菜单栏中选择【分析】→【测量】→【角】命令，弹出【角】对话框。在图形显示区选择待测图元，获得图元间的角度，再分别选择角度测量参照，得到的测量结果如图 10-28 所示。在下方的下拉列表框中将【快速】选项更改为【特征】选项，可在【特征】选项卡中查看相关特征信息，如图 10-29 所示。

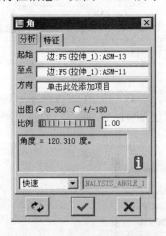

图 10-28　【角】测量结果显示

图 10-29　【角】测量特征信息

4. 区域

【区域】测量工具可以对零件任意曲面的面积或面组的面积进行测量，同样也可测量曲面的投影面积。【区域】测量结果显示及【区域】测量特征信息分别如图 10-30 和图 10-31 所示。

图 10-30 【区域】测量结果显示　　　　　　　图 10-31 【区域】测量特征信息

5. 直径

【直径】测量工具可以测量由旋转草绘图元、拉伸圆弧或圆而创建的任意零件曲面的直径。

除了直接选择圆弧或圆弧曲面测量其直径外，还可选择圆弧曲面上的点，【直径】测量结果显示及【直径】测量特征信息分别如图 10-32 和图 10-33 所示。

图 10-32 【直径】测量结果显示　　　　　　　图 10-33 【直径】测量特征信息

6. 转换

【转换】测量工具可以生成一个包含两个坐标系之间的转换矩阵的转换文件。

选择坐标系作为测量对象，【转换】测量结果显示如图 10-34 所示，由一个单位矩阵和一个 3×1 矩阵组成。

图 10-34 【转换】测量结果显示

10.4.2 干涉检测与分析

Pro/ENGINEER 提供两种装配干涉及分析工具——全局间隙分析和全局干涉分析，分别计算装配体各元件间的间隙大小及干涉情况。通过间隙分析及干涉检测，设计人员可以及时对干涉部分进行修改。

1. 全局间隙分析

全局间隙分析可计算装配体中各个元件或子组件间的间隙。在菜单栏中选择【分析】→【模型】→【全局间隙】命令，弹出【全局间隙】对话框，如图 10-35 所示。在图形显示区选择间隙检测对象，在【间隙】下拉列表框中输入间隙数值，单击【计算当前分析以供预览】按钮 ⊙⊙，当被检测元件间有间隙小于或等于该间隙值时，结果高亮显示在图形显示区中，同时显示在对话框的信息窗口中。

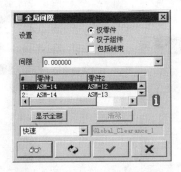

图 10-35 【全局间隙】测量定义

2. 全局干涉分析

全局干涉分析是对整个装配体内部的各元件之间是否存在干涉现象进行检测。在菜单栏中选择【分析】→【模型】→【全局干涉】命令，弹出【全局干涉】对话框，如图 10-36 所示。通过设置干涉检测对象，单击【计算当前分析以供预览】按钮 ⊙⊙，元件间干涉的部分将高亮显示在图形显示区中，在对话框下方的下拉列表框中将【快速】选项更改为【特征】选项，在【特征】选项卡中可查看特征信息，如图 10-37 所示。

图 10-36 【全局干涉】测量结果显示

图 10-37 【全局干涉】测量特征信息

10.5　基于装配环境的零件设计

在 Pro/ENGINEER 中进行装配设计时，可以添加已经设计好的元件，也可以在装配环境中根据设计需要进行基于装配环境的零件设计，创建需要的元件。下面说明在装配环境中创建零件的方法。

在菜单栏中选择【插入】→【元件】→【创建】命令，或者单击【工程特征】工具栏中的【创建】按钮，弹出【元件创建】对话框，如图 10-38 所示，与【新建】对话框类似，可选择创建的零件【类型】及【子类型】。单击【确定】按钮，弹出【创建选项】对话框，如图 10-39 所示，共有 4 种【创建方法】，即【复制现有】、【定位缺省基准】、【空】和【创建特征】。

图 10-38　【元件创建】对话框　　　　　　图 10-39　【创建选项】对话框

- 【复制现有】——点选该单选钮，可以复制已有零件模型。单击【浏览】按钮选择所需元件，完成选择后模型名称出现在【复制自】文本框中，单击【确定】按钮，完成元件创建。若勾选【不放置元件】复选框，该元件将不显示在视图窗口中，用户需单独定义其约束。

- 【定位缺省基准】——点选该单选钮，显示【定位基准的方法】选项区，首先创建定位基准，在所创建的定位基准基础上进一步创建元件。在【定位基准的方法】选项区有三个单选钮，分别是【三平面】、【轴垂直于平面】和【对齐坐标系与坐标系】。如果点选【三平面】单选钮，可在图形显示区分别选择装配环境中的三个平面作为新建元件的基准平面，分别命名为"DTM1"、"DTM2"和"DTM3"，然后在菜单栏中选择【插入】命令，在基准平面上可进一步创建元件。

- 【空】——点选该单选钮，将创建一个空文件，用户可在其基础上进行编辑操作。

- 【创建特征】——点选该单选钮，将以组件中的基准特征为参照，可在装配环境中直接插入新的特征。

10.6 实例训练

 例：夹具装配

本节通过常用的偏心夹紧件的装配强化对使用 Pro/ENGINEER 进行组件装配的操作能力，同时加深对 Pro/ENGINEER 装配设计过程的认识。本实例所用模型文件见随书光盘"ch10"文件夹。

1. 创建装配文件

在菜单栏中选择【文件】→【新建】命令，或单击工具栏中的【新建】按钮，弹出【新建】对话框，点选【细件】单选钮，在【名称】文本框中输入"AssemblyExample1"，取消【使用缺省模板】复选框的勾选，单击【确定】按钮，在弹出的【新文件选项】对话框中选择【mmns_asm_design】模板，单击【确定】按钮进入装配环境。

2. 添加主装配体

单击【工程特征】工具栏中的【装配】按钮，在弹出的【打开】对话框中选择"base_part.prt"文件，则该零件显示在装配环境中。单击【约束定义】操控面板中的【放置】按钮，建立 3 个【约束类型】均为【对齐】的约束，元件/组件约束对象分别为 "TOP" / "ASM_TOP"、"RIGHT" / "ASM_RIGHT" 和 "FRONT" / "ASM_FRONT"，【偏移】均设置为【重合】。完成约束定义后，状态栏提示【完全约束】，单击【确定】按钮，完成主装配体的添加，如图 10-40 所示。

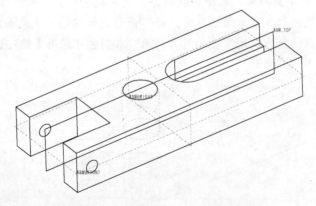

图 10-40　夹具装配——添加主装配体

3. 添加偏心旋转元件

（1）单击【工程特征】工具栏中的【装配】按钮，在弹出的【打开】对话框中选择偏心旋转元件 "upper_part_1.prt"。单击【约束定义】操控面板中的【放置】按钮，在【放置】面板中将【约束类型】设置为【匹配】，【偏移】设置为【重合】，在图形显示区分别选择偏心旋转元件表面及主装配体表面作为约束对象，如图 10-41 所示。

（2）单击【新建约束】按钮，添加约束，【约束类型】设置为【对齐】约束，在图形显示区分别选择偏心旋转元件内孔轴线和主装配体螺纹孔轴线，对元件进行轴对齐约束，如图10-42 所示。

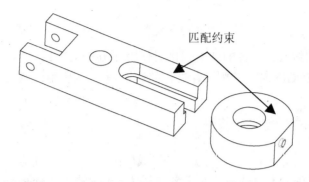

图 10-41　夹具装配——偏心旋转元件【匹配】约束定义

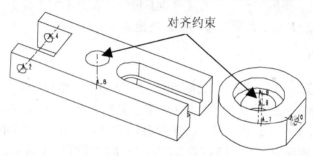

图 10-42　夹具装配——偏心旋转元件【对齐】约束定义

提示：添加【对齐】约束，选择轴线对齐，是实现轴对齐约束最常用的方法，但针对轴线无法选取或不方便选取时，还可通过选择同轴内孔表面定义【插入】约束，同样可以快捷方便地实现轴对齐约束。本例也可采用【插入】约束，参照曲面定义如图10-43 所示。

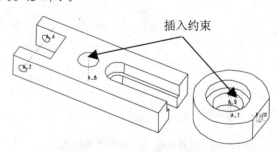

图 10-43　夹具装配——偏心旋转元件【插入】约束定义

（3）【匹配】、【插入】约束定义完成后，可对偏心旋转元件的方向进行调整。在未夹紧状态下，偏心旋转元件端面和主装配体端面基本平行。

（4）单击【新建约束】按钮，添加【约束类型】为【对齐】的约束，【偏距】设置为【定向】，分别选择对应表面，对元件进行定向约束，如图10-44 所示。

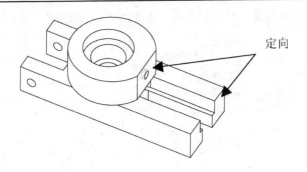

图 10-44　夹具装配——偏心旋转元件【定向】约束定义

4. 添加连接螺栓

(1) 单击【工程特征】工具栏中的【装配】按钮，在弹出的【打开】对话框中选择连接螺栓元件"connecting_part_1.prt"。在【约束定义】操控面板的【放置】面板中添加约束，【约束类型】设置为【匹配】，【偏距】设置为【重合】，在图形显示区选择螺栓与偏心旋转元件的接触面组作为约束对象。

(2) 单击【新建约束】按钮，添加【插入】约束，在图形显示区分别选择偏心旋转元件内孔表面和连接螺栓圆柱表面，对元件进行轴对齐约束。各约束定义如图 10-45 所示。

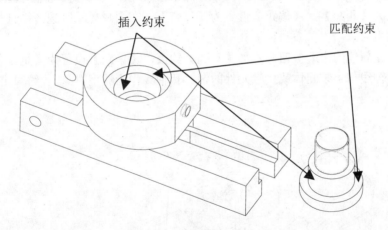

图 10-45　夹具装配——连接螺栓【匹配】、【插入】约束定义

5. 添加接触元件

(1) 单击【工程特征】工具栏中的【装配】按钮，在弹出的【打开】对话框中选择接触元件"upper_part_2.prt"。在【约束定义】操控面板的【放置】面板中添加约束，【约束类型】设置为【对齐】，【偏距】设置为【重合】，在图形显示区分别选择接触元件的"FRONT"基准面和主装配体的"TOP"基准面作为约束对象。

(2) 单击【新建约束】按钮，添加【对齐】约束，【偏距】设置为【重合】，在图形显示区分别选择接触元件的销钉孔轴线和主装配体的销钉孔轴线作为约束对象。

(3) 单击【新建约束】按钮，添加【相切】约束，在图形显示区分别选择接触元件弧形曲面和偏心旋转面作为约束对象。轴对齐约束和相切约束定义如图 10-46 所示。

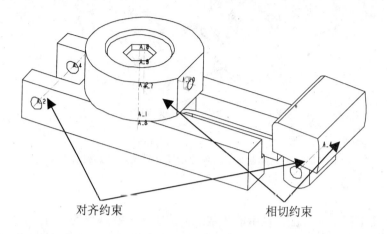

对齐约束   相切约束

图 10-46　夹具装配——接触元件【对齐】、【相切】约束定义

6. 添加销钉元件

（1）单击【工程特征】工具栏中的【装配】按钮 ，在弹出的【打开】对话框中选择销钉元件 "connecting_part_2.prt"。在【约束定义】操控面板的【放置】面板中添加约束，【约束类型】设置为【匹配】，【偏距】设置为【重合】，在图形显示区选择销钉与主装配体的接触面作为约束对象。

（2）单击【新建约束】按钮，添加【对齐】约束，【偏距】设置为【重合】，在图形显示区选择销钉轴线与主装配体或接触元件的销钉孔轴线作为约束对象。各约束定义如图 10-47 所示。

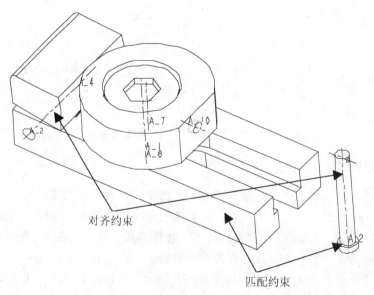

对齐约束

匹配约束

图 10-47　夹具装配——销钉元件【匹配】、【对齐】约束定义

7. 添加手柄元件

（1）单击【工程特征】工具栏中的【装配】按钮，在弹出的【打开】对话框中选择手柄杆部元件"upper_part_3.prt"。在【约束定义】操控面板的【放置】面板中添加约束，【约束类型】设置为【匹配】，【偏距】设置为【重合】，在图形显示区选择手柄杆部与主装配体的接触面作为约束对象。单击【新建约束】按钮，添加【插入】约束，在图形显示区选择手柄杆部与偏心旋转元件的螺纹连接曲面作为约束对象。约束定义如图 10-48 所示。

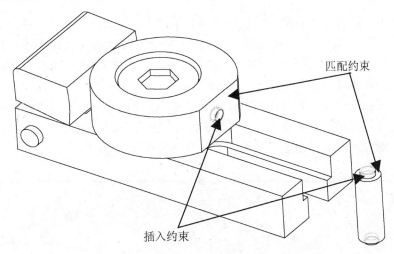

图 10-48　夹具装配——手柄杆部元件【匹配】、【插入】约束定义

（2）单击【工程特征】工具栏中的【装配】按钮，在弹出的【打开】对话框中选择手柄端部元件"upper_part_4.prt"。约束定义方式与手柄杆部元件的约束定义相同，分别定义【匹配】和【插入】约束即可。完成装配后的夹具组件如图 10-49 所示。

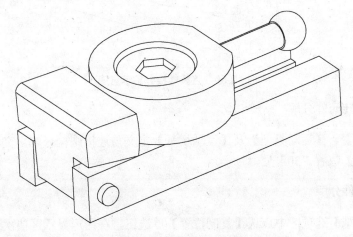

图 10-49　夹具装配完成

8. 创建分解视图

（1）在菜单栏中选择【视图】→【视图管理器】命令，弹出【视图管理器】对话框，在

【分解】选项卡中新建名为"Exp0001"的分解视图，单击【属性】按钮，弹出分解视图管理界面。

（2）确定当前视图为分解状态，即分解视图管理界面中状态切换按钮显示为【取消分解视图】按钮，单击【编辑位置】按钮，在弹出的【分解位置】对话框中开始分解位置定义。

9. 连接螺栓分解

（1）在【分解位置】对话框的【运动参照】下拉列表框中选择【平面法向】选项，【运动参照】选择基体元件(base_part)与偏心旋转元件接触的表面；在【运动增量】选项区中，设置【平移】为"5"，在图形显示区选择连接螺栓元件以"5"为单位向上平移至【相对】位置为"70"，单击【确定】按钮。

（2）单击【视图管理器】对话框中分解视图管理界面的【创建】按钮，在弹出的【菜单管理器】之【图元选取】菜单中选择【轴】命令，在图形显示区选择连接螺栓元件轴线和基体元件对应螺纹孔轴线，创建偏移线，如图 10-50 所示。

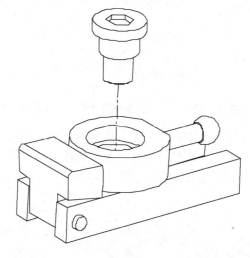

图 10-50　连接螺栓分解示意图

10. 偏心旋转元件分解

【运动参照】、【运动类型】及【运动增量】定义与连接螺栓分解定义相同，沿平面法向移动至【相对】位置"30"处。

11. 手柄元件分解

在【运动类型】选项区中点选【复制位置】单选钮，在图形显示区依次选择偏心旋转元件和手柄连接杆元件，将两元件调整到相同位置后，再次在【运动类型】选项区中点选【平移】单选钮，【运动参照】选择手柄连接杆元件的轴线，【运动增量】设置为"5"。

用同样方法分解手柄端部元件，分别创建手柄连接杆元件与偏心旋转元件、手柄连接杆元件与手柄端部元件的偏移线，均通过选择对应轴线的方式定义。

12. 销钉元件分解

在【运动参照】下拉列表框中选择【图元/边】选项，选择销钉孔轴线作为【运动参照】，在【运动类型】选项区中点选【平移】单选钮，【运动增量】设置为"5"，将销钉完全移出基体外，创建销钉轴线与销钉孔轴线的偏移线。

13. 接触元件分解

在【运动参照】下拉列表框中选择【坐标系】选项，选择"ASM_DEF_CSYS"坐标系 X 轴作为【运动参照】，在【运动类型】选项区中点选【平移】单选钮，【运动增量】设置为"5"，选择接触元件销钉孔轴线与基体元件销钉孔轴线创建偏移线。

14. 保存分解视图

在分解视图管理界面中，单击【返回】按钮，然后在【分解】选项卡中单击【编辑】按钮，在下拉列表中选择【保存】命令，保存分解视图。完成分解视图的组件如图 10-51 所示。

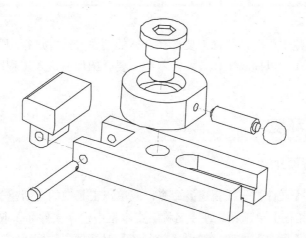

图 10-51　夹具组件分解及偏移线示意图

10.7　练　习　题

(1) 在 Pro/ENGINEER 中如何创建装配体？如何进行约束定义？

(2) 试说明【匹配】约束与【对齐】约束的区别。

(3) 如何在装配过程中使用【阵列】命令？

(4) 试说明定义封装元件的目的和方法。

(5) 如何创建分解视图及偏移线？

(6) 试用干涉分析工具分析 10.6 节中生成的夹具装配体。

(7) 试在装配环境中利用定位缺省基准方法进行零件设计。

第 11 章　工程图基础

完成零件三维模型结构设计后，需要根据三维模型绘制二维工程图，以便更广泛地应用于实际生产、安装及调试中。Pro/ENGINEER 提供了工程图模块，可以在工程图环境下直接将零件三维模型转成不同视角的二维工程图，并且零件模型与视图间相互关联，减少了由于设计变更而引起的修改麻烦，能够避免产品开发人员的重复劳动。

本章主要介绍 Pro/ENGINEER 的工程图环境、相关文件配置及生成工程图中三视图的基本步骤。在介绍视图创建方法的过程中，借助实例加深读者对 Pro/ENGINEER 工程图模块的了解，使读者通过本章学习后对 Pro/ENGINEER 工程图模块有一些基本认识。

11.1　概　　述

为了更快速地创建工程图，往往需要选择合适的创建方法并进行相关配置，不仅可以保证工程图的准确性，还可以提高工作效率。本节主要介绍如何进入工程图环境以及相关系统文件的配置方法。

11.1.1　工程图环境

1. 工程图环境界面介绍

在菜单栏中选择【文件】→【新建】命令，或单击工具中的【新建】按钮，弹出【新建】对话框，点选【绘图】单选钮，在【名称】文本框中输入文件名，取消【使用缺省模板】复选框的勾选，单击【确定】按钮，弹出【新制图】对话框，如图 11-1 所示。【缺省模型】为工程图的参照模型，单击【浏览】按钮可以添加零件模型。在【指定模板】选项区中提供了 3 种工程图创建方式，分别是【使用模板】、【格式为空】和【空】，同时在下方列出各种方式的对应选项。点选【使用模板】单选钮，在【模板】选项区的列表框中选择所需模板后，单击【确定】按钮进入工程图环境，如图 11-2 所示为选择【c_drawing】模板后进入的工程图环境。

> 提示：在创建工程图过程中，用户可以选择使用系统默认模板或自定义模板，合理地使用模板可以在工程图创建过程中节省很多时间。如图 11-2 所示，选择预定义模板后，Pro/ENGINEER 可自动完成创建视图等操作。关于如何创建模板将在第 13 章中具体介绍。

图 11-1　选择工程图模型及模板

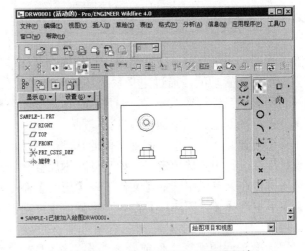

图 11-2　Pro/ENGINEER 工程图环境

2. 常用工具按钮

在工程图环境中，新添加了【绘制】工具栏，相关按钮说明如下。

- 【删除】按钮 ×——删除选定项目。
- 【设置模型】按钮 ——设置当前绘图模型。
- 【当前页面】按钮 ——在活动页面中更新视图显示。
- 【一般】按钮 ——创建一般视图。
- 【锁定视图移动】按钮 ——禁止使用鼠标移动视图。
- 【捕捉线】按钮 ——创建捕捉线。
- 【显示及拭除】按钮 ——打开【显示/拭除】对话框。
- 【新参照】按钮 ——使用新参照创建标注尺寸。
- 【对齐尺寸】按钮 ——将尺寸与所选尺寸对齐。
- 【尺寸】按钮 ——整理视图周围的尺寸位置。
- 【注释】按钮 ——创建注释。
- 【超级链接】按钮 ——添加、编辑或移除选定文本的超链接。
- 【重复上一格式】按钮 ——对选定内容重复上一格式变更。
- 【几何公差】按钮 ——创建几何公差。
- 【自调色板】按钮 ——从标准调色板插入绘图符号实例。
- 【定制】按钮 ——插入绘图符号的定制实例。
- 【移动特殊】按钮 ——将对象移动到准确位置。
- 【表】按钮 ——通过指定行列尺寸插入表。
- 【更新表】按钮 ——更新表中信息。
- 【BOM 球标】按钮 ——整理视图周围 BOM 球标的位置。

11.1.2　工程图配置文件设置

在工程图创建过程中，往往需要一致的界面及标准配置，Pro/ENGINEER 提供了系统环境配置和绘图配置功能，通过定义系统环境配置文件(config.pro)和标准绘图配置文件(.dtl)可以对工程图环境进行详细配置，如尺寸文本高度和公差文字属性等，通过使用配置文件，可以保持工程图创建过程中的一致性。

工程图配置文件是在系统配置文件的基础上对工程图环境进行详细的参数配置，用户可根据设计标准进行相关选项定义，如尺寸文本属性、标注箭头属性和几何公差属性等。在工程图环境下，在菜单栏中选择【文件】→【属性】命令，在弹出的【菜单管理器】之【文件属性】菜单中选择【绘图选项】命令，将弹出【选项】对话框，在其中可查看当前工程图的配置选项。

使用标准工程图配置文件前，需要在系统配置文件中进行相关路径定义，即需要定义 drawing setup file user define path…\file name dtl，以便系统启动后自动加载，其中 user define path…是用户保存工程图配置文件的路径，file name 是该文件的文件名。用户可使用文本编辑工具对工程图配置文件进行编辑，一些常用的配置选项含义将在后续章节中进行介绍。

提示：本书第 11、12、13 和 17 章所使用的工程图配置文件"standard.dtl"，读者可在随书光盘"\ConfigFile"目录下找到并复制到本地硬盘，系统配置文件"config.pro"需要在 Pro/Engineer 启动目录下创建，同时根据工程图配置文件"standard.dtl"的路径在系统配置文件中添加"drawing_setup_file"及相关配置内容。

11.2　创建视图

在工程图中，零件或组件的尺寸、形状结构通过视图进行描述，为了清晰表达一个零件或组件，往往需要多个视图，除了基本视图，有时还需要使用辅助视图对零件或组件进行描述，如局部视图、斜视图和放大视图等，因此在创建工程图的过程中，需要根据零件或组件结构选择视图类型并进行相关定义。本节主要对不同类型视图的创建方法进行介绍，所用零件模型均位于随书光盘中的"\ch11"文件夹下。

11.2.1　创建一般视图

在 Pro/ENGINEER 中创建工程图，首先需要将工程图与实体模型相关联，在【新制图】对话框中选定的【缺省模型】即为与所创建工程图相关联的模型。进入工程图环境后，在菜单栏中选择【插入】→【绘图视图】→【一般】命令，可进行插入视图操作。

一般视图是由模型直接创建的，通常为放置在页面上的第一个视图，因此在第一次进行视图插入操作时，其余视图类型如投影、辅助等均呈灰色不可选状态。在图形显示区单击视图的放置位置，选定的关联模型以三维形式显示在图形显示区中，同时弹出【绘图视图】对话框，如图 11-3 所示。

图 11-3 【绘图视图】对话框

在【绘图视图】对话框中可分别对【视图类型】、【可见区域】、【比例】、【剖面】、【视图状态】、【视图显示】、【原点】及【对齐】共计 8 类【类别】属性进行定义，具体参数定义说明如下。

1. 视图类型

在【视图类型】属性定义界面中，可以对创建的视图进行命名，当创建的视图是图形显示区中的第一个视图时，【类型】下拉列表框呈灰色不可选状态。视图的定向方法共有 3 种，即【查看来自模型的名称】、【几何参照】和【角度】。分别介绍如下。

- 【查看来自模型的名称】——根据模型名称定向。点选该单选钮，由于模型文件中包含了视图平面信息，如 "FRONT"、"TOP"、"RIGHT" 等，因此可根据标准视图方向进行工程图视图定向。当用户在【缺省方向】下拉列表框中选择【用户定义】选项时，可分别对【X 角度】和【Y 角度】进行定义。如图 11-4 所示为选择 "FRONT" 方向进行工程图视图定向。

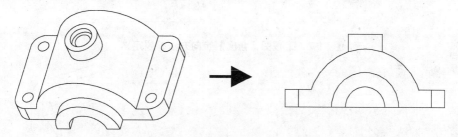

图 11-4 根据模型名称进行视图定向

- 【几何参照】——根据几何参照定向。点选该单选钮，用户需要选择模型中的几何要素作为工程图视图的定位参照，如图 11-5 所示。单击【缺省方向】按钮，系统将根据当前视图窗口中模型方向进行定向。

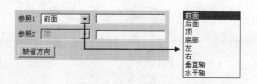

图 11-5 工程图【几何参照】定向方法参照定义

如图 11-6 所示，从视图窗口中分别选择模型上的曲面作为【前面】和【底部】参照，视图便自动定向为图示方向。

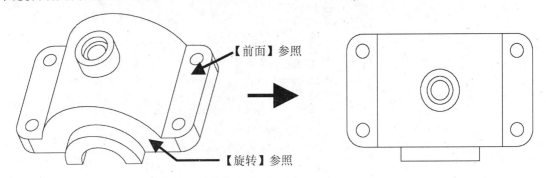

图 11-6　根据几何参照进行视图定向

- 【角度】——根据角度定向。点选该单选钮，对话框如图 11-7 所示，其中【旋转参照】可根据【法向】、【垂直】、【水平】和【边/轴】4 种方式进行定义。选择【法向】选项，则绕通过视图原点并法向于绘图页面的轴旋转模型，如图 11-8 所示；选择【垂直】选项，则绕通过视图原点并垂直于绘图页面的轴旋转模型，如图 11-9 所示；选择【水平】选项，则绕通过视图原点并与绘图页面保持水平的轴旋转模型，如图 11-10 所示；选择【边/轴】选项，则绕通过视图原点并根据与绘图页面所成指定角度的轴旋转模型，如图 11-11 所示。

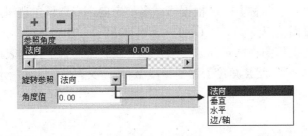

图 11-7　工程图【角度】定向方法参照定义

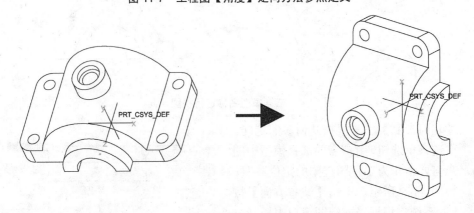

图 11-8　【角度】定向——【法向】旋转 90°

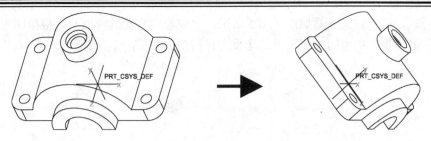

图 11-9 【角度】定向——【垂直】旋转 90°

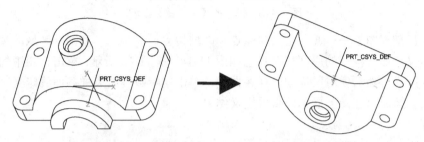

图 11-10 【角度】定向——【水平】旋转 90°

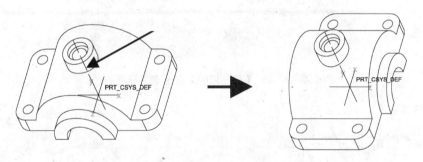

图 11-11 【角度】定向——【边/轴】旋转 90°

2. 可见区域

在【可见区域】属性定义界面中，可以根据视图表达要求，对当前视图进行视图可见性操作，如图 11-12 所示。【视图可见性】分为【全视图】、【半视图】、【局部视图】和【破断视图】4 种类型。

- 【全视图】——视图完整显示模型，是系统默认的显示视图方式，适用于各种视图类型。

- 【半视图】——视图以选取的平面或基准面作为参照，显示其中一侧，如图 11-13

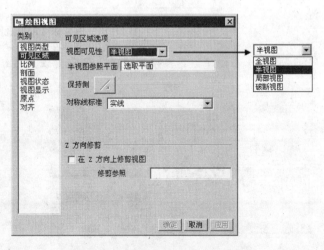

图 11-12 【半视图】属性定义界面

所示，属性定义界面如图 11-12 所示。完成参照平面选择后，可根据图形显示区中的箭头指定保留的一侧，单击【反向保持侧】按钮 ⚹ 可改变箭头方向。

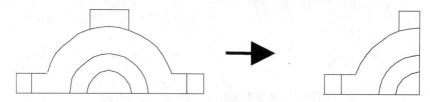

图 11-13 模型的【半视图】显示

● 【局部视图】——通过定义参照点和区域边界，仅显示模型部分区域的视图，属性定义界面及模型的局部视图示意如图 11-14、图 11-15 所示。单击视图中的一点作为参照点，然后使用鼠标创建样条曲线，单击鼠标中键结束样条曲线定义，单击【应用】按钮可在图形显示区查看定义结果。

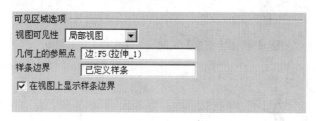

图 11-14 【局部视图】属性定义界面

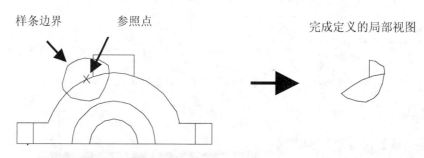

图 11-15 模型的【局部视图】显示

提示：在创建边界样条曲线时，不需要使用【绘图草绘器工具】工具栏中的【样条】草绘工具，完成参照点选择后，直接单击视图便可开始创建样条。

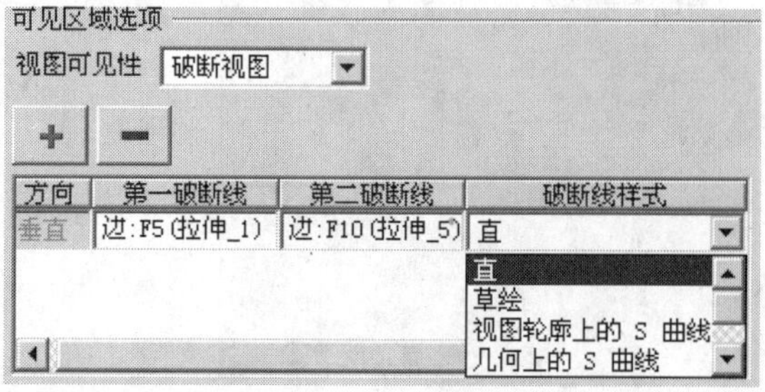

● 【破断视图】——将长度方向上形状一致或按一定规律变化的较长模型进行简化表示的视图，从而使视图能够集中表示模型的重点区域，【破断视图】属性定义界面如图 11-16 所示。创建破断视图需要定义破断线，单击【增加断点】按

图 11-16 【破断视图】属性定义界面

钮 **+** 和【移除断点】按钮 **−**，分别执行添加断点和移除断点操作。用户可以定义 6 种类型的破断线，包括【直】、【草绘】、【视图轮廓上的 S 曲线】、【几何上的 S 曲线】、【视图轮廓上的心电图形】和【几何上的心电图形】。

　　如图 11-17 所示，以创建直线类型破断线的破断视图为例，首先在模型视图中选定参照曲线，并单击曲线上的第一断点位置，然后沿垂直或水平方向延伸，确定破断线方向。完成第一破断线定义后，单击第二断点位置，自动生成第二破断线。单击【确定】按钮，生成破断视图如图 11-18 所示。

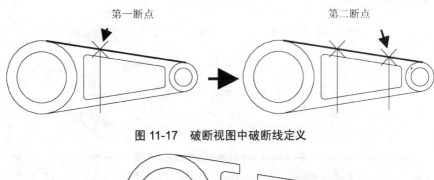

图 11-17　破断视图中破断线定义

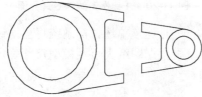

图 11-18　【破断视图】显示——直线类型破断线

　　在实际应用中，破断线往往是曲线，可在【破断线样式】下拉列表框中选择【草绘】选项，在视图上草绘破断线，也可选择预定义的 S 曲线选项和心电图形选项，生成的破断视图如图 11-19 所示。

【草绘】样式　　　　　　　　　　　　　　　【视图轮廓上的 S 曲线】样式

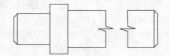

【视图轮廓上的心电图形】样式

图 11-19　【破断视图】显示——不同类型的破断线

📝 **提示**：如果破断视图间距不合适，可通过修改前面提到的工程图配置文件中的【broken_view_offset】数值实现对 Pro/Engineer 的重新配置，或在工程图环境下，在菜单栏中选择【文件】→【属性】命令，并在弹出的【菜单管理器】之【文件属性】菜单中选择【绘图选项】命令，在弹出的【选项】对话框中对破断视图间距大小进行调整，系统默认数值为"1"，单击【选项】对话框中的【应用】按钮，新生成的破断视图间距将调整为修改后的数值。

3. 比例

【比例】属性定义界面如图 11-20 所示，通过缩放视图，可以强调模型中的部分，同时通过比例记录视图中模型间的关系。各选项说明如下。

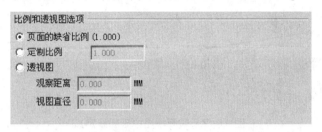

图 11-20 【比例】属性定义界面

- 【页面的缺省比例】——点选该单选钮，系统将自动进行比例设置，如果未对系统比例进行设置，则系统将根据图纸大小及模型尺寸确定比例，同时将比例数值显示在图形显示区的底部。

提示： 可通过设置系统配置文件 config.pro 中的【default_draw_scale】系统变量值进行系统默认视图比例定义，或单击【工具】→【选项】命令，在弹出的【选项】对话框中查找该变量进行修改。

- 【定制比例】——点选该单选钮，可在其后的文本框中输入具体比例数值调整视图大小，比例数值将显示在视图的下方。

提示： 若要去除比例数值注释，可在菜单栏中选择【视图】→【显示及拭除】命令，在弹出的【显示/拭除】对话框中，选择【拭除】选项卡，单击【注释】按钮，弹出【选取】对话框，从图形显示区中选择比例注释，单击【选取】对话框中的【确定】按钮便可去除此注释。

- 【透视图】——点选该单选钮，可对透视图观察距离及观察视图大小进行设置，但仅适用与一般视图。

4. 剖面

【剖面】属性定义界面如图 11-21 所示，可通过选择或创建剖切面，定义剖面【名称】及【剖切区域】类型，完成剖视图的创建。在【剖面选项】选项区中，【无剖面】单选钮为系统默认设置；点选【2D 截面】单选钮（最为常用），可通过选取或创建 2D 剖截面，生成剖视图；点选【3D 截面】单选钮可显示模型设计过程中的剖面视图；点选【单个零件曲面】单选钮将仅显示所选的零件曲面。进行 2D 剖面创建过程中，可选择不同的【剖切区域】类型，创建全剖视图、半剖视图及局部剖视图等基本视图，主要创建步骤如下。

（1）点选【2D 截面】单选钮，单击【将横截面添加到视图】按钮 ➕ 进行剖面定义，在弹出的【菜单管理器】之【剖截面创建】菜单中进行剖截面定义，如图 11-22 所示。选择【完成】命令，在图形显示区下方的消息输入窗口的【输入截面名】文本框中输入剖截面名称，单击消息输入窗口中的【接受】按钮☑，便可从图形显示区选择基准平面或创建新的平面作为剖截面。

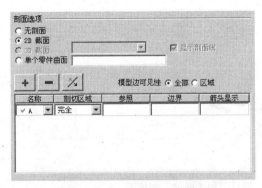

图 11-21　【剖面】属性定义界面

图 11-22　【剖截面创建】菜单

（2）完成剖截面定义且该剖截面有效时，即剖截面与屏幕平行时，可继续进行【剖切区域】定义。【剖切区域】共分为【完全】、【一半】、【局部】、【全部(展开)】和【全部(对齐)】4 种类型，其中【完全】、【一半】和【局部】的剖视图如图 11-23～图 11-25 所示，模型与图 11-4 中的模型相同，各选项定义说明如下：

- 【完全】——显示穿过整个视图的剖面。
- 【一半】——只显示选定平面一侧而非另一侧模型的剖面，需选取平面作为半剖视图的参照，用于指定剖切的终止位置，同时需指定剖切方向。
- 【局部】——使用破断线沿外部曲面到内部剖面的某一部分进行查看，需选取局部剖视图的中心点并草绘局部剖视图的边界。

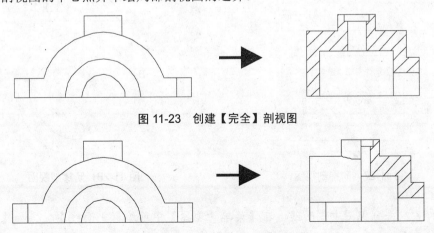

图 11-23　创建【完全】剖视图

图 11-24　创建【一半】剖视图

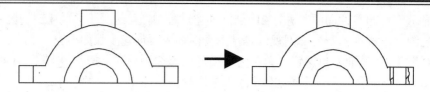

图 11-25　创建【局部】剖视图

除了以上几种剖切类型外，还可以在同一剖视图上添加新剖视图，如图 11-26 所示，在模型全剖视图内部应用了局部剖视图。

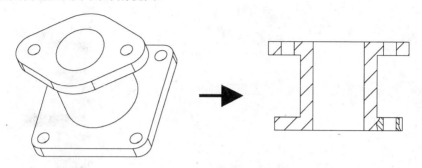

图 11-26　【完全】剖视图和【局部】剖视图

除了全剖视图、半剖视图及局部剖视图外，在工程图中还常用到阶梯剖视图和旋转剖视图，如图 11-27 和图 11-28 所示。创建方法是：在创建剖截面时，在【剖截面创建】菜单中选择【偏距】命令，在消息输入窗口的文本框中输入剖截面名称后，单击其后的【接受】按钮，在弹出的【菜单管理器】之【设置草绘平面】菜单中选择草绘平面及参照，进入草绘环境后，草绘折线表示剖截面，完成后单击【绘图视图】对话框中的【箭头显示】选项，选择需要显示箭头的视图，单击【应用】按钮可查看视图窗口剖视图。

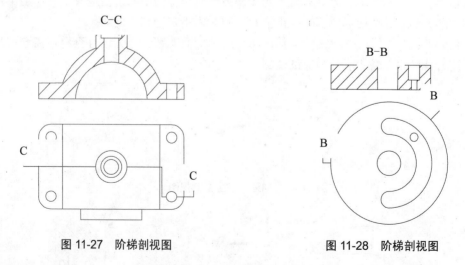

图 11-27　阶梯剖视图　　　　图 11-28　阶梯剖视图

提示：双击剖视图中剖面线，在【菜单管理器】中可编辑剖面线参数，如【间距】、【角度】、【偏距】和【线样式】等。

5. 视图状态

【视图状态】针对装配体模型，可以选择装配体的组合状态并分解显示各组件，属性定义界面如图 11-29 所示。

图 11-29 【视图状态】属性定义界面

6. 视图显示

【视图显示】属性定义界面如图 11-30 所示，可对视图显示属性进行设置。

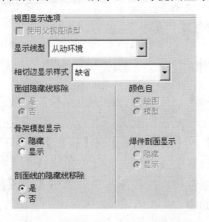

图 11-30 【视图显示】属性定义界面

7. 原点

在【原点】属性定义界面中可选择视图中心或模型上的点作为参照，如图 11-31 所示，从而可精确确定视图位置，并且能够防止模型几何更改时,此视图位置发生改变。从模型上选取作为原点的点，可选取模型的边、基准曲线、基准点、坐标系或修饰特征图元。

图 11-31 【原点】属性定义界面

提示：在工程图配置文件中，【drawing_units】对工程图尺寸单位进行定义，系统默认为【inch】，可通过编辑工程图配置文件。或在菜单栏中选择【文件】→【属性】命令，在弹出的【菜单管理器】之【文件属性】菜单中选择【绘图选项】命令,在弹出的【选项】对话框中将单位设置为【mm】。

8. 对齐

【对齐】是根据视图的类型，通过将视图与另一视图对齐可在页面上定位视图，属性定义界面如图 11-32 所示。

图 11-32 【对齐】属性定义界面

注意：以上 8 类属性不仅仅在创建一般视图过程中可以使用，大部分属性同样可应用于创建其他视图，如投影视图和辅助视图等。熟练掌握上述视图基本属性定义方法是完成工程图创建的基础。

11.2.2 创建投影视图

投影视图是被投影对象沿水平或垂直方向的正交投影，被投影对象也称之为父视图。投影视图放置在投影通道中，位于父视图上方、下方、右边或左边。

在菜单栏中选择【插入】→【绘图视图】→【投影】命令，单击图形显示区中的父视图，父视图上方将出现一个代表投影的投影框，将此框水平或垂直拖到所需的位置，单击放置视图。如果要修改投影视图的属性，双击投影视图，弹出【绘图视图】对话框，可对视图属性进行编辑，投影视图示意图如图 11-33 所示。

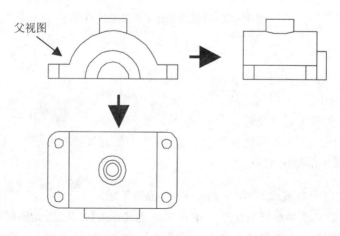

父视图

图 11-33 投影视图示意图

提示：在工程图配置文件中，【projection_type】对投影方法进行定义，【first_angle】
选项符合我国机械制图国标，即采用第一角投影法，系统默认为【third_angle】，
即第三角投影法。

11.2.3　创建详细视图

详细视图是指将模型中一小部分视图在另一个视图中放大显示，被放大的视图称之为父视图。创建详细视图步骤与创建局部视图类似，也需要在父视图中对视图参照和边界进行定义，但与局部视图不同的是，详细视图是一个独立于父视图的视图，并且视图边界虽然也通过草绘样条方式创建，但完成边界绘制后，在父视图上显示详细视图边界既可使用草绘样条边界，也可使用标准图形边界，如【圆】、【椭圆】和【ASME94 圆】等，通过调整详细视图比例可对详细视图进行灵活缩放。

在菜单栏中选择【插入】→【绘图视图】→【详细】命令，单击父视图中需要放大部分几何边线上的一点，定义详细视图中心，草绘样条边界，单击鼠标中键完成草绘。单击准备放置详细视图的点，详细视图便显示在该位置，同时父视图中的草绘边界也发生改变，系统默认是圆形边界，双击详细视图，弹出【绘图视图】对话框，【视图类型】定义界面如图 11-34 所示，可对父视图中的详细视图界面进行定义，详细视图示意图如图 11-35 所示。

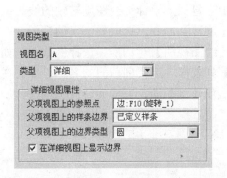

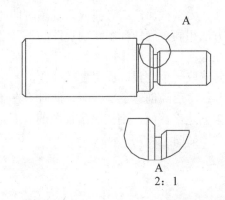

图 11-34　详细视图的【视图类型】定义界面　　　　图 11-35　详细视图示意图

提示：在工程图配置文件中，【view_note】对详细视图注释进行定义，【std_din】选项仅显示视图名称，【view_scale_denominator】与【view_scale_format】配合使用确定详细视图比例显示方式，参数详见本书工程图配置文件"standard.dtl"。

11.2.4　创建辅助视图

辅助视图是一种投影视图，以垂直角度向选定曲面或轴进行投影。选定曲面方向确定投影通道，父视图中的参照必须垂直于屏幕平面。

在菜单栏中选择【插入】→【绘图视图】→【辅助】命令，选取要从中创建辅助视图的边、轴、基准平面或曲面。父视图上方出现一个代表辅助视图的投影框，将此框水平或垂直

拖到所需的位置，单击放置视图，显示辅助视图。双击视图可在弹出的【绘图视图】对话框中进行视图属性编辑，如图 11-36 所示为辅助剖视图。

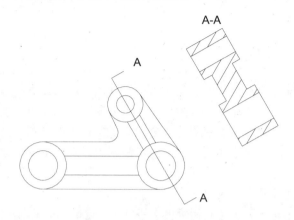

图 11-36　辅助剖视图示意图

11.2.5　创建旋转视图

旋转视图是现有视图的一个剖面，它绕切割平面投影旋转 90°。可将在 3D 模型中创建的剖面作为剖截面，或者在放置视图时即时创建一个剖截面，创建方法与剖视图中剖截面的创建方法相同。旋转视图和剖视图的不同之处在于它包括一条标记视图旋转轴的线。

在菜单栏中选择【插入】→【绘图视图】→【旋转】命令，选取要剖切的视图，在图形显示区选取一个位置以放置旋转视图，系统弹出【绘图视图】对话框，选择剖截面。如果在绘制零件时已经创建了剖截面，此时可在【截面】列表框中选择剖截面的名称。如果在零件中还未创建剖截面，则依照剖视图剖截面定义方法创建剖截面，完成旋转视图创建。旋转视图示意图如图 11-37 所示。

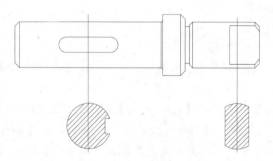

图 11-37　旋转视图示意图

11.3　编　辑　视　图

在工程图创建过程中，尤其在使用模板创建视图后，应根据需要对工程图进行进一步的编辑，对视图进行位置调整和比例修改等，本节主要介绍编辑视图的基本方法。

11.3.1　移动、删除视图

1. 移动视图

系统默认设置视图处于锁定状态，不能随意移动，因此若要对视图位置进行调整，则需解除视图的锁定状态。单击【绘制】工具栏中的【锁定视图移动】按钮，使其处于未选中状态，单击图形显示区中的视图，通过移动鼠标便可对视图进行移动操作，但视图与视图间的对齐关系将不会发生改变，因此投影视图、辅助视图及旋转视图只能沿其投影方向移动，以保证与父视图的对应关系。

除了手动调整视图位置外，还可对视图进行精确定位。选择需要进行移动的视图后，在菜单栏中选择【编辑】→【移动特殊】命令，或单击【绘制】工具栏中的【移动特殊】按钮，选择视图移动参照点，弹出【移动特殊】对话框，如图 11-38 所示，可通过在【X】、【Y】文本框中输入具体坐标数值定位视图，还可单击【将对象捕捉到图元的指定参照点上】按钮捕捉视图中的图元，或单击【将对象捕捉到指定顶点】按钮捕捉视图中的顶点。

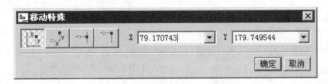

图 11-38　【移动特殊】对话框

2. 删除视图

删除视图的方法与常规方法相同，选择需要删除的视图，按<Delete>键或单击【绘制】工具栏中的【删除】按钮×，便可完成删除操作，也可在菜单栏中选择【编辑】→【删除】→【删除】命令执行删除操作。

11.3.2　拭除、恢复视图

1. 拭除视图

在工程图视图编辑过程中，为了方便有时需要将部分视图暂时隐藏，当需要时再恢复视图显示。在菜单栏中选择【视图】→【绘图显示】→【绘图视图可见性】命令，弹出【菜单管理器】之【视图】菜单，选择【拭除视图】命令，单击图形显示区中需要拭除的视图，视图将简化表示。

2. 恢复视图

拭除后的视图以矩形框及视图名称简化表示，但可以使用恢复视图命令恢复视图显示。在菜单栏中选择【视图】→【绘图显示】→【绘图视图可见性】命令，在弹出的【菜单管理器】之【视图】菜单中选择【恢复视图】命令，在【菜单管理器】中将弹出【视图名】菜单，在其中选择需要恢复的视图名称或在视图窗口中单击该视图，便可恢复视图显示。

11.4　实　例　训　练

 例： 创建壳体模型工程图

本节以壳体模型为例，在工程图环境中创建壳体模型视图，以详细表达模型信息，壳体模型文件位于随书光盘中的"\ch11"文件夹下。

1. 创建工程图文件

单击工具栏中的【新建】按钮 ，在弹出的【新建】对话框中新建【名称】为"Drawing-Example-1"、【类型】为【绘图】的绘图文件，取消【使用缺省模板】复选框的勾选，单击【确定】按钮，弹出【新制图】对话框，【缺省模型】设置为"drawing-example-1.prt"，在【指定模板】选项区中点选【空】单选钮，在【方向】选项区中单击【横向】按钮 ，在【大小】下拉列表框中选择【A4】，单击【确定】按钮，进入工程图环境。

2. 创建主视图

在菜单栏中选择【插入】→【绘图视图】→【一般】命令，或单击【绘制】工具栏中的【一般】按钮 ，单击图形显示区中的一点，在弹出的【绘图视图】对话框中，将【视图名】设置为"FRONT"，在【视图方向】选项区中点选【查看来自模型的名称】单选钮，在【模型视图名】下拉列表框中选择【FRONT】选项，单击【确定】按钮，完成主视图创建，如图11-39所示。

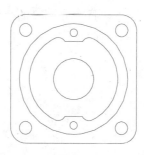

图 11-39　创建壳体模型工程图——创建主视图

3. 创建剖视图

（1）在菜单栏中选择【插入】→【绘图视图】→【投影】命令，在图形显示区的主视图右侧计划放置左视图处单击，将左视图放置于该位置。

（2）对模型内部结构进行分析，可创建旋转的剖截面对模型内部结构进行表达。双击新创建的视图，在弹出【绘图视图】对话框中，设【视图名】设置为"A-A"，在对话框左侧的【类别】列表框中选择【剖面】选项，在【剖面】属性定义界面的【剖面选项】选项区中点选【2D 截面】单选钮，单击【将横截面添加到视图】按钮 创建新截面。在弹出的【菜单管理器】之【剖截面创建】菜单中依次选择【偏距】、【双侧】、【单一】和【完成】命

令，在消息输入窗口的文本框中输入截面名称"A"并单击【接受】按钮☑。在弹出的草绘
窗口中选择如图 11-40 所示的平面作为草绘平面，进入草绘环境，在菜单栏中选择【草绘】
主菜单中的命令绘制表示剖截面的折线，如图 11-41 所示。

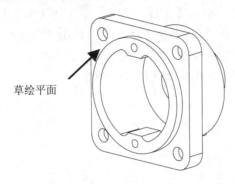

图 11-40　创建壳体模型工程图——剖截面草绘平面定义

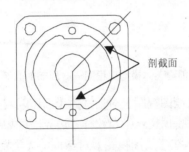

图 11-41　创建壳体模型工程图——草绘剖截面

（3）完成剖截面绘制后，在菜单栏中选择【草绘】→【完成】命令完成草绘。在【绘图
视图】对话框中，在【剖切区域】下拉列表框中选择【完全剖切】选项，单击【箭头显示】
选项，选择主视图作为箭头显示参照，单击【应用】按钮，在视图窗口中查看剖视图，确定
无误后单击【确定】按钮，生成的左剖视图如图 11-42 所示。

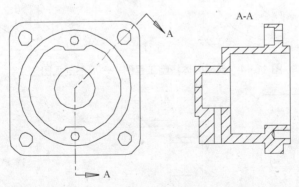

图 11-42　创建壳体模型工程图——创建剖视图

4. 创建局部剖视图

（1）在菜单栏中选择【插入】→【绘图视图】→【一般】命令，在弹出的【绘图视图】

对话框中，将【视图名】设置为"BACK"，在【视图方向】选项区中点选【查看来自模型的名称】单选钮，在【模型视图名】下拉列表框中选择【BACK】选项，单击【应用】按钮查看视图放置情况。

（2）在【绘图视图】对话框的【类别】列表框中选择【剖面】选项，在该属性定义界面的【剖面选项】选项区中点选【2D 截面】单选钮，单击【将横截面添加到视图】按钮 ➕ 创建新截面。在弹出的【菜单管理器】之【剖截面创建】菜单中选择【偏距】命令，创建的新截面如图 11-43 所示，新创建的剖截面通过孔的轴线。

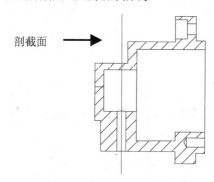

图 11-43　创建壳体模型工程图——局部剖截面示意

（3）完成剖截面创建后，在【绘图视图】对话框的【剖切区域】下拉列表框中选择【局部】选项，在新创建的视图上单击局部视图中心点，草绘样条边界，生成局部剖视图，如图 11-44 所示。

（4）完成局部剖视图定义后，在【绘图视图】对话框的【类别】列表框中选择【对齐】选项，选择主视图作为对齐参照，单击【确定】按钮，完成局部剖视图的对齐，如图 11-45 所示。

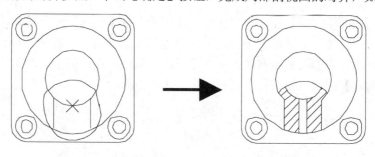

图 11-44　创建壳体模型工程图——局部剖视图定义

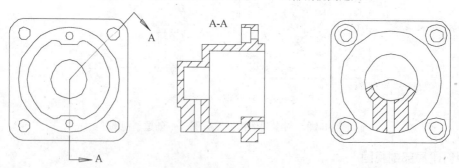

图 11-45　创建壳体模型工程图——局部剖视图对齐

5. 创建局部视图

模型底部结构仍需进一步表达，因此需要创建局部视图。

（1）在菜单栏中选择【插入】→【绘图视图】→【一般】命令，在弹出的【绘图视图】对话框中，将【视图名】设置为"BOTTOM"，在【视图方向】选项区中点选【查看来自模型的名称】单选钮，在【模型视图名】下拉列表框中选择【BACK】选项。再次在【视图方向】选项区中点选【角度】单选钮，定义视图沿法向旋转 90°。

（2）在【类别】列表框中选择【可见区域】选项，在该属性定义界面的【视图可见性】下拉列表框中选择【局部视图】选项，定义局部视图的【几何上的参照点】和【样条边界】，如图 11-46 所示。

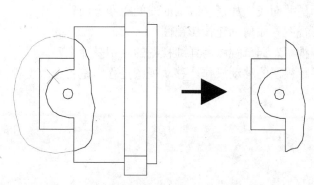

图 11-46　创建壳体模型工程图——局部视图定义

（3）完成视图创建后，可对视图位置进行调整，壳体视图创建结果如图 11-47 所示。

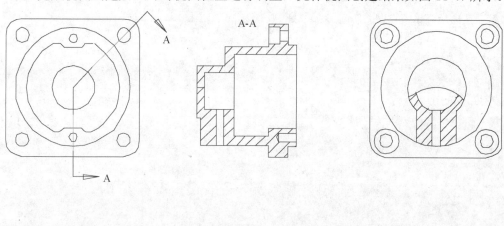

图 11-47　创建壳体模型工程图——局部视图

11.5 练 习 题

(1) 试述系统配置文件和工程图配置文件的作用。

(2) 试述创建一般视图时视图定向的方法并举例说明。

(3) 如何定义视图可见性？如何定义局部视图？进行样条边界绘制时需要注意什么？

(4) 如何创建破断视图？如何进行破断线类型修改及破断间距定义？

(5) 在 Pro/ENGINEER 中可以创建几种剖视图？旋转剖视图与剖视图有何关联？如何创建阶梯剖视图并显示剖截面线？如何修改剖面线间距和方向？

(6) 什么是投影视图？如何创建投影视图？

(7) 什么是详细视图？局部视图与详细视图的区别是什么？

(8) 试述如何进行视图的移动操作。移动视图过程中是否会改变视图间的对齐关系？

第 12 章 尺寸标注与公差表示

视图可以表达模型结构及各组成部分的形状，但各个部分的确切大小和相对位置必须有尺寸(包含公差)来确定，因此尺寸是生成产品零件的重要依据。不合理的尺寸标注很容易导致生产中出现废品，或者增加制造及测量的困难，从而提高了生产成本。在工程图设计过程中，尺寸标注除了要正确、完整和清晰外，还要求合理，因此工程图标注是一项非常重要而且细致的工作。

在 Pro/ENGINEER 中，工程图与模型紧密关联，工程图中的尺寸可随模型的变更自动更新，为满足制图要求，还可对尺寸进行定制、添加从动尺寸及修改标注形式。本章着重介绍在 Pro/ENGINEER 工程图环境中进行标注的方法，包括尺寸标注及公差表示，通过本章的学习让读者尽快掌握工程图中与尺寸标注相关的基本操作。

12.1 尺寸与注释

在实体模型设计过程中，模型的尺寸信息已经以参数的形式保存在模型文件中，通过使用显示及拭除工具，可以直接将模型尺寸信息显示在视图中，并可修改尺寸对模型进行驱动。

12.1.1 显示驱动尺寸

在 Pro/ENGINEER 中，模型与工程图紧密相关，但将模型或组件输入到工程图模块中时，系统默认所有尺寸和存储的模型信息是不可见的(或已拭除)。由于这些尺寸与模型的链接是活动的，所以可通过视图中的尺寸直接编辑 3D 模型。当在视图中显示时，这些尺寸称为显示或驱动尺寸。

在菜单栏中选择【视图】→【显示及拭除】命令，或单击【绘制】工具栏中的【显示及拭除】按钮，弹出【显示/拭除】对话框，如图 12-1 所示，单击【显示】或【拭除】按钮可切换到【显示】或【拭除】定义面板，标注【类型】中包括下列按钮。

- 【尺寸】按钮 ⊢1.2⊣
- 【参照尺寸】按钮 ⊢(1.2)⊣
- 【几何公差】按钮 ⊕Ø1Ⓜ
- 【注释】按钮 ∕ABCD
- 【球标】按钮 ∕⑤
- 【轴】按钮 ┈A.1
- 【符号】按钮 ∕ₓ
- 【表面粗糙度】按钮 ³²∕
- 【基准平面】按钮 ▣⊣

- 【修饰特征】按钮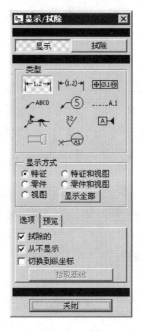
- 【基准目标】按钮

图 12-1 【显示/拭除】对话框

单击【显示】按钮，在【显示】定义面板的【类型】选项区中单击【尺寸】按钮，可选择尺寸的不同【显示方式】。系统共提供了以下 6 种【显示方式】。

- 【特征】单选钮——点选该单选钮，显示视图中所选特征的尺寸。
- 【零件】单选钮——点选该单选钮，显示视图中所选零件的尺寸。
- 【视图】单选钮——点选该单选钮，显示所选视图中特征和零件的所有尺寸。
- 【特征和视图】单选钮——点选该单选钮，当一个特征同时出现在多个视图中时，显示选定视图中该特征的尺寸。
- 【零件和视图】单选钮——点选该单选钮，显示选定视图中出现在多个视图中的零件的尺寸。
- 【显示全部】按钮——单击该按钮，显示视图中的模型的全部尺寸。

提示：当工程图中只有一个视图时，点选【特征和视图】单选钮不能够显示特征尺寸。

选择相应的特征、零件或视图，可在图形显示区中预览尺寸标注，也可在【预览】选项卡中取消预览。在【选项】选项卡中，可对视图中已经拭除的尺寸和从不显示的尺寸进行过滤，当确认显示尺寸无误后，单击【选取】对话框中的【确定】按钮，尺寸显示在图形显示区中，单击【显示/拭除】对话框中的【关闭】按钮完成尺寸显示操作。如图 12-2 所示为【特征】尺寸显示示意图。

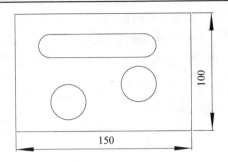

图 12-2　显示【特征】尺寸示意图

12.1.2　插入从动尺寸

利用【显示及拭除】工具显示的模型驱动尺寸有时不符合工程图制图标准，因此需要根据需要在视图中添加新尺寸。这些新插入的尺寸称为从动尺寸，虽然从动尺寸与模型也相互关联，但其关联仅为单向关联，即从模型到工程图。如果在模型中更改了尺寸，则所有已编辑的尺寸值和其绘图均会更新，反之，修改从动尺寸不能够驱动模型随之更改。

在菜单栏中选择【插入】→【尺寸】命令，在【尺寸】子菜单中包含【新参照】、【公共参照】、【纵坐标】和【自动标注纵坐标】4 个命令，部分命令说明如下。

1. 新参照

【新参照】命令表示根据选定的几何图元创建尺寸，如图 12-3 所示为选择模型的边线创建尺寸。

选择【新参照】命令，在弹出的如图 12-4 所示的【菜单管理器】之【依附类型】菜单中，可分别选择【图元上】、【在曲面上】、【中点】、【中心】、【求交】和【做线】6 种命令。

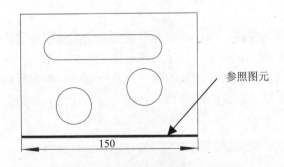

图 12-3　插入【新参照】尺寸示意图　　　　图 12-4　【依附类型】菜单

- 【图元上】——根据创建常规尺寸的规则，将该尺寸附着在图元的拾取点处，如图 12-3 所示。
- 【在曲面上】——将尺寸附着在所选曲面的回转中心，以中心或相切方式标注。
- 【中点】——将尺寸附着到所选图元的中点，如图 12-5 所示，选择圆弧中点及边线作为尺寸标注参照。
- 【中心】——将尺寸附着到圆边的中心，如图 12-6 所示。圆边包括圆几何(孔、倒圆角、曲线、曲面等)和圆形草绘图元。

● 【求交】——将尺寸附着到所选两个图元的最近交点处，如图 12-7 所示。

● 【做线】——参照当前模型视图方向的 X 和 Y 轴，如图 12-8 所示。

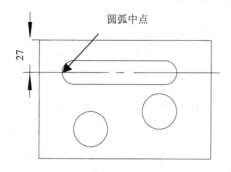

图 12-5 【中点】类型依附尺寸示意

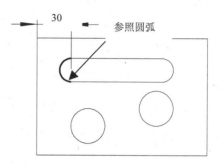

图 12-6 【中心】类型依附尺寸示意

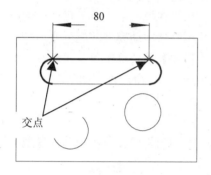

图 12-7 【求交】类型依附尺寸示意

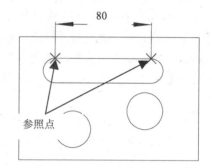

图 12-8 【做线】类型依附尺寸示意

2. 公共参照

在工程图设计过程中，经常把重要面设为基准，作为其余几何要素标注的基准参照。利用【公共参照】命令能够在选定的公共基准对象和多个与其平行的对象间添加尺寸标注。首先选择公共参照，然后选择需要标注与公共参照间尺寸关系的第一个几何要素，单击鼠标中键放置尺寸，依次选择其余几何要素，完成尺寸定义。如图 12-9 所示为插入【公共参照】尺寸示意图。

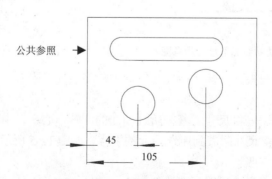

图 12-9 插入【公共参照】尺寸示意图

12.1.3　整理尺寸

使用显示工具生成的工程图尺寸标注在视图中的放置往往比较混乱，不能够满足实际工程图的要求，因此需要对尺寸进行整理和编辑，主要整理方法包括以下几种。

1. 拭除尺寸

与显示驱动尺寸方法类似，工程图中的驱动尺寸和从动尺寸可以通过拭除工具从视图中拭除，但被拭除的尺寸仅仅是不在视图中显示，并没有从模型中删除。在【显示/拭除】对话框中，单击【拭除】按钮，再在【拭除】定义面板中单击【尺寸】按钮←1,2→，从视图中选择需要拭除的尺寸，单击【选取】对话框中的【确定】按钮，视图中要拭除的尺寸消失，单击【关闭】按钮结束拭除尺寸操作。

2. 移动尺寸

当显示的尺寸位置不合适时，需要对尺寸位置进行调整。在图形显示区单击需要移动的尺寸，尺寸被高亮显示，同时在尺寸线端点及尺寸文本周围出现位置调整标志，当鼠标移动到尺寸上呈四角箭头显示时，可拖动尺寸文本及尺寸线同时移动；当鼠标移动到尺寸文本周围及尺寸线端点的位置调整标志处，呈双向箭头显示时，可沿箭头所示方向拖动尺寸文本或尺寸线到正确位置。选中多个尺寸时，可进行同时移动所有尺寸的操作。

3. 对齐尺寸

根据工程图制图要求，有时需要将部分尺寸对齐。首先单击要作为对齐参照的尺寸，按<Ctrl>键并单击其余要与第一尺寸对齐的尺寸标注，完成选择后，单击【绘制】工具栏中的【对齐尺寸】按钮，完成对齐操作，如图 12-10 所示。

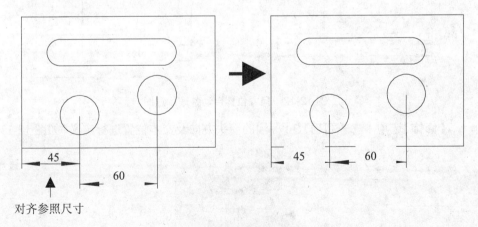

图 12-10　对齐尺寸

4. 自动整理尺寸

Pro/ENGINEER 中除了提供手动整理尺寸功能外，还提供了自动整理尺寸工具，用户可同时对多项内容进行整理操作。

在菜单栏中选择【编辑】→【整理】→【尺寸】命令，或单击【绘制】工具栏中的【尺寸】按钮，弹出【整理尺寸】对话框，在图形显示区选择需要进行尺寸整理的尺寸，激活【整理尺寸】对话框，如图 12-11 所示。

图 12-11 【整理尺寸】对话框

- 【放置】选项卡——可对尺寸放置及偏移参照进行定义。勾选【分隔尺寸】复选框，可编辑尺寸线相对于偏移参照的【偏移】及尺寸线之间的距离【增量】，其中【偏移参照】选项区不仅可以选择模型边线作为偏移参照，而且可以选择视图中其余基准线作为偏移参照。根据如图 12-11 所示的参数设置得到的尺寸位置自动整理结果如图 12-12 所示。

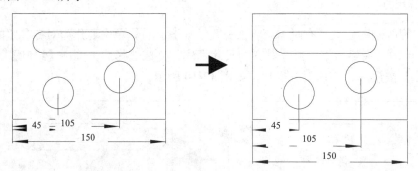

图 12-12 尺寸位置自动整理示意图

- 【修饰】选项卡——可对尺寸标注的箭头方向及文本位置进行定义，如图 12-13 所示。

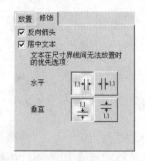

图 12-13 【修饰】选项卡

5. 删除尺寸

删除尺寸操作仅适用于插入的从动尺寸，对于通过使用显示工具而显示在视图中的尺寸标注不能执行删除操作，只能通过拭除尺寸操作取消该尺寸在视图中的显示。

选择需要删除的尺寸，在菜单栏中选择【编辑】→【删除】→【删除】命令或按<Delete>键，便可删除选取的尺寸。

12.1.4 添加注释

在菜单栏中选择【插入】→【注释】命令，或单击【绘制】工具栏中的【注释】按钮，弹出【菜单管理器】之【注释类型】菜单，如图 12-14 所示。

【注释类型】菜单中共提供 5 种注释类型命令，分别是【无引线】、【带引线】、【ISO引线】、【在项目上】和【偏距】，各【注释类型】命令示意图如图 12-15 所示。

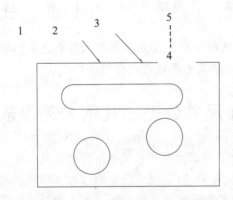

1：【无引线】注释

2：【带引线】注释

3：【ISO 引线】注释

4：【在项目上】注释

5：【偏距】注释

图 12-14 【注释类型】菜单   图 12-15 【注释类型】示意图

- 【无引线】——仅定义注释文本和位置。
- 【带引线】——引线连接到指定的点。
- 【ISO 引线】——ISO 样式引线（下划线文本）。
- 【在项目上】——注释直接连接到选定项目上。
- 【偏距】——选择参照注释定义注释偏距。

选定【注释类型】命令后再选择【制作注释】命令，弹出【菜单管理器】之【依附类型】菜单，可选择注释连接点的类型，若选择带有引线的注释，则可选择引线端的样式，如图 12-16所示。在图形显示区选择连接点参照，单击【选取】对话框中的【确定】按钮，选择【依附类型】菜单中的【完成】命令，弹出【菜单管理器】之【获得点】菜单，如图 12-17 所示，在图形显示区进行注释定位。

完成注释定位后，在消息输入窗口的文本框中输入注释内容，可在弹出的【文本符号】对话框中选择相应的注释符号，如图 12-18 所示，单击消息输入窗口右侧的【接受】按钮 ✔，完成注释文字输入，若需要输入多行注释文本，可继续在消息输入窗口输入注释文本，单击【取消】按钮 ✖ 结束添加此注释的操作。

图 12-16 【依附类型】菜单　　　图 12-17 【获得点】菜单　　　图 12-18 【文本符号】对话框

提示：在图形显示区选择注释连接点参照后，可单击鼠标中键指定注释放置位置。双击注释，可对注释文本及格式进行编辑修改。

12.2 添加尺寸公差、几何公差及表面粗糙度

在产品设计过程中，除了对零件的基本尺寸进行设计外，还需要指定零件的尺寸公差与几何公差(包括形状公差和位置公差)。尺寸公差用以控制零件的尺寸误差，保证零件尺寸精度要求。而几何公差则用以控制零件的形状位置误差，保证其形位精度要求。本节主要介绍如何在工程图中添加尺寸公差、几何公差及表面粗糙度。

12.2.1 尺寸公差标注

双击需要标注尺寸公差的尺寸线，弹出【尺寸属性】对话框，如图 12-19 所示。在【值和公差】选项区的【公差模式】下拉列表框中，系统提供了 4 种公差模式，分别是【象征】、【限制】、【加-减】和【+-对称】，并可在对应的【上/下公差】文本框中输入公差值。

- 【象征】：尺寸只显示名义值，不显示公差。
- 【限制】：同时显示上限尺寸和下限尺寸。
- 【加-减】：公差尺寸显示为独立的正值与负值。
- 【+-对称】：公差尺寸显示为正负值，仅用一个数值表示。

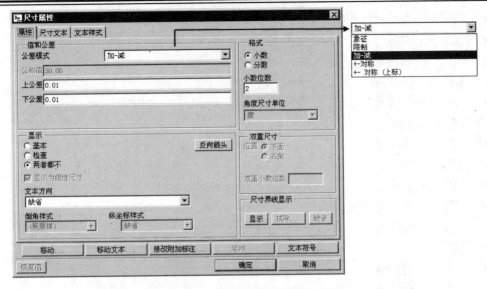

图 12-19　【尺寸属性】对话框

提示：如果未对系统配置文件中的公差相关系统变量进行编辑，系统默认【公差模式】呈灰色不可选择状态，因此若要对尺寸公差进行编辑，需要对系统配置文件 config.pro 中的相关系统变量进行设置。

- 【tol_display】——此系统变量用于控制是否显示尺寸公差。若设为"yes"，则显示尺寸公差；若设为"no"，则不显示尺寸公差。
- 【tol_mode】——此系统变量用于控制尺寸公差的显示形式，对应【尺寸属性】对话框中的【公差模式】下拉列表框。

12.2.2　几何公差标注

几何公差包括形状公差与位置公差，对于一般零件，标注尺寸公差便能够保证零件精度，但对于某些精度要求较高的零件，不仅需要标注尺寸公差，还需要对形状公差及位置公差进行定义。在菜单栏中选择【插入】→【几何公差】命令或单击【绘制】工具栏中的【几何公差】按钮，弹出【几何公差】对话框，如图 12-20 所示。在【几何公差】对话框中列出了可供用户选择的几何公差类型按钮，各按钮的含义如下：

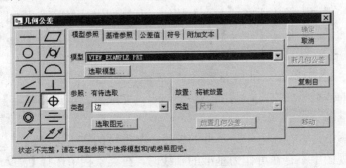

图 12-20　【几何公差】对话框

- ▬——直线度
- ○——圆度
- ⌒——线轮廓度
- ∠——倾斜度
- //——平行度
- ◎——同轴度
- ⌁——圆跳动
- ▱——平面度
- ⌀——圆柱度
- ⌒——曲面轮廓度
- ⊥——垂直度
- ⊕——位置度
- ═——对称度
- ⌁⌁——全跳动

通过在【几何公差】对话框的【模型参照】、【基准参照】、【公差值】、【符号】和【附加文本】选项卡中进行定义,可在工程图中添加几何公差。具体定义方法如下。

1. 模型选择

在【模型参照】选项卡中,从【模型】下拉列表框中选择需要进行几何公差标注的模型;或单击【选取模型】按钮,从图形显示区中选择模型。

2. 参照选择

单击需要添加的几何公差按钮,在【参照】选项区的【类型】下拉列表框中可以选择参照类型,不同几何公差类型对应不同的参照类型,主要包括模型的【边】、【轴】、【曲面】、【特征】和【基准】等。

若要选择平面或轴作为参照,则要预先定义基准平面或基准轴。定义基准平面与基准轴的【基准】对话框和【轴】对话框如图 12-21 所示,具体定义方法如下。

(1) 定义基准平面

在菜单栏中选择【插入】→【模型基准】→【平面】命令,或单击【基准】工具栏中的【平面】按钮 ▱,弹出【基准】对话框。在【名称】文本框中输入基准平面名称。若视图中存在可作为基准的平面,单击【在曲面上】按钮,从视图中选择基准平面即可;若视图中不存在可作为基准的平面,单击【定义】按钮,弹出【菜单管理器】之【基准平面】菜单,进行基准平面定义。

在【类型】选项区中单击按钮 A◀ ,将选择或创建的平面设置为基准平面,单击【新建】按钮开始新的基准平面定义,基准平面全部定义完成后,单击【确定】按钮。

(2) 定义基准轴

根据当前视图中是否存在可作为基准的轴线,基准轴的定义方法也可分为两种。

- 若当前视图中不存在可作为基准的轴线时,在菜单栏中选择【插入】→【模型基准】

→【轴】命令，或单击【基准】工具栏中的【轴】按钮 $\diagdown$，弹出【轴】对话框。在【名称】文本框中输入基准轴名称，单击【定义】按钮，弹出【菜单管理器】之【基准轴】菜单，进行基准轴定义。完成定义后，单击按钮　 A◀ 　，设置轴线为基准轴。

● 若当前视图中存在可作为基准的轴线，双击该轴线或选中该轴线在菜单栏中选择【编辑】→【属性】命令，弹出【轴】对话框，修改轴线名称为基准名称，单击按钮　 A◀ 　设置为基准。

图 12-21　【基准】和【轴】对话框

3. 公差放置

根据指定的几何公差类型的不同，需要选择不同的放置方式。在【放置】选项区的【类型】下拉列表框中，系统提供了以下几种放置方法。

● 【尺寸】——将几何公差附着到尺寸上，如图 12-22 所示。

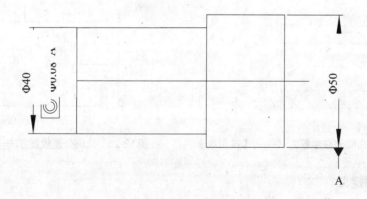

图 12-22　几何公差放置方法——【尺寸】

● 【尺寸弯头】——将几何公差连接到采用弯头导引方式的半径或直径的指引弯头上，将几何公差连接到尺寸弯头上会将现有尺寸文本移动到弯头上方，如图 12-23 所示。

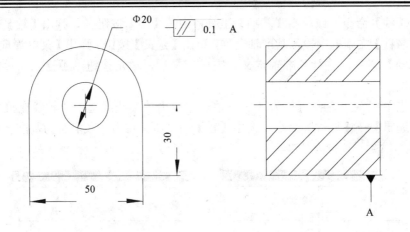

图 12-23　几何公差放置方法——【尺寸弯头】

- 【作为自由注释】——将几何公差放置在绘图的任意位置处。
- 【注释弯头】——将几何公差连接到一个现有注释的导引弯头上。可以用引线、孔注释、螺纹注释和 ISO 引线注释把几何公差连接到二维和三维注释上。
- 【带引线】——将几何公差附着于有引线的多个边（包括基准面组边）上或尺寸界线上，如图 12-24 所示。
- 【切向引线】——将几何公差附着到一条沿着引线的边上，该引线与选定边相切，将几何文本框定向为与引线相同的角度。
- 【法向引线】——将几何公差附着到一条沿着导引线的边上，该导引线与选定边垂直，如图 12-25 所示，此种方法在几何公差标注中使用频率最高。
- 【其它几何工具】——将新几何公差附加到现有公差上。

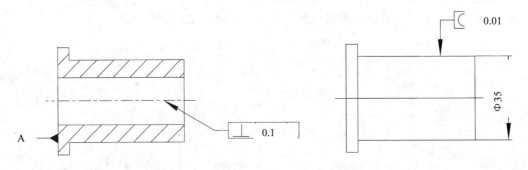

图 12-24　几何公差放置方法——【带引线】　　　　图 12-25　几何公差放置方法——【法向引线】

4. 基准参照定义

在标注位置公差时，如平行度、垂直度、同轴度等，需要指定基准参照。在【几何公差】对话框中选择【基准参照】选项卡，如图 12-26 所示，可选择需要使用的基准参照。为使用方便，可在定义【首要】基准的基础上，定义【第二】、【第三】基准。当需要同时使用两个基准时，如进行轴类零件标注，常使用具有公共基准的两个基准，可使用【复合】基准工具。

图 12-26 【基准参照】选项卡

5. 公差值定义

在【几何公差】对话框中选择【公差值】选项卡，如图 12-27 所示，在公差值输入文本框中输入几何公差数值。

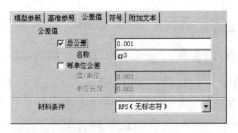

图 12-27 【公差值】选项卡

6. 符号添加

单击【几何公差】对话框中的【符号】选项卡，如图 12-28 所示，可添加特殊符号及附加文本。

7. 附加文本添加

在【几何公差】对话框中选择【附加文本】选项卡，如图 12-29 所示，通过勾选不同复选框，可分别在几何公差的上方、右侧、前缀和后缀位置添加特殊符号及附加文本。

图 12-28 【符号】选项卡

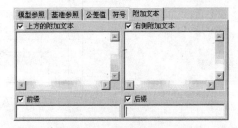

图 12-29 【附加文本】选项卡

12.2.3 表面粗糙度标注

表面粗糙度反映了零件表面的微观几何特性，是衡量零件质量的重要标准之一，因此在工程图标注中，表面粗糙度的标注也同样占有十分重要的地位，是安排加工工艺的重要依据。

Pro/ENGINEER 中仍用表面光洁度来表示零件表面的质量，为了用户使用方便，系统提供了表面粗糙度样式库供用户选择。

在菜单栏中选择【插入】→【表面光洁度】命令，弹出【菜单管理器】之【得到符号】菜单，如图 12-30 所示。若是首次使用，【名称】与【选出实体】命令呈灰色不可选状态。选择【检索】命令，在弹出的【打开】对话框中列出了系统提供的表面粗糙度样式库，选择合适的样式，如"machined"文件夹中的"standard1.sym"文件，单击【打开】按钮，系统弹出【菜单管理器】之【实例依附】菜单，如图 12-31 所示。

图 12-30   【得到符号】菜单

图 12-31   【实例依附】菜单

在【实例依附】菜单中，系统提供了【引线】、【图元】、【法向】、【无引线】和【偏距】5 种命令，基本使用方法与注释类似。但需要注意的是，若选择【图元】命令，只能标注水平表面的表面粗糙度，而不能标注垂直或倾斜表面的表面粗糙度。

12.3   实 例 训 练

例： 轴类零件的标注

本节以轴类零件为例，对其尺寸、尺寸公差、几何公差及表面粗糙度进行标注。本例所用工程图文件为随书光盘中的"\ch12\dimtol-example-1.drw"，待标注工程图如图 12-32 所示。

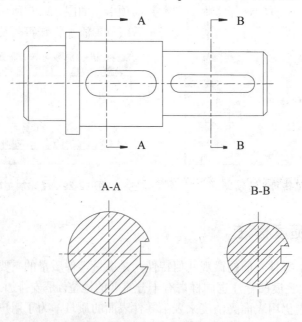

图 12-32   轴类零件标注——待标注的轴类零件工程图

1. 显示尺寸

在菜单栏中选择【视图】→【显示及拭除】命令，或单击【绘制】工具栏中的【显示及拭除】按钮，弹出【显示/拭除】对话框，单击【显示】按钮，在【类型】选项区中单击【尺寸】按钮，在【显示方式】选项区中点选【特征和视图】单选钮，依次单击主视图中第一轴段特征，确认尺寸显示，如图 12-33 所示。

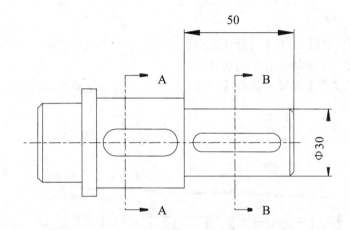

图 12-33　轴类零件标注——第一轴段特征尺寸标注

依次单击各轴段特征并调整尺寸位置，拭除不需要在主视图中标注的尺寸，得到主视图轴段基本尺寸标注，如图 12-34 所示。

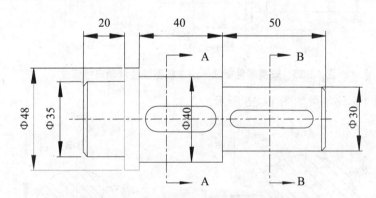

图 12-34　轴类零件标注——主视图轴段基本尺寸标注

2. 插入尺寸

在菜单栏中选择【插入】→【尺寸】→【新参照】命令，或单击【绘制】工具栏中的【新参照】按钮，弹出【菜单管理器】之【依附类型】菜单，选择相应命令插入从动尺寸，详细说明如下。

（1）主视图尺寸标注

● 在【依附类型】菜单中选择【图元上】命令，单击轴两端面，插入轴总长度尺寸。

● 在【依附类型】菜单中选择【图元上】命令，依次选择键槽的两个圆弧边作为参照，标注轴段上的两个键槽的轴向尺寸。

● 在【依附类型】菜单中选择【图元上】命令，标注键槽定位尺寸。

主视图中键槽及轴的总体尺寸标注结果如图 12-35 所示。

提示： 无论选择哪种依附类型，选择完参照后，都要单击鼠标中键以确定尺寸线放置
的位置，再继续后面的操作。

(2) 剖视图尺寸标注

● 在【依附类型】菜单中选择【中点】命令，选择剖截面左侧圆弧和右侧平面作为参
照，分别插入轴段在该剖面的从动尺寸。

● 在【依附类型】菜单中选择【图元上】命令，选择键槽边线作为参照，标注两个键
槽的尺寸。

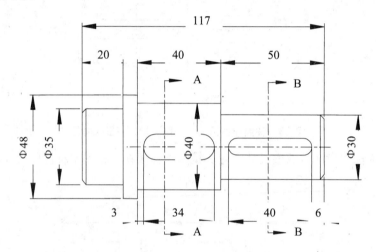

图 12-35　轴类零件标注——主视图轴段从动尺寸标注

剖视图中尺寸标注结果如图 12-36 所示。

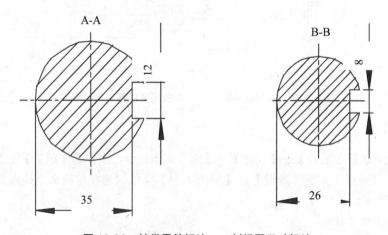

图 12-36　轴类零件标注——剖视图尺寸标注

3. 添加尺寸公差

双击尺寸，弹出【尺寸属性】对话框，在【公差模式】下拉列表框中选择【加-减】选项，可添加尺寸公差。本例中需要定义尺寸公差的有如下尺寸

- 主视图"$\phi 30$"尺寸——分别设置【上公差】为"+0.04"，【下公差】为"-0.02"。
- 主视图"$\phi 40$"尺寸——分别设置【上公差】为"+0.05"，【下公差】为"+0.03"。
- 主视图"$\phi 35$"尺寸——分别设置【上公差】为"+0.02"，【下公差】为"+0.01"。
- A-A 视图"35"尺寸——分别设置【上公差】为"0"，【下公差】为"-0.2"。
- A-A 视图"12"尺寸——分别设置【上公差】为"+0.08"，【下公差】为"-0.06"。
- B-B 视图"26"尺寸——分别设置【上公差】为"0"，【下公差】为"-0.2"。
- B-B 视图"8"尺寸——分别设置【上公差】为"-0.01"，【下公差】为"-0.05"。

提示：系统默认尺寸公差显示时【上公差】前是"+"号，【下公差】前是"-"号。
因此若【下公差】为正值，输入【下公差】数值时，在输入数值前需要添加"-"
号，则视图中显示的【下公差】前便出现"+"号。

4. 定义基准轴

分别双击主视图中"$\phi 40$"、"$\phi 30$"轴段的轴线，弹出【轴】对话框，单击按钮 -A- 设置为基准，基准名称分别为"C"、"D"，并选择轴段直径尺寸作为放置参照，设置完成后的主视图如图 12-37 所示。

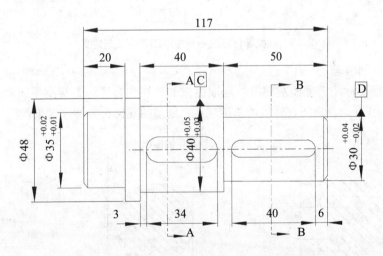

图 12-37 轴类零件标注——基准轴定义

5. 定义几何公差

（1）主视图几何公差
在主视图中，需要选择"$\phi 40$"轴段轴线作为基准，标注"$\phi 30$"轴段与"$\phi 40$"轴段的同轴度。在菜单栏中选择【插入】→【几何公差】命令，或单击【绘制】工具栏中的【几

何公差】按钮 ，弹出【几何公差】对话框，单击【同轴度】按钮 ◎，在【模型参照】选项卡的【参照】选项区中选择【轴】作为参照【类型】，单击【选取图元】按钮，在主视图中选择"φ30"轴段轴线。在【基准参照】选项卡中，选择基准名称为"C"的"φ40"轴段的基准轴线作为【基本】基准。在【公差值】选项卡中，设置公差值为"0.08"。

在【模型参照】选项卡的【放置】选项区中选择尺寸放置【类型】为【法向引线】，在弹出的【菜单管理器】之【引线类型】菜单中选择【箭头】→【完成】命令，再单击【几何公差】对话框中的【放置几何公差】按钮，单击"Φ30"尺寸边线选择放置参照，再单击视图中准备放置几何公差的位置，定义的几何公差将在视图中显示，如图 12-38 所示，单击【确定】按钮完成几何公差定义。

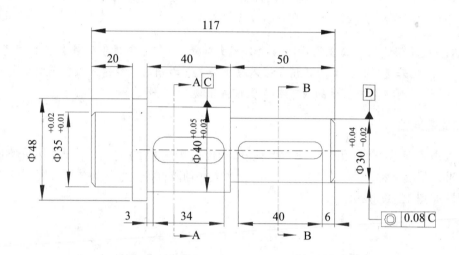

图 12-38　轴类零件标注——主视图几何公差定义

（2）剖视图几何公差

在剖视图中需要标注键槽的对称度。选取键槽的边线作为【边】类型参照对象，公差值设置为"0.08"，基准为各自所在轴段的基准轴线。剖视图几何公差标注结果如图 12-39 所示。

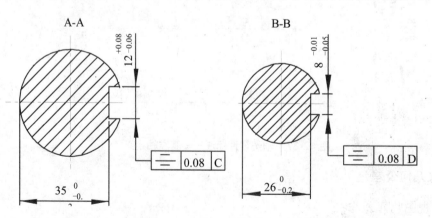

图 12-39　轴类零件标注——剖视图几何公差定义

6. 标注倒角尺寸

标注轴两端面的倒角尺寸时，需要自行绘制标注线。单击【绘图草绘器工具】工具栏中的【线】按钮，选择倒角边线作为草绘参照，绘制如图 12-40 所示的倒角标注线。在菜单栏中选择【插入】→【注释】命令，或单击【绘制】工具栏中的【注释】按钮，在弹出的【菜单管理器】之【注释类型】菜单中，分别选择【无引线】、【水平】或【竖直】命令，再选择【制作注释】命令，在视图中选择倒角标注的放置位置，完成轴两端倒角尺寸标注，如图 12-41 所示。

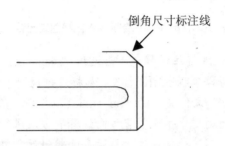

图 12-40 轴类零件标注——绘制倒角尺寸标注线

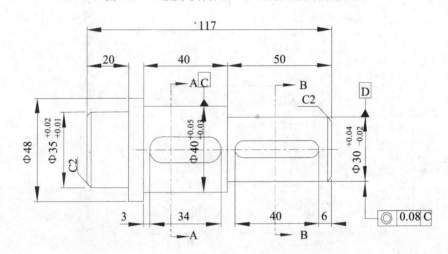

图 12-41 轴类零件标注——主视图倒角尺寸定义

7. 标注表面粗糙度

单击【绘图草绘器工具】工具栏中的【线】按钮，在 A-A 视图中绘制键槽表面粗糙度标注引线，如图 12-42 所示。在菜单栏中选择【插入】→【表面光洁度】命令，弹出【菜单管理器】之【得到符号】菜单。选择【检索】命令，在弹出的【打开】对话框中检索系统表面光洁度样式库，选择表面粗糙度样式为 "machined" 文件夹的 "standard1"。在弹出的【菜单管理器】之【实例依附】菜单中，选择【法向】命令，选择表面粗糙度标注引线作为依附参照，指定标注方向后，在消息输入窗口的文本框中输入表面粗糙度数值 "1.6"，单击【接受】按钮，完成 A-A 视图中键槽侧表面粗糙度定义。

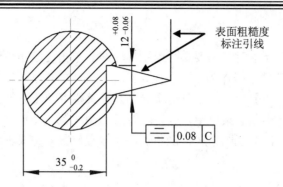

图 12-42　轴类零件标注——绘制 A-A 剖视图表面粗糙度标注引线

提示： 在进行表面粗糙度标注过程中，若选用 "standard1" 样式标注，有时表面粗糙度文字方向不符合工程图制图标准，如标注剖视图中键槽底面的粗糙度，此时可选择 "machined" 文件夹中的 "no_value1" 文件，在所需标注表面正确放置后，表面粗糙度数值通过水平或竖直方向注释的方法进行添加，便可完成表面粗糙度标注。此外，在图元外侧的法向标注表面粗糙度需要绘制相应的标注引线。

依据此方法，可依次完成剖视图及主视图中各表面的表面粗糙度标注，标注结果如图 12-43 所示。

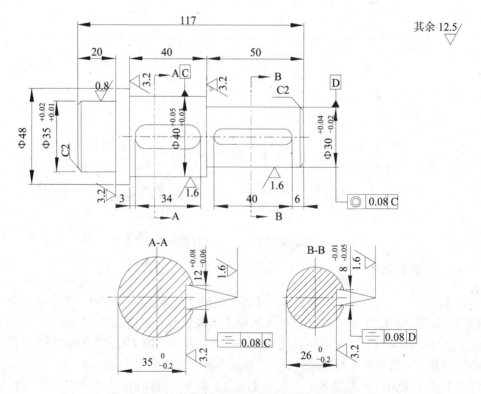

图 12-43　轴类零件标注——主视图倒角尺寸定义

12.4　练 习 题

(1) 如何显示、拭除模型驱动尺寸？【显示/拭除】对话框中的显示方式有何不同？驱动尺寸与从动尺寸的区别是什么？

(2) 进行插入尺寸操作时，如何设置公共参照？如何编辑尺寸属性？

(3) 如何插入注释？试举例说明各种注释类型。

(4) 如何定义尺寸公差？在工程图环境中有几种尺寸公差表示方法？若公差模式选择【加-减】类型，如何定义上下公差均为正值的尺寸公差？

(5) 试述定义几何公差的基本步骤及定义基准的方法。

(6) 如何定义模型表面粗糙度？使用【法向】和【图元上】放置表面粗糙度符号有何不同？

第 13 章　图框、表格与模板

掌握了工程图的创建步骤及标注方法，若要生成完整的工程图，还需要掌握工程图纸格式定制的方法。本章着重介绍在 Pro/ENGINEER 中如何定制工程图图纸、生成格式文件及创建工程图模板，通过本章的学习让读者尽快掌握图纸设计、模板定制的基本方法。

13.1　添加图框与标题栏

完整的工程图还需要图框和标题栏，由于各种工程图的要求不同，图框及标题栏的格式也各不相同。在设计过程中，若要根据实际工作要求定义图框与标题栏，可创建相应的工程图格式文件。本节主要介绍如何创建格式文件及在格式文件中如何定义图框与标题栏。

13.1.1　创建格式文件

在菜单栏中选择【文件】→【新建】命令，或单击工具栏中的【新建】按钮，弹出【新建】对话框，点选【格式】单选钮，在【名称】文本框中输入文件名，如图 13-1 所示。单击【确定】按钮，弹出【新格式】对话框，如图 13-2 所示。若在【指定模板】选项区中点选【截面空】单选钮，可打开已绘制的草图作为参照；若点选【空】单选钮，可指定图纸放置的方向和大小。单击【确定】按钮，进入与工程图环境类似的格式文件编辑环境，可进行图框与标题栏的创建操作。

图 13-1　【新建】格式文件

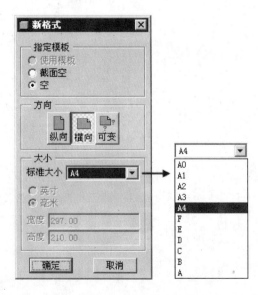

图 13-2　【新格式】对话框

提示：格式文件编辑环境与工程图环境基本类似，不同之处在于在格式文件编辑环境中可进行与格式相关的操作，如系统自动生成的图纸边框为可编辑状态；而在工程图环境中，图纸边框不可编辑修改。但格式文件编辑环境中仅能进行格式定义操作，不能进行视图编辑等工程图相关操作。

13.1.2 添加图框

系统提供的边框代表图纸的大小，因此图框应向内偏移。单击【绘图草绘器工具】工具栏中的【线】按钮，选择图纸边框作为草绘参照，根据图框尺寸向内绘制边框直线，或单击【绘图草绘器工具】工具栏中的【偏移】按钮，将图框边线向内偏移。在菜单栏中选择【编辑】→【修剪】命令，可对多余的边线进行修剪操作。如图 13-3 所示为根据国标绘制的 A4 图纸边框。

图 13-3　图纸边框定义

13.1.3 添加标题栏

使用 Pro/Engineer 提供的表格工具可以为工程图添加标题栏，添加步骤如下。

1. 创建基本表格

在菜单栏中选择【表】→【插入】→【表】命令，或单击【绘制】工具栏中的【表】按钮，弹出【菜单管理器】之【创建表】菜单，如图 13-4 所示。

图 13-4　【创建表】菜单

在【创建表】菜单中，用户可对表格的展开方向、表格对齐方式、表格单元格尺寸及表格定位方式进行选择，完成选择后依次在消息输入窗口中输入表格各行各列的尺寸参数，单击鼠标中键可结束行或列尺寸的输入。

📝 **提示：** 表格对齐方式命令包括【右对齐】和【左对齐】，表示新建的列或单元的发展方向，如选择【左对齐】命令，新建列将添加在当前参照的左侧。

2. 编辑表格

表格编辑操作主要包括合并/恢复单元格、插入行或列、删除行或列、调整行高或列宽和编辑表格文本等，下面具体介绍编辑表格的方法。

(1) 合并/恢复单元格

在菜单栏中选择【表】→【合并单元格】命令，弹出【菜单管理器】之【表合并】菜单，如图 13-5 所示，选择相应命令后，根据系统提示，依次单击表格中需要合并的单元格，合并单元格结果如图 13-6 所示。

图 13-5 【表合并】菜单

- 【行】——执行相同列中的行合并操作，可同时执行多个列中的单元格合并，合并后仍保持初始列划分。
- 【列】——执行相同行中的列合并操作，可同时执行多个行中的单元格合并，合并后仍保持初始行划分。
- 【行&列】——执行多个相邻单元格的合并操作。

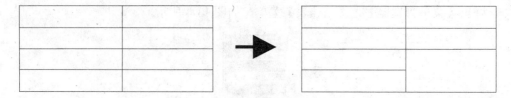

图 13-6 合并单元格

在菜单栏中选择【表】→【取消合并单元格】命令，然后分别单击已合并单元格的拐角单元格，便可取消单元格的合并。

(2) 插入行或列

在菜单栏中选择【表】→【插入】→【行】(或【列】)命令，分别单击表格内需要插入行(或列)位置的表格边线，系统将在所选边线的两行(或两列)间插入新的行(或列)。

(3) 删除行或列

单击待删除行最左侧边线(或待删除列最上端边线)，该行(或列)被选中并高亮显示，按

<Delete>键便可删除所选行(或列)。

(4) 调整行高或列宽

选中待调整的整行或整列,在菜单栏中选择【表】→【高度和宽度】命令,弹出【高度和宽度】对话框,可在相应文本框中输入数值对行高或列宽进行调整,如图 13-7 所示为列宽调整界面。

图 13-7 【高度和宽度】对话框

(5) 编辑表格文本

双击单元格,弹出【注释属性】对话框,可输入表格文本内容并设置文字属性,单击【文本符号】按钮可插入特殊符号。

📝 **提示**:当单元格中有内容时(包括空格),便不能执行【合并单元格】操作。

13.2 创 建 模 板

在第 11 章中提到过使用工程图模板能自动创建视图、设置视图显示和完成显示模型尺寸等操作,本节将介绍如何创建模板文件。

1. 工程图模板介绍

工程图模板包含 3 种创建新绘图的基本信息类型。第 1 种类型是构成绘图但不依赖绘图模型的基本信息,如注释、符号等,此信息会从模板复制到新工程图中。第 2 种类型是用于配置工程图视图的指示及在该视图上执行的操作,该指示用于采用新绘图对象(模型)建立新工程图。第 3 种类型是参数化注释,可更新为新工程图参数和尺寸数值的注释。

使用模板可进行定义视图的布局、设置视图显示、放置注释、放置符号、定义表格、创建捕捉线和显示尺寸等操作,还可为不同类型的工程图创建定制的工程图模板。

2. 创建工程图模板

(1) 在菜单栏中选择【文件】→【新建】命令,或单击工具栏中的【新建】按钮 ,弹出【新建】对话框,点选【绘图】单选钮,在【名称】文本框中输入模板名称,取消【使用缺省模板】复选框的勾选,单击【确定】按钮。弹出【新制图】对话框,可点选【格式为空】单选钮指定格式文件,或点选【空】单选钮指定图纸大小及方向,单击【确定】按钮,进入工程图环境。

（2）在菜单栏中选择【应用程序】→【模板】命令，进入模板定义环境。在菜单栏中选择【插入】→【模板视图】命令，弹出【模板视图指令】对话框，如图 13-8 所示。在【模板视图指令】对话框中，可对【视图名称】、视图【方向】以及【视图选项】等进行定义。完成视图各选项定义后，单击【放置视图】按钮，在图形显示区单击放置视图。

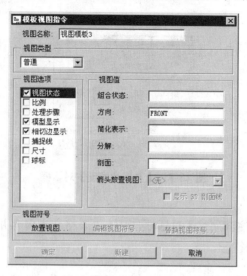

图 13-8　【模板视图指令】对话框

（3）完成第一个视图创建后，单击【模板视图指令】对话框中的【新建】按钮，可进行其他视图的创建。如果在【模板视图指令】对话框的【视图类型】下拉列表框中选择【投影】选项，可创建相关视图的投影视图。在菜单栏中选择【文件】→【页面设置】命令，在弹出的【页面设置】对话框中可选择添加模板格式文件，添加了预定义格式文件的工程图模板如图 13-9 所示。完成模板创建后，单击工具栏中的【保存】按钮 保存模板。

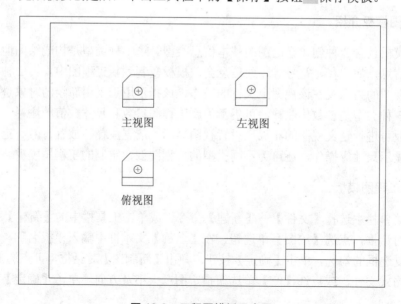

图 13-9　工程图模板示意图

13.3　实　例　训　练

 例： 创建格式文件

本节以 A4 图纸为例，创建格式文件(此文件见随书光盘中的"\ch13\a4.frm")。

1. 创建格式文件

在菜单栏中选择【文件】→【新建】命令，或单击工具栏中的【新建】按钮 ，弹出【新建】对话框，点选【格式】单选钮，在【名称】文本框中输入"A4_User"，单击【确定】按钮。弹出【新格式】对话框，在【指定模板】选项区中点选【空】单选钮，在【方向】选项区中单击【横向】按钮，在图纸【标准大小】下拉列表框中选择【A4】选项，单击【确定】按钮，进入格式文件编辑环境。

2. 添加图框

(1) 单击【绘图草绘器工具】工具栏中的【偏移】按钮 ，在弹出的【菜单管理器】之【偏距操作】菜单中选择【链图元】命令，按住<Ctrl>键，选择系统所绘图框的上边线、右边线和下边线。若偏距方向指向图纸内部，在图形显示区下方的消息输入窗口的文本框中输入偏距"5"；若偏距方向指向图纸外部，则输入偏距数值"–5"。最后单击消息输入窗口右侧的【接受】按钮 。

(2) 用同样方法选择系统所绘图框的左边线，设置偏距大小为"25"，偏距方向指向图纸内部。

(3) 在菜单栏中选择【编辑】→【修剪】命令，可在【修剪】子菜单中选择【拐角】命令，分组选择待修剪边线需要保留的部分；也可选择【边界】命令，指定裁剪边界后，同样选择待修剪边线需保留的部分；多次操作后，完成图框修剪操作。

(4) 双击新添加的图框内边线，在弹出的【修改线体】对话框中，修改【宽度】为"0.7"，依次单击【应用】和【关闭】按钮，完成图框边线定义。

3. 添加标题栏

(1) 在菜单栏中选择【表】→【插入】→【表】命令，或单击【绘制】工具栏中的【表】按钮 ，在弹出的【菜单管理器】之【创建表】菜单中依次选择【升序】、【左对齐】、【按长度】和【顶点】命令，单击图形显示区中图框内边框的右下角作为定位参照，在消息输入窗口的文本框中依次输入列宽"35"、"40"、"5"、"25"和"15"，单击鼠标中键结束列定义；再在消息输入窗口的文本框中依次输入行高"8"、"8"、"8"和"8"。单击鼠标中键，在视图中生成表格，如图 13-10所示。

(2) 依据图纸标题栏格式要求，对标题栏部分单元格进行合并，输入相关文字并进行文字属性设置，

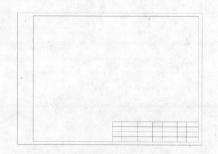

图 13-10　添加标题栏基本表格

完成定义后的标题栏如图 13-11 所示。

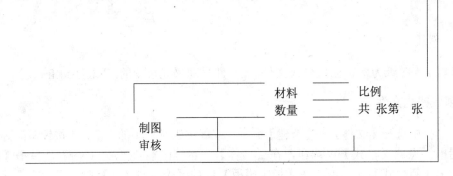

图 13-11　标题栏编辑

4. 保存格式文件

单击工具栏中的【保存】按钮，保存格式文件。当新建工程图文件时，可在【新制图】对话框中选择新创建的"A4_User"文件作为格式文件。

13.4　练　习　题

（1）试述如何创建工程图格式文件并在工程图中使用格式文件？

（2）创建格式文件与创建工程图文件的区别是什么？

（3）如何添加图框并修改线宽？

（4）如何创建标题栏？如何理解创建表格时方向选项中的【左对齐】和【右对齐】？如何向标题栏中添加文字？

（5）试述工程图模板的作用，并举例说明如何在创建工程图时使用模板文件。

（6）如何设置模板的各个视图？如何定义模板格式？

第 14 章　结构/热力分析

结构分析是产品设计过程中的关键环节，通过有限元分析产品零部件的结构性能，可预测其在各种载荷下的工作状态，分析结果可指导结构设计人员进行结构优化，从而避免产生设计失误。

Pro/ENGINEER 的有限元分析模块——Pro/Mechanica 可以实现几何建模与有限元分析的无缝集成，能够充分发挥 Pro/ENGINEER 参数化工具的优点，进行模型的结构分析与优化，弥补了 ANSYS、NASTRAN 等专用有限元软件 CAD 功能相对较差的不足。本章着重介绍在 Pro/Mechanica 环境中进行结构分析的基本流程，包括定义材料、载荷和约束的基本方法，以及如何对零件进行静力学、动力学及热力学初步分析。通过本章的学习读者可尽快实现对有限元分析及分析工具 Pro/Mechanica 的基本了解，以便更好地应用于工程实践。

14.1　概　　述

有限元分析在工程设计中应用越来越广泛，使用 Pro/Mechanica 可以进行结构力学和热力学等方面的有限元分析，直接为产品设计服务，是提高产品可靠性的重要手段。

14.1.1　有限元基本知识

1. 有限单元法

有限单元法(Finite Element Method，缩写 FEM)，又称有限元分析(Finite Element Analysis，缩写 FEA)，是将弹性理论、计算数学及计算机软件有机结合在一起的一种数值分析技术，由于其具有快速、灵活和有效的特点，因此迅速发展为求解工程领域实际问题的主要方法之一。

有限单元法的基本思想是将连续的求解区域离散成有限个在节点处互相连接的子域(单元)，所有的力和位移都通过节点进行计算。对于每个单元选取适当的差值函数，使得该函数在子域内部、子域分界面(内部边界)上以及子域与外界分界面(外部边界)上都满足一定条件。将所有单元的方程组合起来，得到整个结构的方程，求解该方程便可获得结构的近似解。

2. 有限单元法基本术语

(1) 单元

结构经过网格划分后得到的每一个小的块体积称之为单元。常见的单元类型有一维线段单元、三角形平面单元、四边形平面单元、四面体单元和六面体单元等。由于单元是组成有限元模型的基础，因此单元类型对于有限元分析是至关重要的，需要根据分析对象的结构特点进行选取。

（2）节点

节点描述了结构中一个点的坐标，是组成有限元模型的基础元素。单元的形状由其所包含的节点决定。

（3）载荷

通常把结构所受到的外部施加的力称为载荷，根据载荷分布情况可分为集中载荷与分布载荷。在不同学科领域的分析中，则可以定义载荷为某些非力学因素，如温度等。

（4）边界条件

边界条件就是指结构边界上所受到的外加约束。在有限元分析中，施加正确的边界条件是获得正确的分析结果和较高的分析精度的重要条件。

3. 有限元分析的基本步骤

（1）结构离散

离散化是有限元方法的基础，进行有限元分析前，必须根据结构的实际情况，进行几何简化，定义单元的类型、数目、大小和排列方式等。通过把结构划分为足够小的单元，使得简单位移模型能足够近似地表示精确解，单元越小，节点越多，则计算结果的精度越高，计算量越大。图 14-1 和图 14-2 分别表示了实际物体几何模型与经过简化后的有限元模型。

图 14-1　实际物体几何模型　　　　图 14-2　简化后的有限元模型

（2）单元特性计算

单元特性计算的目的在于建立单元节点广义位移（轴向位移、切向位移、挠曲转角和扭转转角）与相应广义位移方向的节点内力（轴力、剪力、弯矩和扭矩）之间的关系，从而建立单元刚度矩阵。

（3）有限元模型解析

通常集合整个离散化连续体的代数方程，把各个单元的节点力矢量集合为总的力和载荷矢量，求解节点位移，从而可进一步计算出单元应变与应力。

（4）结果处理与显示

将有限元计算分析结果进行加工处理并形象化，以各种形式显示出来。

4. 有限元分析的应用

有限元方法可用于分析结构和非结构问题。

（1）结构问题。包括应力分析、屈服分析、振动分析和模态分析等。

（2）非结构问题。包括热传导、流体、电磁和生物力学分析等。

14.1.2 Pro/Mechanica 简介

Pro/Mechanica 是 PTC 公司提供的有限元分析软件，能够实现与 Pro/Engineer 的无缝集成，并利用 Pro/ENGINEER 的强大参数化功能，完成模型的有限元分析。目前的专用有限元软件普遍存在不能直接识别计算机辅助设计软件生成的模型文件的问题，因此需要把模型文件转换为 IGES、STEP 等图形格式导入，由于不完全兼容，故常出现模型缺失等问题。Pro/Mechanica 可以有效地避免模型文件格式转换带来的各种问题，缩短设计周期，降低设计成本。

Pro/Mechanica 主要包括结构分析(Structure)和热力学分析(Thermal)模块，可以进行结构强度分析、寿命评估、结构优化、瞬态热力分析及稳态热力分析。用户掌握了材料属性、应力应变及热力学基本常识后，就可以完成模型的分析工作。

1. Pro/Mechanica 工作模式

Pro/Mechanica 包含两种工作模式。

（1）集成模式

在集成模式下，Pro/Mechanica 作为应用程序子模块集成在 Pro/Engineer 中，用户可以在与 Pro/ENGINEER 统一的界面下工作，无需单独启动 Pro/Mechanica。集成模式操作界面如图 14-3 所示。

图 14-3 Pro/Mechanica Structure 集成模式操作界面

（2）独立模式

在独立模式下，Pro/Mechanica 使用完全独立的用户界面，用户可以在独立界面中建立或导入模型，进行有限元分析。独立模式操作界面如图 14-4 所示。

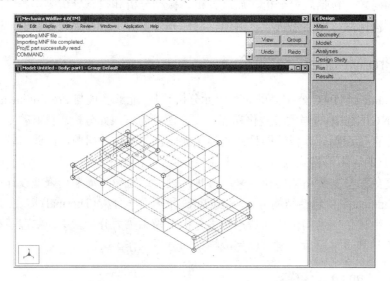

图 14-4　Pro/Mechanica 独立模式操作界面

本章主要讲解集成模式下 Pro/Mechanica 的各项操作。

2. Pro/Mechanica 分析模式

根据分析求解方式，Pro/Mechanica 可分为基本模式与有限元模式，用户可在菜单栏中选择【编辑】→【Mechanica 模型设置】命令，弹出【Mechanica Model Setup（Mechanica 模型设置）】对话框进行选择操作，如图 14-5 所示。

图 14-5　Pro/Mechanica【Mechanica Model Setup（Mechanica 模型设置）】对话框

（1）基本模式

Pro/Mechanica 基本模式采用 P-code 单元划分模型，使用自带求解器进行分析计算。

（2）有限元模式（FEM）

Pro/Mechanica 有限元模式采用有限元模型或 H-code 单元划分模型，使用 ANSYS 等专用有限元软件求解器完成分析计算及结果显示。

3. Pro/Mechanica 工具栏按钮含义

Pro/Mechanica 系统中新增【Mechanica 对象】工具栏各按钮介绍如下。

新建力/力矩载荷		新建刚体连接	
新建压力载荷		新建受力连接	
新建承载载荷		新建接触	
新建重力载荷		定义材料属性	
新建离心载荷		给模型分配材料属性	
新建全局温度载荷		新建网格控制	
新建点结构温度载荷		新建曲面区域	
新建边/曲线结构温度载荷		新建体积块区域	
新建曲面结构温度载荷		新建点热载荷	
新建位移约束		新建边/曲线热载荷	
新建沿曲面约束		新建曲面热载荷	
新建结构对称约束		新建体积块热载荷	
新建壳		新建规定温度	
新建壳面对		新建对流条件	
新建梁		新建点对流条件	
新建弹簧		新建边/曲线对流条件	
新建质量		新建辐射条件	
新建界面连接		新建热力学对称约束	
新建焊接接触		新建裂纹单元	
新建螺纹连接			

4. Pro/Mechanica 分析基本流程

在集成模式下使用 Pro/Mechanica 进行有限元分析的基本流程如下。

（1）在 Pro/ENGINEER 环境中建立几何模型。

（2）进入 Pro/Mechanica 环境，指定模型类型。

（3）定义仿真参数，包括材料、约束和载荷等。

（4）进行模型网格划分。

（5）运行求解器进行计算。

（6）查看分析结果。

14.2 材料、载荷及约束

14.2.1 材料属性

1. 基本概念

在使用 Pro/Mechanica 进行分析前，必须先定义模型的材料属性，相关概念及说明如下。

（1）质量密度（Mass Density）

质量密度是指模型所采用材料的密度。在 Pro/Mechanica 中，常用单位为 kg/mm^3、$tonne/mm^3$ 等。

（2）杨氏模量（Young's Modulus）

杨氏模量又称弹性模量，表示应力与应变之间的关系，即在材料屈服极限内的应力（载荷/面积）与应变（长度变化/长度）的线性比值。在 Pro/Mechanica 中，常用单位为 $Pa(1Pa=N/m^2)$、$MPa(1MPa=1\times10^6Pa)$、$GPa(1GPa=1\times10^9Pa)$ 等。

（3）泊松比（Poisson's Ratio）

在材料的比例极限内，由均匀分布的纵向应力所引起的横向应变与相应的纵向应变之比的绝对值。材料泊松比可通过实验方法测定，但对于大多数材料而言，泊松比一般处于 0.25～0.33 之间。

（4）热扩散系数（Coefficient of Thermal Expansion）

热扩散系数，又称热膨胀系数，是在一定温度范围内每升高 1 度，线尺寸的增加量与其在 0 度时的长度的比值，常用单位为 $1/℃$、$1/F$。

2. 材料属性定义

Pro/Mechanica 为用户提供了一些常用材料，用于定义有限元模型材料，用户可在菜单栏中选择【属性】→【材料】命令，或单击【Mechanica 对象】工具栏中的【Materials（材料）】按钮，打开【材料】对话框，如图 14-6 所示。单击按钮 ▶▶▶ 和 ◀◀◀ 可执行模型材料的选择和模型材料入库的操作。单击工具栏中的【新建】按钮 □ 或【编辑】按钮 ✎，将弹出【材料定义】对话框，可对材料属性进行定义或编辑，如图 14-7 所示，单击【保存到库】按钮可保存定义或编辑结果。单击【材料】对话框中的【确定】按钮，完成材料选择。

注意：如果在【材料】对话框的【模型中的材料】列表框中选择材料进行编辑，则不会影响材料库中的材料属性，编辑完成后，单击【材料定义】对话框中的【确定】按钮即可。

图 14-6 Pro/Mechanica【材料】对话框

图 14-7 Pro/Mechanica【材料定义】对话框

3. 分配模型材料属性

在菜单栏中选择【属性】→【材料属性】命令，或单击【Mechanica 对象】工具栏中的【Material Assignment（材料分配）】按钮，弹出【Material Assignment（材料分配）】对话框，如图 14-8 所示。在【Name（名称）】文本框中输入材料分配操作的名称，在【References（参照）】下拉列表框中选择材料分配对象，在【Properties（属性）】选项区中定义该材料分配操作选用的【Material（材料）】及【Material Orientation（材料方向）】。单击【OK（确定）】按钮，完成材料分配操作。

图 14-8　Pro/Mechanica【Material Assignment（材料分配）】对话框

注意：【References（参照）】下拉列表框中选项的功能如下。

- 【Components（组件）】——用于设置整个组件（或部件）模型材料。
- 【Volumes（体积块）】——用于设置零件模型中用户指定的一个或多个体积块材料。

14.2.2　载荷类型

Pro/Mechanica 为用户提供了力/力矩载荷、压力载荷、承载载荷、重力载荷、离心载荷及热载荷几种载荷形式，用户可在菜单栏中选择【插入】命令或单击【Material 对象】工具栏中的相应按钮，选择要添加的载荷类型。结构分析模式下的【Force/Moment Load（力/力矩载荷）】对话框如图 14-9 所示。各选项的含义如下。

图 14-9　Pro/Mechanica Structure 模式下的【Force/Moment Load（力/力矩载荷）】对话框

- 【Name（名称）】文本框——该文本框用于输入载荷名称。
- 【Member of Set（成员集）】下拉列表框——该下拉列表框中用于选择载荷集名称。可单击【New（新建）】按钮创建新的载荷集。
- 【References（参照）】选项区——该选项区用于指定加载区域。

- 【Properties（属性）】选项区——该选项区用于指定载荷所属坐标系。
- 【Force（力）】和【Moment（力矩）】选项区——该选项区用于定义载荷大小。
- 【Preview（预览）】按钮——单击该按钮可查看模型上的载荷分布情况。

注意：（1）载荷名称要尽量反映载荷的主要特征，如加载对象、加载区域类型等，以便于查找和修改。

（2）添加载荷前应该完成【References（参照）】及【Properties（属性）】选项区中所需的基准点、基准边/曲线、基准曲面以及坐标系的定义操作。

（3）载荷集是一组能够同时作用在模型上的载荷的集合，可以包括用户进行一次分析时所需的全部载荷。

14.2.3　约束类型

约束定义是有限元分析的重要环节，因此在运行分析前需要根据被分析对象的实际情况，对自由度等要素进行限制。Pro/Mechanica 提供了位移约束、对称约束等约束类型，用户可在菜单栏中选择【插入】命令或单击【Mechanica 对象】工具栏中的相应按钮，选择要添加的约束类型。结构分析模式下的【Constraint（约束）】对话框如图 14-10 所示，有关选项的含义如下。

- 【Coordinate System（坐标系）】——该选项区用于指定约束所属坐标系。
- 【Translation（平动）】和【Rotation（转动）】——该选项区用于定义被约束对象需要限制的自由度。

注意：定义约束的目的是使被约束对象只能按照约定的方式移动。对于被分析对象中未被约束的部分，将会按照所有可能的方向自由移动。

图 14-10　Pro/Mechanica Structure 模式下的【Constraint（约束）】对话框

14.3 实 例 训 练

 例1：梁结构静力学分析

1. 问题描述

如图 14-11(a)所示为支架结构，AB=300mm，AB、BC 在 B 处连接且夹角为 30°，A、C 端固定，B 端承受集中载荷 F=400N，方向垂直向下，梁截面形状为正方形。如图 14-11(b)所示，材料为 45#钢，杨氏模量为 206000Mpa，泊松比为 0.3。试分析该结构在集中载荷 F 作用下的应力及变形。

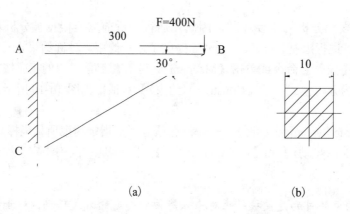

图 14-11 支架结构及截面示意图

2. 问题分析

本例中结构在长度方向尺寸远远大于其他两个方向尺寸，符合使用梁结构分析的条件，故可以使用梁结构进行分析。

3. 分析过程

（1）创建零件模型

在菜单栏中选择【文件】→【新建】命令，或单击工具栏中的【新建】按钮，点选【零件】单选钮，零件【名称】设置为"Beam"，取消【使用缺省模板】复选框的勾选，单击【确定】按钮，弹出【新文件选项】对话框，选择【mmns_part_solid】选项，单击【确定】按钮，进入零件定义环境。

（2）创建基准曲线

单击【基准】工具栏中的【草绘】按钮，在弹出的【草绘】对话框中选择"FRONT"平面作为草绘【平面】，选择"RIGHT"平面作为【参照】，在【方向】下拉列表框中选择【右】选项，单击【草绘】按钮进入草绘环境。绘制如图 14-12 所示的曲线，单击【草绘工具】工具栏中的【完成】完成草绘。

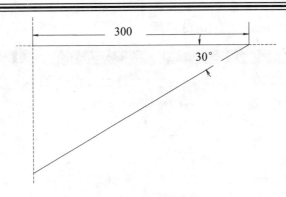

图 14-12　创建基准曲线

（3）进入 Pro/Mechanica 环境

在菜单栏中选择【应用程序】→【Mechanica】命令，弹出【Mechanica Model Setup（Mechanica 模型设置）】对话框，在【模型类型】下拉列表框中选择【Structure（结构）】选项，其余选项保持默认设置，单击【确定】按钮进入 Pro/Mechanica 结构分析环境。

（4）定义材料属性

在菜单栏中选择【属性】→【材料】命令，或单击【Mechanica 对象】工具栏中的【Materials（材料）】按钮，弹出【材料】对话框，在【库中的材料】列表框中选择【steel.mtl】文件，单击按钮，该文件出现在【模型中的材料】列表框中。单击【编辑】按钮，弹出【材料定义】对话框，将【名称】改为"steel-45"、【泊松比】改为"0.3"、【杨氏模量】改为"206000"，其余各项保持默认值，单击【确定】按钮，完成材料定义。然后单击【材料】对话框的【确定】按钮，完成材料选择。

（5）材料分配

在菜单栏中选择【属性】→【材料分配】命令，或单击【Mechanica 对象】工具栏中的【Material Assignment（材料分配）】按钮，弹出【Material Assignment（材料分配）】对话框，将【Name（名称）】改为"MaterialAssign-Beam"，在【References（参照）】下拉列表框中选择【Components（组件）】选项，.在【Properties（属性）】选项区的【Material（材料）】下拉列表框中选择【STEEL-45】选项。单击【OK（确定）】按钮，完成材料分配。图形显示区的模型上显示已具备材料属性标志。

（6）创建梁结构模型

1）在菜单栏中选择【插入】→【梁】命令，或单击【Mechanica 对象】工具栏中的【Beam（梁）】按钮，弹出【Beam Definition（梁定义）】对话框，将【Name（名称）】改为"Beam"；在【References（参照）】下拉列表框中选择【Edge（s）/Curve（s）（边/曲线）】选项；然后选择创建的基准曲线；在【Material（材料）】下拉列表框中选择【零件材料（Part Material）】选项。

提示：本例只涉及到一种结构及一种材料属性，故可直接选用【Part Material（零件材料）】选项。当模型结构及材料属性复杂时，需要对多个零部件进行不同结构定义及材料模型分配。

2）单击【Beam Section（梁截面）】下拉列表框右侧的【更多（More）】按钮，弹出【Beam

Sections（梁截面）】对话框，如图 14-13 所示。

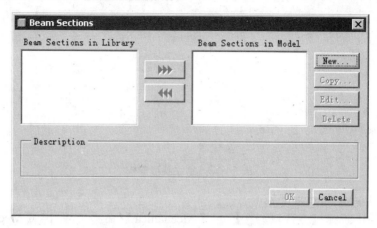

图 14-13 【Beam Sections（梁截面）】对话框

3）单击【New（新建）】按钮，弹出【Beam Section Definition（梁截面定义）】对话框，如图 14-14 所示。

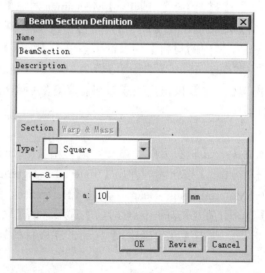

图 14-14 【Beam Section Definition（梁截面定义）】对话框

4）将【Name（名称）】修改为"Beam Section"，在【Section（截面）】选项卡的【Type（类型）】下拉列表框中选择【Square（正方形）】选项，参照截面示意图，输入截面尺寸【a】为"10mm"，单击【OK（确定）】按钮，完成截面定义。

5）单击【Beam Sections（梁截面）】对话框中的【OK（确定）】按钮，关闭【Beam Sections（梁截面）】对话框。

提示：Pro/Mechanica 为用户提供了多种截面类型，包括 Square（正方形）、Rectangle（矩形）和 I-Beam（工字梁）等，详见表 14-1。

表 14-1　Pro/Mechanica 梁截面类型

图示	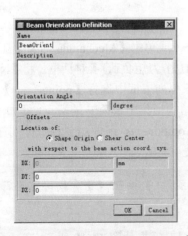					
类型	正方形截面 (Square)	矩形截面 (Rectangle)	矩形框截面 (Hollow Rect)	C 截面 (Channel)	工字截面 (I-Beam)	L 截面 (L-Section)
图示						
类型	菱形截面 (Diamond)	圆形截面 (Solid Circle)	圆环截面 (Hollow Circle)	椭圆形截面 (Solid Ellipse)	椭圆环截面 (Hollow Ellipse)	

6）单击【Beam Orientation（梁方向）】下拉列表框右侧的【More（更多）】按钮，弹出【Beam Orientation（梁方向）】对话框，单击【New（新建）】按钮，弹出【Beam Orientation Definition（梁方向定义）】对话框，如图 14-15 所示。修改【Name（名称）】为"Beam Orient"，由于本例不需要进行方向的重新定义，故其余各项保持默认设置，单击【OK（确定）】按钮，完成梁方向定义。单击【Beam Orientation（梁方向）】对话框中的【OK（确定）】按钮，关闭该对话框。

7）完成上述修改后，【Beam Definition（梁定义）】对话框如图 14-16 所示，单击【OK（确定）】按钮，关闭该对话框，完成梁结构模型的基本定义。此时图形显示区中将显示所创建的梁结构，如图 14-17 所示。

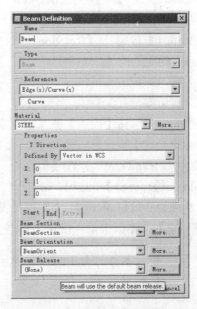

图 14-15　【Beam Orientation Definition（梁方向定义）】对话框

图 14-16　【Beam Definition（梁定义）】对话框

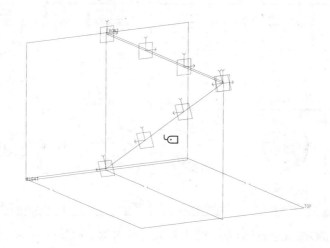

图 14-17　梁结构模型

（7）添加约束

在菜单栏中选择【插入】→【位移约束】命令，或单击【Mechanica 对象】工具栏中的按钮 ，弹出【Constraint（约束）】对话框，将【Name（名称）】改为"BeamConstraint"；在【References（参照）】下拉列表框中选择【points（点）】选项，点选【Single（独立点）】单选钮，在图形显示区选择创建的基准曲线的两个固定端，即图 14-11 所示的 A、C 端点；在【Translation（平移）】及【Rotation（转动）】选项区中使【完全约束（Fixed）】按钮 保持选中状态。添加约束后的【Constraint（约束）】对话框如图 14-18 所示，单击【OK（确定）】按钮，关闭对话框。

（8）添加载荷

在菜单栏中选择【插入】→【力/力矩负荷】命令，或单击【Mechanica 对象】工具栏中的【力/力矩负荷】按钮 ，弹出【Force/Moment Load（力/力矩负荷）】对话框。将【Name（名称）】改为"BeamLoad"；在【References（参照）】下拉列表框中选择【points（点）】选项，点选【Single（独立点）】单选钮，在图形显示区选择梁结构受集中载荷 F 的端点，即如图 14-11 所示的 B 端点；在【Force（力）】下拉列表框中选择【Components（组件）】选项，分别在【X】、【Y】和【Z】文本框中输入指定坐标系下各分力的大小"0"、"-400"和"0"。

提示：输入各分力大小后，可单击【Preview（预览）】按钮，查看载荷是否符合分析要求。

添加载荷后的【Force/Moment Load（力/力矩负荷）】对话框如图 14-19 所示，单击【OK（确定）】按钮，关闭该对话框，添加载荷后的梁结构模型如图 14-20 所示。

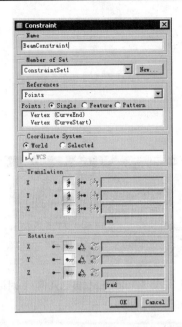
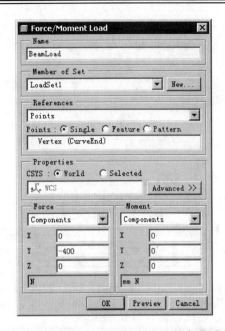

图 14-18　【Constraint(约束)】对话框　　图 14-19　【Force/Moment Load(力/力矩负荷)】对话框

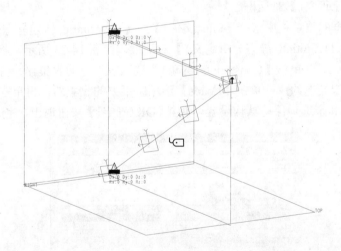

图 14-20　已添加约束及载荷的梁结构模型

(9) 自动网格划分

1) 在菜单栏中选择【自动几何】→【设置】命令,弹出【AutoGEM Settings(自动几何设置)】对话框,选项设置如图 14-21 所示,单击【OK(确定)】按钮完成设置。

2) 在菜单栏中选择【自动几何】→【创建】命令,弹出【AutoGEM(自动几何)】对话框,在【AutoGEM References(自动几何参照)】下拉列表框中选择【All with Properties(包含全部属性)】选项,如图 14-22 所示。

3) 单击【Create(创建)】按钮,查看网格生成报告。单击【Close(关闭)】按钮,完成网格创建。

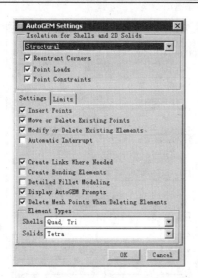 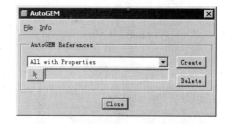

图 14-21 【AutoGEM Settings（自动几何设置）】对话框　图 14-22 　【AutoGEM（自动几何）】对话框

（10）运行分析计算及结果显示

1）在菜单栏中选择【分析】→【Mechanica 分析/研究】命令，弹出【Analysis and Design Studies（分析与设计研究）】对话框。

2）在该对话框的菜单栏中选择【File（文件）】→【New Static（新建静态分析）】命令，弹出【Static Analysis Definition（静态分析定义）】对话框，如图 14-23 所示。将【Name（名称）】改为"BeamAnalysis"；单击【Constraints（约束）】选项区下方的收集器，再单击图形显示区中 A 点和 C 点处定义的约束；单击【Loads】选项区下方的收集器，再单击图形显示区中 B 点处定义的载荷；其余选项保持默认设置。单击【OK（确定）】按钮退出，完成分析任务定义。

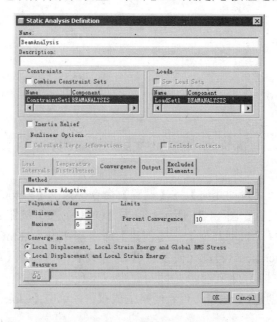

图 14-23 【Static Analysis Definition（静态分析定义）】对话框

3）在【Analysis and Design Studies（分析与设计研究）】对话框中，单击工具栏中的【Start run（开始运行）】按钮 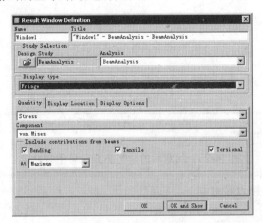，运行分析计算；单击【Stop run（停止运行）】按钮 ，可终止分析计算；单击【Display Study Status（显示统计信息）】按钮 ，可查看分析计算的统计信息；计算完成后，单击【查看结果】按钮 ，可查看分析结果。

4）在显示云纹图的窗口的菜单栏中选择【Edit（编辑）】→【Result Window（结果窗口）】命令，或单击【编辑】按钮 ，打开【Result Window Definition（结果窗口定义）】对话框，如图 14-24 所示，可对输出的显示结果进行定义。

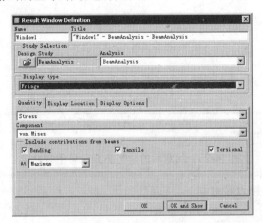

图 14-24　【Result Window Definition（结果窗口定义）】对话框

① 梁总应力云纹图显示

如图 14-24 所示设置选项，得到梁结构总应力结果放大倍率 10%的云纹图，如图 14-25 所示。

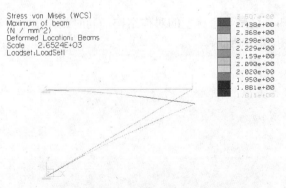

图 14-25　加载后的梁总应力分布云纹图显示

② 梁变形图表显示

在【Result Window Definition（结果窗口定义）】对话框的【Display Type（显示类型）】下拉列表框中选择【Graph（图表）】选项。在【Quantity（数量）】选项卡的第一个下拉列表框中选择【Displacement（位移）】选项，在【Component（组件）】下拉列表框中选择【Y】选项，单击对话框左下角的【选择】按钮 ，在弹出的【BEAM_CMO】中选择梁结构的 AB 段，然后单击中键弹出【Information（提示）】对话框提示用户选择端点，单击该对话框中的

【Toggle（切换）】按钮，指定图表左端起始点为 A 点，单击【OK（确定）】按钮关闭【Information（提示）】对话框。单击【OK and Show（确定并显示）】按钮，得到 Y 方向位移图，如图 14-26 所示。

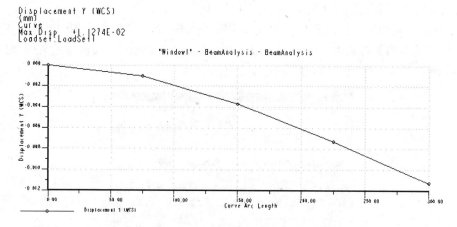

图 14-26　加载后的梁 Y 方向位移图表显示

 例 2： 支撑板结构静力学分析

1. 问题描述

如图 14-27 所示为支撑板结构，底部固定，两个承载表面分别承受 15N 均布载荷，材料为 AL2014，试分析该结构在载荷作用下的应力应变。

2. 问题分析

分析零件结构可知，这是一个典型的对称结构，同时载荷也呈对称分布，故截取该结构的一半进行分析，如图 14-28 所示。

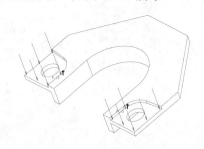

图 14-27　结构示意图

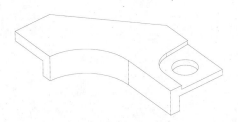

图 14-28　确定分析对象

3. 分析过程

（1）打开零件模型

打开随书光盘中的 "\ch14\BracketAnalysis\Bracket.prt" 文件，此模型是初始零件的一半，故可直接进行分析。

（2）进入 Pro/Mechanica 环境

在菜单栏中选择【应用程序】→【Mechanica】命令，弹出【Mechanica Model Setup（Mechanica 模型设置）】对话框，在【模型类型】下拉列表框中选择【Structure（结构）】选项，其余选项保持默认设置，单击【确定】按钮进入 Pro/Mechanica 结构分析环境。

（3）定义材料属性及材料分配

1）单击【Mechanica 对象】工具栏中的【Materials（材料）】按钮，弹出【材料】对话框，在【库中的材料】列表框中选择【al2014.mtl】，单击按钮，将其添加到【模型中的材料】列表框中，然后单击【确定】按钮，完成材料选择。

2）单击【Mechanica 对象】工具栏中的【Material Assignment（材料分配）】按钮，弹出【Material Assignment（材料分配）】对话框，将【Name（名称）】改为"MaterialAssign-Bracket"，其余各项保持默认设置，单击【OK（确定）】按钮，完成材料分配，同时图形显示区的模型上显示已具备材料属性标志。

（4）添加约束

1）单击【Mechanica 对象】工具栏中的【位移约束】按钮，弹出【Constraint（约束）】对话框，将【Name（名称）】改为"BracketBaseConstraint"，在【References（参照）】下拉列表框中选择【Surfaces（面）】选项，并点选【Individual（独立面）】单选钮，在图形显示区选择支撑板的凸出底面，如图 14-29 所示，在【Translation（平移）】和【Rotation（转动）】选项区均使【Fixed（完全约束）】按钮保持选中状态，单击【OK（确定）】按钮完成位移约束定义。

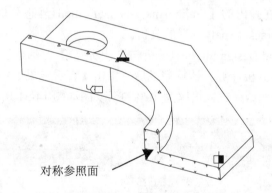

对称参照面

图 14-29 添加约束

2）单击【Mechanica 对象】工具栏中的【对称约束】按钮，弹出【Symmetry Constraint（对称约束）】对话框，将【Name（名称）】改为"MirrorSymmetryConstraint"，激活【References（参照）】收集器，选择支撑板的对称参照面，如图 14-29 所示，单击【OK（确定）】按钮完成对称约束定义。

提示： 使用【Symmetry Constraint（对称约束）】按钮时，要求结构、位移及约束完全对称。

（5）添加载荷

单击【Mechanica 对象】工具栏中的【压力载荷】按钮，弹出【Pressure Load（压力载荷）】对话框，将【Name（名称）】改为"BracketPressureLoad"，在图形显示区选择支撑板的承载面作为承载参照，在【值（Value）】文本框中输入载荷大小"15N"，单击【OK（确定）】

按钮完成载荷定义，在图形显示区显示添加的载荷，如图 14-30 所示。

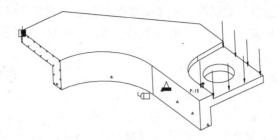

图 14-30　添加压力载荷

（6）自动网格划分

1）在菜单栏中选择【自动几何】→【设置】命令，弹出【AutoGEM Settings（自动几何设置）】对话框，设置完成后，单击【OK（确定）】按钮。

2）在菜单栏中选择【自动几何】→【创建】命令，弹出【AutoGEM（自动几何）】对话框，单击【Create（创建）】按钮，完成网格创建。

（7）运行分析计算及结果显示

1）在菜单栏中选择【分析】→【Mechanica 分析/研究】命令，弹出【Analysis and Design Studies（分析与设计研究）】对话框，在该对话框的菜单栏中选择【File（文件）】→【New Static（新建静态分析）】命令，在弹出的【Static Analysis Definition（静态分析定义）】对话框中创建【Name（名称）】为 "BracketAnalysis" 的分析。

2）在【Analysis and Design Studies（分析与设计研究）】对话框中，单击工具栏中的【运行分析】按钮，运行分析计算。计算完成后，单击【查看结果】按钮，查看分析结果。支撑板位移、应力和应变结果放大倍率为 10% 的云纹图如图 14-31 所示。

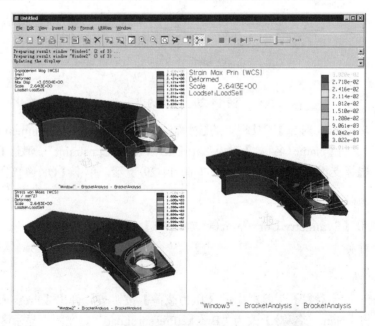

图 14-31　位移、应力、应变分析结果云纹图显示

例 3：支架板模态动力学分析

1. 问题描述

如图 14-32 所示为支架板结构，两端固定，材料为 AL2014，试分析支架板的前 6 阶频率与振型。

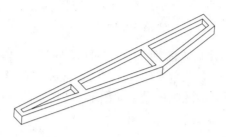

图 14-32　支架板结构示意

2. 问题分析

有支架板结构特点，除了实体分析方法外，还可将其定义为壳单元进行分析，故本例采用壳单元分析该零件。

3. 分析过程

（1）打开零件模型

打开随书光盘中的"\ch14\FramePartAnalysis\FramePart.prt"文件。

（2）进入 Pro/Mechanica 环境

在菜单栏中选择【应用程序】→【Mechanica】命令，弹出【Mechanica Model Setup（Mechanica 模型设置）】对话框，在【模型类型】下拉列表框中选择【Structure（结构）】选项，其余选项保持默认设置，单击【确定】按钮进入 Pro/Mechanica 结构分析环境。

（3）定义材料属性及材料分配

1）单击【Mechanica 对象】工具栏中的【Materials（材料）】按钮，弹出【材料】对话框，在【库中的材料】列表框中选择【al2014.mtl】，单击按钮 ⏩ 将其添加到【模型中的材料】列表框中，然后单击【确定】按钮，完成材料选择。

2）单击【Mechanica 对象】工具栏中的【Material Assignment（材料分配）】按钮，弹出【Material Assignment（材料分配）】对话框，将【Name（名称）】改为"MaterialAssign-Bracket"，其余各项保持默认设置，单击【OK（确定）】按钮，完成材料分配，同时图形显示区的模型上显示已具备材料属性标志。

（4）创建壳面对

1）在菜单栏中选择【插入】→【中间曲面】命令，或单击【Mechanica 对象】工具栏中的【Shell Pair（壳面对）】按钮，弹出【菜单管理器】之【MIDSURFACES（中间曲面）】菜单。

2）依次选择【新建】和【Constant（常数）】命令，分别选择能够组成壳面对的曲面组，面组由一对曲面组成，如图 14-33（a）、图 14-33（b）所示，模型树列表中将出现如图 14-33（c）所示的壳面对。

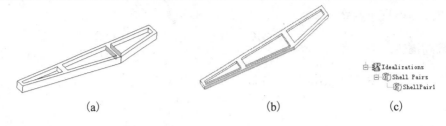

(a)   (b)   (c)

图 14-33 壳面对定义

3）全部面组定义完成后（包括所有侧面及底面），将生成 8 组壳面对，在【MIDSURFACES(中间曲面)】菜单中依次选择【Compress(压缩)】、【Shells only(仅壳)】和【显示压缩】命令，图形显示区中将显示如图 14-34 所示的壳模型。

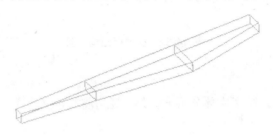

图 14-34 生成壳模型

（5）添加约束

单击【Mechanica 对象】工具栏中的【位移约束】按钮，弹出【Constraint(约束)】对话框，将【Name(名称)】改为"FramePartEndFaceCons"，在【References(参照)】下拉列表框中选择【Surfaces(面)】选项，并点选【Individual(独立面)】单选钮，在图形显示区选择支架板两端面，如图 14-35 所示，在【Translation(平移)】和【Rotation(转动)】选项区均使【完全约束(Fixed)】按钮保持选中状态，单击【OK(确定)】按钮完成位移约束定义。

（6）自动网格划分

1）在菜单栏中选择【自动几何】→【设置】命令，弹出【AutoGEM Settings(自动几何设置)】对话框，保持选项默认设置，单击【OK(确定)】按钮。

2）在菜单栏中选择【自动几何】→【创建】命令，弹出【自动几何(AutoGEM)】对话框，单击【Create(创建)】按钮，完成网格创建，如图 14-36 所示。

图 14-35 添加约束   图 14-36 创建网格

（7）运行分析计算及结果显示

1）在菜单栏中选择【分析】→【Mechanica 分析/研究】命令，弹出【Analysis and Design Studies(分析与设计研究)】对话框。在该对话框的菜单栏中选择【File(文件)】→【New

Modal（新建模态分析）】命令，在弹出的【Modal Analysis Definition（模态分析定义）】对话框中创建【Name（名称）】改为 "FramePartModalAnalysis" 的分析；【Modes（模态）】选项卡的【Number of Modes（阶数）】设置为 "6"；在【Output（输出）】选项卡的【Calculate（计算）】选项区中，点选【Stresses（应力）】单选钮；在【Convergence（收敛）】选项卡的【Method（方式）】下拉列表框中选择【Multi-Pass Adaptive（多通道自适应）】选项。单击【OK（确定）】按钮退出该对话框。

2）单击【Analysis and Design Studies（分析与设计研究）】对话框中的【运行分析】按钮 🔨，运行分析计算。计算完成后，单击【查看结果】按钮 🔁，查看分析结果。支架板前 4 阶应变、位移计算结果放大倍率为 5% 的云纹图如图 14-37、图 14-38 所示。

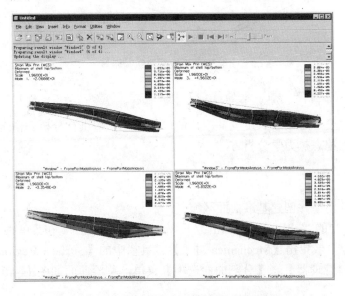

图 14-37　前 4 阶应变计算结果云纹图显示

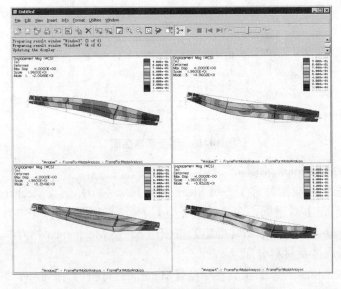

图 14-38　前 4 阶位移计算结果云纹图显示

🔧 **例 4：** 平板稳态热力学分析

1. 问题描述

如图 14-39 所示为钢板，在底部一部分面积上施加 300J 热载荷，无热量损失，环境温度为 20℃，对流传热系数为 0.02，体积温度为 20℃，试计算平板稳定后的温度。

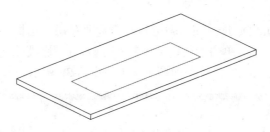

图 14-39　平板受热载荷示意

2. 问题分析

本例中平板厚度远远小于长度及宽度，故可创建壳模型进行分析。由于平板所受热载荷是稳定的，故采用稳态热力学分析方法。

3. 分析过程

（1）打开零件模型并创建基准曲面区域

打开随书光盘中的"\ch14\PlateThermalAnalysis\Plate.prt"文件，在菜单栏中选择【插入】→【曲面区域】命令，或单击【Mechanica 对象】工具栏中的【Surface Region（曲面区域）】按钮 🔲，弹出【菜单管理器】之【分割曲面选项】菜单，草绘曲面如图 14-40 所示，位于钢板底面。

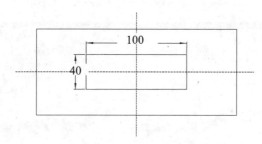

图 14-40　创建基准曲面

（2）进入 Pro/Mechanica 环境

在菜单栏中选择【应用程序】→【Mechanica】命令，弹出【Mechanica Mode1 Setup（Mechanica 模型设置）】对话框，在【模型类型】下拉列表框中选择【热力学（Thermal）】选项，其余选项保持默认设置，单击【确定】按钮进入 Pro/Mechanica 热力学分析环境。

（3）定义材料属性及材料分配

1）单击【Mechanica 对象】工具栏中的【Materials（材料）】按钮 🔲，弹出【材料】对话框，在【库中的材料】列表框中的【steel.mtl】，单击按钮 ▶▶，将其添加到【模型中的材料】

列表框中，然后单击【确定】按钮，完成材料选择。

　　2）单击【Mechanica 对象】工具栏中的【Material Assignment（材料分配）】按钮 ，弹出【Material Assignment（材料分配）】对话框，将【Name（名称）】改为"MaterialAssign-Plate"，其余选项保持默认设置，单击【OK（确定）】按钮，完成材料分配，同时图形显示区的模型上显示已具备材料属性标志。

　　(4) 创建壳面对

　　单击【Mechanica 对象】工具栏中的【Shell Pair（壳面对）】按钮，弹出【菜单管理器】之【MIDSURFACES（中间曲面）】菜单，依次选择【新建】和【Constant（常数）】命令，选择钢板的上下表面，组成壳面对的曲面组。

　　(5) 添加边界条件

　　在菜单栏中选择【插入】→【对流条件】命令，或单击【Mechanica 对象】工具栏中的【Convection Condition（对流条件）】按钮，弹出【Convection Condition（对流条件）】对话框，如图 14-41 所示。在【Surfaces（面）】选项区中点选【Individual（独立面）】单选钮，在图形显示区选择平板除受热载荷外的所有曲面，单击【OK（确定）】按钮完成边界条件的定义。

　　(6) 添加热载荷

　　在菜单栏中选择【插入】→【热负荷】命令，或单击【Mechanica 对象】工具栏中的【Heat Load（热负荷）】按钮，弹出【Heat Load（热载荷）】对话框，各选项设置如图 14-42 所示，其中【Surfaces（表面）】选项选择步骤(1)中所创建的承载曲面。

图 14-41　【Convection Condition（对流条件）】对话框　　图 14-42　【Heat Load（热载荷）】对话框

　　提示：载荷单位需要与模型单位制统一，本例采用毫米、牛、秒基本单位制，故加载的热载荷 Q=300000。

　　(7) 自动网格划分

　　1）在菜单栏中选择【自动几何】→【设置】命令，弹出【AutoGEM Settings（自动几何设置）】对话框，保持选项默认设置，单击【OK（确定）】按钮。

2）在菜单栏中选择【自动几何】→【创建】命令，弹出【AutoGEM（自动几何）】对话框，单击【Create（创建）】按钮，完成网格创建。

（8）运行分析计算及结果显示

1）在菜单栏中选择【分析】→【Mechanica 分析/研究】命令，弹出【Analysis and Design Studies（分析与设计研究）】对话框，在该对话框的菜单栏中选择【File（文件）】→【New Steady State Thermal（新建稳态热分析）】命令，在弹出的相应对话框中创建【Name（名称）】为"PlateThermalAnalysis"的分析，并在【Convergence（收敛）】选项卡的【Method（方式）】下拉列表框中选择【Multi-Pass Adaptive（多通道自适应）】选项。

2）单击【分析与设计研究（Analysis and Design Studies）】对话框中的【运行分析】按钮，运行分析计算。计算完成后，单击【查看结果】按钮，查看分析结果。平板的温度、温度梯度云纹图如图 14-43 所示。

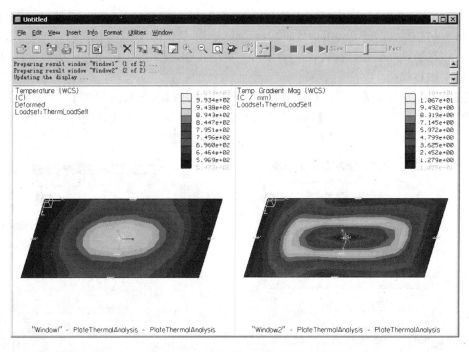

图 14-43　温度及温度梯度计算结果云纹图显示

14.4　练　习　题

（1）Pro/Mechanica 相对于其他专用有限元软件的优点是什么？主要分为几种工作模式？各有何特点？

（2）简述使用 Pro/Mechanica 进行静力学结构分析的基本步骤。

（3）如何选择材料属性并分配材料属性给零件？如何编辑材料属性并保存到材料库？

（4）如何创建梁结构模型？如何创建壳面对？

（5）简述如何对零件进行模态分析。

（6）简述如何对零件进行稳态热分析。

第 15 章　机构/运动分析

在机构设计过程中，需要对机构的运动进行分析，以校验机构设计的合理性与可行性。Pro/ENGINEER 提供的运动仿真分析模块——Pro/Mechanism，可以实现运动仿真显示、运动干涉检测以及运动轨迹、速度和加速度等的计算校验，建立的机构运动模型可导出仿真动画，具有直观、易修改等优点，可以协助机构设计人员快速完成设计工作。

本章着重介绍在 Pro/Mechanism 中进行机构运动仿真的基本流程，包括创建机构、添加驱动器和执行仿真分析的基本方法。通过本章的学习，读者可以对 Pro/Mechanism 有一些基本的认识，以便更好地应用于设计工作中。

15.1　概　　述

Pro/Mechanism 机构运动仿真基于 Pro/ENGINEER 的装配环境，根据各部件间的相对运动关系定义各种连接从而限定各部件的运动自由度，并结合机构运动方式添加驱动器，实现机构的运动仿真及结果分析。

15.1.1　基本术语

1. 构件

机构运动中每一个独立运动的单元体称为构件，构件可以是一个零件，也可以是由多个零件组成的刚性系统。

2. 自由度

在机构运动仿真中，自由度指构件本身具有可独立运动方向的数目或确定构件位置所需要的独立参变量数目。

3. 运动副

由两构件直接接触并生成的相对运动连接称为运动副。根据运动副之间的接触情况，可将运动副分为低副(两构件以面接触，约束两个自由度)和高副(两构件以点或线接触，约束一个自由度)。

4. 主体

主体是指内部没有自由度的运动单元，可以是零件也可以是组件。

5. 约束

约束是指向机构中添加构件并对其运动进行限制的几何关系。

6. 连接

连接，即联接，是定义并限制相对运动构件之间的关系，其作用是约束构件间的相对运动，减少机构总自由度。

7. 环连接

环连接是指增加到运动环中的最后一个连接。

8. 拖动

拖动是指用鼠标抓取并在屏幕上移动机构。

9. 驱动器

驱动器是定义一个构件相对于另一个构件运动的方式，用户通过在接头或几何图元上放置驱动器，来指定构件间的位置、速度或加速度。

10. 回放

回放可以记录并重新演示机构运动分析结果。

15.1.2　Pro/Mechanism 简介

Pro/Mechanism 是 PTC 公司提供的机构分析工具，基于 Pro/Engineer 的装配环境，但与零件装配又存在一定差异，主要具有如下特点。

- 创建机构过程与装配过程相似，具有装配继承性。
- 创建机构过程需要通过定义【连接】实现构件间的约束。
- 创建机构后必须添加驱动器才可以进行运动仿真。

1. Pro/Mechanism 基本工作流程

（1）创建模型。定义主体，生成连接，定义连接轴设置，生成特殊连接。
（2）检查模型。拖动组件，检验所定义的连接是否能产生预期的运动。
（3）加入运动分析图元。设定伺服电动机。
（4）准备分析。定义初始位置及其快照，创建测量。
（5）分析模型。定义运动分析，运行分析。
（6）结果获得。结果回放，干涉检查，查看测量结果，创建轨迹曲线，创建运动包络。

2. Pro/Mechanism 工作界面

Pro/Mechanism 作为应用程序子模块集成在 Pro/ENGINEER 中，用户可在 Pro/ENGINEER

的统一界面下工作，Pro/Mechanism 工作界面如图 15-1 所示。在【模型树】窗口的下方，添加了【机构】模型树窗口，用户可查看定义的各项机构属性，如连接、电动机、阻尼和分析，通过右击，可对 Pro/Mechanism 特征进行类似零件特征一样的操作，如编辑和删除等。

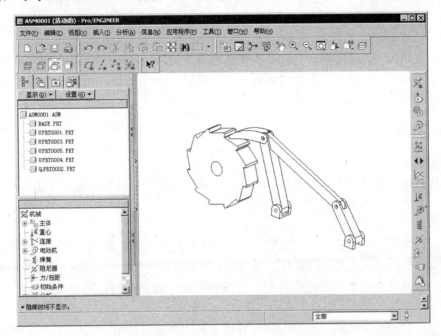

图 15-1 Pro/Mechanism 工作界面示意图

3. 工具栏按钮含义

Pro/Mechanism 的新增工具栏中各按钮的含义如下。

- 【机构显示】按钮——机构图标显示。
- 【凸轮】按钮——定义凸轮从动机构连接。
- 【齿轮】按钮——定义齿轮副连接。
- 【伺服电动机】按钮——定义伺服电动机。
- 【机构分析】按钮——定义分析。
- 【回放】按钮——回放以前运行的分析。
- 【测量】按钮——生成分析的测量结果。
- 【重力】按钮——定义重力。
- 【执行电动机】按钮——定义执行电动机。
- 【弹簧】按钮——定义弹簧。
- 【阻尼器】按钮——定义阻尼器。
- 【力/扭矩】按钮——定义力/扭矩。
- 【初始条件】按钮——定义初始条件。
- 【质量属性】按钮——定义质量属性。
- 【加亮主体】按钮——加亮主体。
- 【约束转换】按钮——约束与连接的转换。

15.2 创 建 机 构

15.2.1 运动连接概述

运动连接是进行机构运动仿真的基本要素，通过定义运动连接可限制主体自由度，保留需要的运动自由度，从而定义机构所需的运动类型。Pro/Mechanism 中提供了 11 种基本连接及 2 种特殊连接模式。

1. 基本连接

（1）刚性

【刚性】连接使用一个或多个基本约束，将元件与组件连接到一起。连接后，元件与组件成为一个主体，6 个自由度被完全限制。

（2）销钉

【销钉】连接由一个轴对齐约束和一个与轴垂直的平移约束组成。元件可以绕轴旋转，具有 1 个旋转自由度。轴对齐约束可选择直边、轴线或圆柱面，可反向；平移约束可以是两个点对齐，也可以是两个平面对齐/匹配，当选择平面对齐/匹配时，可以设置偏移量。

（3）滑动杆

【滑动杆】连接即滑块，由一个轴对齐约束和一个旋转约束(实际上就是一个与轴平行的平移约束)组成。元件可滑轴平移，具有 1 个平移自由度。轴对齐约束可选择直边、轴线或圆柱面；旋转约束可选择两个平面，偏移量可根据元件所处位置自动计算。

（4）圆柱

【圆柱】连接由一个轴对齐约束组成，与销钉连接相比，少了一个平移约束，因此元件可绕轴旋转同时可沿轴向平移，具有 1 个旋转自由度和 1 个平移自由度，轴对齐约束可选择直边、轴线或圆柱面。

（5）平面

【平面】连接由一个平面约束组成，可确定元件上某平面与组件上某平面之间的距离(或重合)。元件可绕平面法向旋转并沿平行于平面的两个方向平移，具有 1 个旋转自由度和两个平移自由度。

（6）球

【球】连接由一个点对齐约束组成。元件上的一个点对齐到组件上的一个点，可以进行任意方向旋转，具有 3 个旋转自由度。

（7）焊接

【焊接】连接将两个坐标系对齐，元件自由度被完全消除。连接后，元件与组件成为一个主体，相互之间不具有自由度。如果将一个子组件与组件用焊接连接，子组件内各零件将参照主组件坐标系且按其原有自由度运动。

（8）轴承

【轴承】连接由一个点对齐约束组成。元件(或组件)上的一个点对齐到组件(或元件)上的一条直边或轴线上，因此元件可沿轴线平移并向任意方向旋转，具有 1 个平移自由度和 3 个旋转自由度。

（9）常规

【常规】连接可定义元件的任意数目自由度，可选取大多数的约束和相关参照。

（10）6DOF

【6DOF】连接即 6 自由度，也就是对元件不作任何约束，仅用一个元件坐标系和一个组件坐标系重合来使元件与组件发生关联。元件可任意旋转和平移，具有 3 个旋转自由度和 3 个平移自由度。

（11）槽

【槽】连接可定义槽从动机构连接，由一个直线上的点约束组成。

2. 特殊连接

除了 11 种基本连接外，Pro/Mechanism 还提供了【凸轮】与【齿轮】两种常用机构的连接方式，用户可直接应用于凸轮或齿轮机构中。

15.2.2 建立运动连接

由于不同连接对应不同约束，因此定义连接时需要指定构件中与连接相匹配的点、轴或平面。运动连接在装配环境中定义，建立基本运动连接的操作步骤如下。

1. 载入构件

在菜单栏中选择【插入】→【元件】→【装配】命令，或单击【工程特征】工具栏中的【装配】按钮，在弹出的【打开】对话框中选择所需构件，单击【打开】按钮完成选择。

2. 定义运动连接

在弹出的操控面板的【使用约束定义约束集】下拉列表框中选择连接类型，如图 15-2 所示。单击【放置】按钮，如选择【销钉】连接，则打开如图 15-3 所示的【放置】面板。根据所选择的连接类型在【放置】面板中定义被约束对象及相关位置属性。如果需要定义【凸轮】连接或【齿轮】连接，则单击【模型】工具栏中的【凸轮】按钮或【齿轮】按钮。

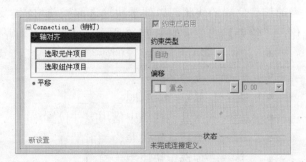

图 15-2　Pro/Mechanism 基本连接　　　　图 15-3　【销钉】连接定义的【放置】面板
　　　　类型示意图

3. 调整构件位置

连接构件时，可能会发生位置偏差，导致构件装配位置不准确或连接无法定义，用户需手动调整构件位置。单击【移动】按钮，弹出如图 15-4 所示的【移动】面板，通过选择运动类型及运动参照，可完成构件平移、旋转等操作。

图 15-4　Pro/ENGINEER 装配环境下【移动】选项卡

4. 完成连接定义

连接及构件位置定义完成后，单击【确定】按钮✔完成连接定义。如果机构中有多个构件，可参照同样方法将构件一一装配和连接。

15.2.3　检查运动连接

运动连接定义完成后，可通过【拖动元件】和【快照】功能验证运动关系的正确性及定义运动起始点。

1. 拖动

单击【视图】工具栏中的【拖动元件】按钮，弹出【拖动】对话框，如图 15-5 所示，选择运动构件后可根据已定义的构件自由度进行运动关系检验。

2. 快照

当通过拖动将构件位置调整到目标关键位置时，可单击【拖动】对话框中的按钮生成当前构件位置的快照，以便于快速选取当前位置。通过【约束】选项卡则可实现拖动的参数化，【约束】选项卡如图 15-6 所示。【拖动】对话框中相关按钮说明如下。

- ——拍下当前配置的快照。
- ——主体拖动。
- ——显示选定快照。
- ——从其他快照中借用零件位置。
- ——更新选定快照为当前配置。
- ——使选定快照用于绘图。
- ——删除选定快照。
- ——对齐两个图元。

- ⬚——匹配两个图元。
- ⬚——定向两个曲面。
- ⬚——运动轴约束。
- ⬚——主体-主体锁定约束。
- ⬚——启用/禁用连接。
- ⬚——仅基于约束重新连接。
- ⬚——封装移动。
- ⬚——选取当前坐标系。
- ⬚——X 向平移。
- ⬚——Y 向平移。
- ⬚——Z 向平移。
- ⬚——绕 X 旋转。
- ⬚——绕 Y 旋转。
- ⬚——绕 Z 旋转。

图 15-5 【拖动】对话框

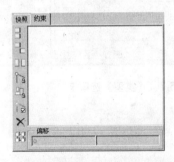

图 15-6 【约束】选项卡

15.3 设置运动环境

15.3.1 添加驱动器

驱动器，可分为伺服电动机和执行电动机，二者都能够为机构提供驱动，执行电动机还可以为运动机构施加载荷。通过添加驱动器可以实现旋转及平移运动，并且能够以函数的方式定义机构运动。

1. 添加伺服电动机

在 Pro/Mechanism 环境下，单击菜单栏中的【插入】→【伺服电动机】命令，或单击【模型】工具栏中的【伺服电动机】按钮，弹出【伺服电动机定义】对话框。

- 【类型】选项卡——【类型】选项卡如图 15-7 所示，在其中可以选择【从动图元】类型。从动图元是指伺服电动机直接作用的构件，当【从动图元】类型为【运动轴】时，用户可选择销钉连接、滑动杆连接等连接中对应的连接轴；当【从动图元】类型为【几何】时，用户可选择点或平面，进一步定义旋转、平移运动。
- 【轮廓】选项卡——【轮廓】选项卡如图 15-8 所示，在其中可以对伺服电动机的位置、速度、加速度等参数进行定义。【模】下拉列表框提供了【常数】、【斜坡】、【余弦】、【SCCA】、【摆线】、【抛物线】、【多项式】、【表】和【用户定义的】9 种定义方式，可通过方程或列表来描述参数关系。完成参数定义后，单击【图形绘制】按钮可查看函数图像。图 15-8 中定义的【速度】、【斜坡】关系图像如图 15-9 所示。9 种定义方式中有 7 种可用方程表述定义方式，其详细说明参见表 15-1。

图 15-7 【类型】选项卡

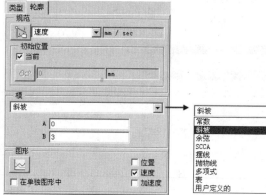

图 15-8 【轮廓】选项卡

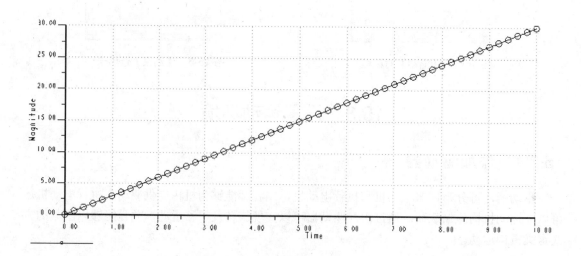

图 15-9 【斜坡】关系图形示例

表 15-1　运动参数定义方程说明

类　型	关　系　方　程
常数	$y = A$ A——常数
斜坡	$y = A + B*t$ A——常数　　　　B——斜率
余弦	$y = A * \cos(\dfrac{360*t}{T} + B) + C$ A——幅值　　　　B——相位 C——偏移量　　　　T——周期
SCCA	$y = \begin{cases} H\sin(\dfrac{\pi t}{2A}) & 0 \leqslant t < A \\ H & A \leqslant t < (A+B) \\ H\cos[\dfrac{\pi(t-A-B)}{2C}] & (A+B) \leqslant t < (A+B+2C) \\ -H & (A+B+2C) \leqslant t < (A+2B+2C) \\ -H\cos[\dfrac{\pi(t-A-2B-2C)}{2A}] & (A+2B+2C) \leqslant t < 2(A+B+C) \end{cases}$ A——递增加速度归一化时间因子　　　　B——恒定加速度归一化时间因子 C——递减加速度归一化时间因子　　　　$A+B+C=1$ H——幅值　　　　T——周期 t——归一化时间　　　　$t = \dfrac{2t_a}{T}$ t_a——实际时间
摆线	$y = L\dfrac{t}{T} - \dfrac{L}{2\pi}\sin(\dfrac{2\pi t}{T})$ L——总高度　　　　T——周期
抛物线	$y = At + 0.5Bt^2$ A——线性系数　　　　B——二次项系数
多项式	$y = A + Bt + Ct^2 + Dt^3$ A——常数　　　　B——一次项系数 C——二次项系数　　　　D——三次项系数

完成伺服电动机定义后，元件上将显示添加的驱动器标志，如图 15-10 所示。

2. 添加执行电动机

在菜单栏中选择【插入】→【执行电动机】命令，或单击【动态】工具栏中的【执行电动机】按钮 ，弹出【执行电动机定义】对话框，如图 15-11 所示。同定义伺服电动机类似，定义执行电动机也需选择【运动轴】，运动关系可通过 9 种方式描述。定义完成后，元件上将显示驱动器标志。

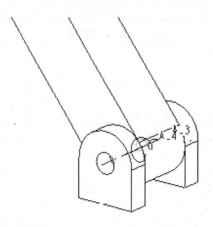

图 15-10 【伺服电动机】定义完成显示示意图

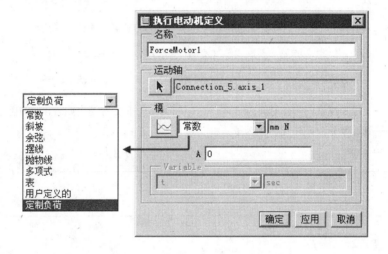

图 15-11 【执行电动机定义】对话框

注意：对于一个元件可定义多个驱动器，为了避免对仿真模型过约束，因此在运行仿真分析前需要关闭冲突或多余的驱动器。

15.3.2 添加外部载荷

1. 重力

利用【重力】命令可以模拟重力对机构运动的影响，机构中的构件除主体外均将受重力作用，沿重力加速度方向移动。

在菜单栏中选择【编辑】→【重力】命令，或单击【动态】工具栏中的【重力】按钮 ，弹出【重力】对话框，如图 15-12 所示。可定义重力加速度大小及方向，同时模型上将显示重力方向。右击【Mechanism(机构)】模型树中的【Gravity(重力)】子树，可对重力进行编辑、删除等操作。

图 15-12　【重力】对话框

2. 弹簧

利用【弹簧】命令可以模拟机构中由于运动而使弹簧拉伸或压缩而产生线性弹力，最终恢复平衡状态的过程。弹簧弹力大小满足胡克定律。

在菜单栏中选择【插入】→【弹簧】命令，或单击【动态】工具栏中的【弹簧】按钮，弹出【弹簧】操控面板，如图 15-13 所示。用户可以选择弹簧类型为【延伸/压缩弹簧】或【扭转弹簧】。从图形显示区中选择平移轴或按住<CTRL>选取一对点作为参照，或选取一个基准点，然后拖动控制柄到第二个基准点。定义属性参数【K】和【U 字形】，二者含义如下。

- 【K】——弹簧刚度系数。
- 【U 字形】——弹簧未变形时长度。

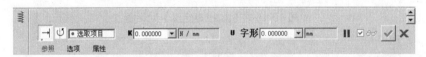

图 15-13　【弹簧】操控面板

完成定义后，单击【Mechanism（机构）】模型树中的【Springs（弹簧）】子树，可对定义的弹簧进行查看、编辑、删除等操作。

3. 阻尼

作为耗散力，阻尼器产生的力作用于机构上会消耗运动机构能量并阻碍其运动，作用对象可以是连接轴、槽连接等。

在菜单栏中选择【插入】→【阻尼器】命令，或单击【动态】工具栏中的【阻尼器】按钮，弹出【阻尼器】操控面板，如图 15-14 所示。参数【C】为阻尼系数。单击【Mechanism（机构）】模型树中的【阻尼器（Dampers）】子树，可对定义的阻尼器进行查看、编辑、删除等操作。

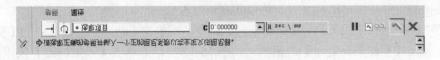

图 15-14　【阻尼器】操控面板

4. 力/扭矩

利用【力/扭矩】命令可以添加外部力或扭矩，模拟在外载荷作用下机构的运动。

在菜单栏中选择【插入】→【力/扭矩】命令，或单击【动态】工具栏中的【力/扭矩】按钮，弹出【力/扭矩定义】对话框，如图 15-15 所示。用户可在【类型】下拉列表框中选择【点力】、【主体扭矩】和【点对点力】3 种载荷类型，载荷大小可以通过在【函数】选项区的下拉列表框中选择【常数】、【表】、【用户定义】及【定制负荷】4 种方式来描述。在【方向】选项卡的【定义方向】下拉列表框中可以选择【键入的向量】、【直边、曲线或轴】和【点到点】3 种方式来定义方向，如图 15-16 所示，同时需要点选【基础】或【主体】单选钮指出方向相对于的对象。单击【Mechanism（机构）】模型树中的【Forces/Torques（力/扭矩）】子树，可对定义的力或扭矩进行查看、编辑、删除等操作。

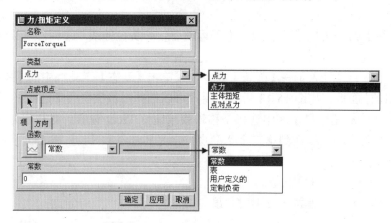

图 15-15 【力/扭矩定义】对话框

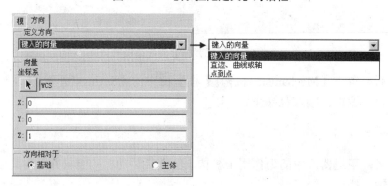

图 15-16 【方向】选项卡

15.3.3 添加初始条件

定义初始条件是指对机构进行初始位置和速度设置。

在菜单栏中选择【插入】→【初始条件】命令，或单击【动态】工具栏中的【初始条件】按钮，弹出【初始条件定义】对话框，如图 15-17 所示。单击【预览快照】按钮可预览选定的快照，指定初始位置；单击【速度条件】选项区中的各按钮，可分别定义点、运动轴等的初始速度，相关按钮详细说明如下。

- ——定义点的速度，需要指定大小和方向。
- ——定义运动轴速度，需要指定大小。

- 　——定义角速度，需要指定大小和方向。
- 　——定义切向槽速度，需要指定大小。
- 　——用速度条件评估模型。
- 　——删除加亮的条件。

图 15-17　【初始条件定义】对话框

15.3.4　添加质量属性

在菜单栏中选择【编辑】→【质量属性】命令，或单击【动态】工具栏中的【质量属性】按钮，弹出【质量属性】对话框，如图 15-18 所示。可以对机构质量属性进行编辑、查看等操作。

图 15-18　【质量属性】对话框

【参照类型】包括【零件】、【组件】和【主体】，其中【主体】仅提供质量属性查看，不可编辑。

【定义属性】可对【密度】和【质量属性】进行编辑定义，相关参数包括【密度】、【质量】和【惯性矩】等。若未指定【密度】或【质量属性】，则显示【缺省】状态。

15.4 运动仿真与分析

15.4.1 执行运动仿真

完成机构定义及运动环境设置后，可建立机构运动分析。

在菜单栏中选择【分析】→【机构分析】命令，或单击【运动】工具栏中的【机构分析】按钮 ，弹出【分析定义】对话框，如图 15-19 所示。选择分析【类型】后，需要对【优先选项】、【电动机】和【外部负荷】3 个选项卡中的相关参数进行定义。

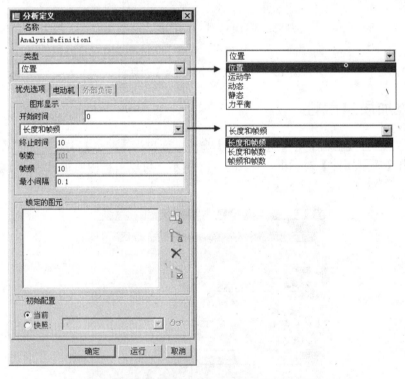

图 15-19 【分析定义】对话框

1. 运动分析类型

Pro/Mechanism 提供了 5 种运动分析类型，分别是【位置】、【运动学】、【动态】、【静态】和【力平衡】，可在【分析定义】对话框的【类型】下拉列表框中进行选择。各运动分析类型特点如下。

● 【位置】——位置分析模拟机构运动，满足伺服电动机轮廓和任何接头、凸轮从动机构、槽从动机构或齿轮副连接的要求，并记录机构中各元件的位置数据。在进行分析时不考虑力和质量。因此，不必为机构指定质量属性。模型中的动态图元，如弹簧、阻尼器、重力、力/扭矩以及执行电动机等，不会影响位置分析。使用位置分析可以研究元件随时间而运动的位置、元件间的干涉、机构运动的轨迹曲线。

- 【运动学】——运动学是动力学的一个分支，它考虑除质量和力之外的运动所有方面。运动分析会模拟机构的运动，满足伺服电动机轮廓和任何接头、凸轮从动机构、槽从动机构或齿轮副连接的要求。运动分析不考虑受力。因此，不能使用执行电动机，也不必为机构指定质量属性。模型中的动态图元，如弹簧、阻尼器、重力、力/力矩以及执行电动机等，不会影响运动分析。使用运动分析可获得以下信息：几何图元和连接的位置、速度以及加速度；元件间的干涉；机构运动的轨迹曲线；作为 Pro/ENGINEER 零件捕获机构运动的运动包络。

- 【动态】——动态分析是力学的一个分支，主要研究主体运动（有时也研究平衡）时的受力情况以及力之间的关系。使用动态分析可研究作用于主体上的力、主体质量与主体运动之间的关系。

- 【静态】——静态学是力学的一个分支，研究主体平衡时的受力状况。使用静态分析可确定机构在承受已知力时的状态。其中机构中所有负荷和力处于平衡状态，并且势能为零。静态分析比动态分析能更快地识别出静态配置，因为静态分析在计算中不考虑速度。

- 【力平衡】——力平衡分析是一种逆向的静态分析。在力平衡分析中，是从具体的静态形态获得所施加的作用力，而在静态分析中，是向机构施加力来获得静态形态。使用力平衡分析可求出要使机构在特定形态中保持固定所需要的力。

2. 运动时间定义

用户在【优先选项】选项卡中可对运动时间进行定义，定义方式有【长度和帧频】、【长度和帧数】和【帧频和帧数】3 种，在定义【开始时间】和【终止时间】的基础上，可以进行仿真动画的帧的设置。

3. 驱动器定义

用户在【电动机】选项卡中可对伺服电动机进行定义，当定义了外部负荷时，可在【外部负荷】选项卡中对相关参数进行定义，如图 15-20 所示。

图 15-20　【电动机】选项卡和【外部负荷】选项卡

15.4.2　结果分析

利用 Pro/Mechanism 中的结果分析工具不仅可以查看机构运动状态，还可以对机构运动轨迹及干涉情况进行分析。

1. 回放

在菜单栏中选择【分析】→【回放】命令，或单击【运动】工具栏中的【回放】按钮，弹出【回放】对话框，如图 15-21 所示。选定【结果集】后，单击对话框中的【播放当前结果集】按钮，弹出【动画】对话框，单击【播放】按钮▶，可运行仿真动画。

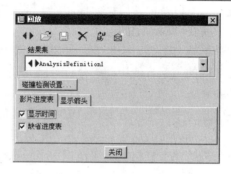

图 15-21　【回放】对话框

2. 测量

通过测量，用户可获得机构构件运动的精确参数。在菜单栏中选择【分析】→【测量】命令，或单击【运动】工具栏中的【测量】按钮，弹出【测量结果】对话框，如图 15-22 所示。单击【创建新测量】按钮可新建测量，弹出的【测量定义】对话框如图 15-23 所示。

完成测量定义后，在【测量结果】对话框中选定测量【名称】及【结果集】，便可绘制图形，单击对话框中的【图形绘制】按钮，得到测量图形，图形数据可输出为 Excel 文件。

图 15-22　【测量结果】对话框

图 15-23　【测量定义】对话框

3. 轨迹曲线

在菜单栏中选择【插入】→【轨迹曲线】命令，弹出【轨迹曲线】对话框，如图 15-24 所示。在【轨迹】下拉列表框中选择轨迹类型，有【轨迹曲线】与【凸轮合成曲线】两个选项，其中【轨迹曲线】为点的运动轨迹，【凸轮合成曲线】为曲线或边的运动包络线。

图 15-24　【轨迹曲线】对话框

15.5　实　例　训　练

 例：正弦机构的运动分析

本例是常见正弦机构，其机构简图如图 15-25 所示，该机构中包含了转动副和移动副，分别用销钉和滑动杆连接。当曲柄匀速旋转时，连杆随之上下移动，连杆端部滑块沿固定滑槽运动。本实例所用模型文件均位于随书光盘中的"\ch15"文件夹下。

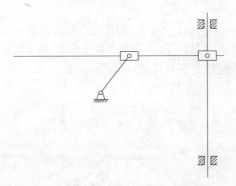

图 15-25　正弦机构仿真——机构简图

1. 创建机构

（1）打开机构文件

在菜单栏中选择【文件】→【打开】命令，弹出【文件打开】对话框，选择文件 "motion-example-1.asm"，单击【打开】按钮，进入 Pro/ENGINEER 装配模式，如图 15-26 所示。

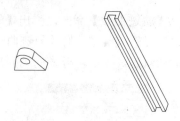

图 15-26　正弦机构仿真——打开机构文件

（2）添加曲柄元件

单击【工程特征】工具栏中的【装配】按钮，打开"part-2.prt"文件，在【装配】操控面板中选取连接类型为【销钉】，单击【放置】按钮，在【放置】面板中分别设置【轴对齐】约束和【平移】约束。【轴对齐】约束选择曲柄元件与基体相对齐的轴线，【平移】约束选择曲柄元件与基体对应相互重合的平面，连接定义如图 15-27 所示。

连接定义完成后，操控面板中显示"状态：完成连接定义"，单击【确定】按钮 ✔ 完成曲柄元件的添加。

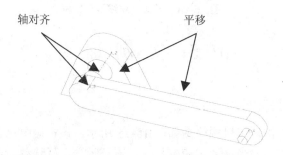

图 15-27　正弦机构仿真——定义曲柄元件与基体元件的销钉连接

（3）添加滑块元件

单击【工程特征】工具栏中的【装配】按钮，打开"part-4.prt"文件，在【装配】操控面板中选取连接类型为【销钉】，单击【放置】按钮，在【放置】面板中分别设置【轴对齐】约束和【平移】约束，连接定义如图 15-28 所示。

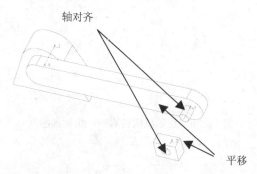

图 15-28　正弦机构仿真——定义曲柄元件与滑块元件的销钉连接

（4）添加连杆元件

单击【工程特征】工具栏中的【装配】按钮 ，打开"part-3.prt"文件。经机构分析，若要满足正弦机构运动要求，连杆需要同时定义两个滑动杆约束，即连杆—曲柄滑动杆约束、连杆—滑槽滑动杆约束。

1）连杆—曲柄滑动杆约束

选取连接类型为【滑动杆】，单击【放置】按钮，在【放置】面板中分别设置【轴对齐】约束和【旋转】约束。【轴对齐】约束选择滑块和连杆滑槽对应边，【旋转】约束选择滑块和连杆滑槽对应接触曲面，连接定义如图 15-29 所示。

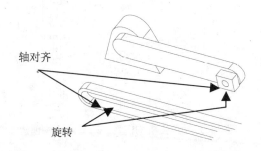

图 15-29　正弦机构仿真——定义连杆元件与滑块元件的滑动杆连接

2）连杆—滑槽滑动杆约束

在【放置】面板中单击【新设置】按钮，新建滑动杆连接，如图 15-30 所示。单击滑动杆连接名称，可更改连接类型，由于本例仍需定义滑动杆连接，故无需更改。分别设置【轴对齐】约束和【旋转】约束，连接定义如图 15-31 所示。

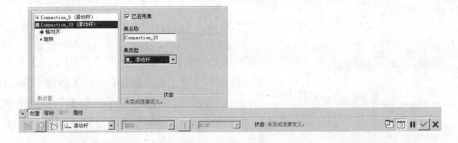

图 15-30　正弦机构仿真——添加连杆元件与滑槽元件的滑动杆连接

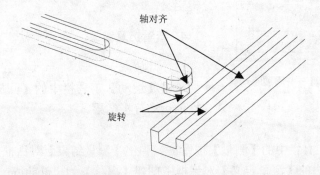

图 15-31　正弦机构仿真——定义连杆元件与滑槽元件的滑动杆连接

单击【视图】工具栏中的【拖动元件】按钮 🖑，可拖动曲柄旋转，检查机构运动情况。经检查后，正弦机构如图 15-32 所示。在菜单栏中选择【应用程序】→【机构】命令，进入 Pro/ Mechanism 机构仿真环境。

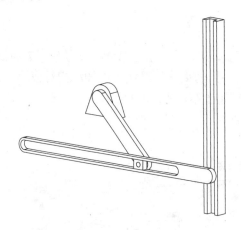

图 15-32　正弦机构仿真——完成机构创建

2. 添加驱动器

单击【模型】工具栏中的【伺服自动机】按钮 🔾，弹出【伺服电动机定义】对话框，添加伺服电动机。在【类型】选项卡中选取曲柄与基体的运动轴作为伺服电动机作用对象，在【轮廓】选项卡中定义曲柄旋转速度为【常数】，【A】设置为"72"，如图 15-33 所示，单击【确定】按钮完成驱动器的添加。

图 15-33　正弦机构仿真——添加驱动器

3. 创建运动分析

单击【运动】工具栏中的【机构分析】按钮 ⊠，弹出【分析定义】对话框，创建【名称】为"motion-example-1-analysis"的运动分析。在【类型】下拉列表框中选择【位置】选项，其余各选项保持默认设置。单击【运行】按钮可查看机构运行情况，单击【确定】按钮完成运动分析定义。

4. 查看仿真结果

（1）回放

单击【运动】工具栏中的【回放】按钮 ◀▶ 可回放建立的运动分析结果。

（2）测量

单击【运动】工具栏中的【测量】按钮 ⊠，弹出【测量结果】对话框。单击【创建新测量】按钮 ▢，在弹出的【测量定义】对话框中创建【名称】为"position_time"的新测量，测量【类型】选择【位置】，选择连杆与滑槽接触部分任意端点作为测量点，测量 Y 向位置分量，其余选项保持默认设置，如图 15-34 所示，单击【确定】按钮完成测量定义。在【测量结果】对话框中，同时选中测量与上一步创建的机构运动分析，单击对话框中的【图形绘制】按钮⊠，弹出【图形工具】窗口，查看测量结果，如图 15-35 所示，位置曲线呈正弦曲线规律分布。

图 15-34 正弦机构仿真——定义测量

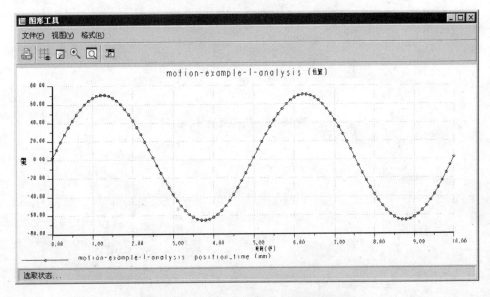

图 15-35 正弦机构仿真——查看测量结果

15.6 练 习 题

(1) 试说明 Pro/Mechanism 进行机构运动分析的基本工作流程。

(2) Pro/Mechanism 机构运动分析可分为几种类型？各具有何特点？

（3）参考本章示例，试创建如图 15-36 所示机构并进行运动仿真分析。

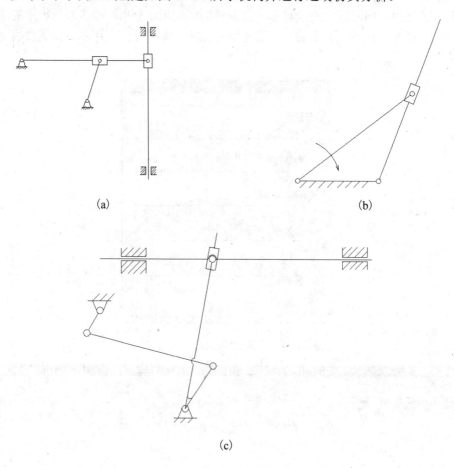

（a）

（b）

（c）

图 15-36 机构运动分析练习

第 16 章　钣金设计与应用

钣金件是常用的结构件，在机械、汽车、航空、轻工、国防、电机电器、家电以及日常生活用品等行业用途十分广泛。钣金零件的主要加工方式有弯曲、成型和冲压等，Pro/ENGINEER提供的钣金设计模块——Pro/SHEETMETAL 可完成复杂钣金结构设计。

本章着重介绍在 Pro/SHEETMETAL 中进行钣金设计的基本方法和特点，包括钣金壁特征、实体特征以及折弯、展平和成形特征的创建方法，通过学习本章，读者可掌握在钣金模式下进行设计的方法和流程，积累钣金设计的经验。

16.1　概　　述

钣金件是各部分厚度恒定的金属薄板，主要通过冲压加工的方法进行生产。随着金属板材制造方法及成型技术的改进，可以根据工程需要加工出多种类型的钣金件，并被广泛应用于工业生产的各个领域。本节主要对 Pro/ENGINEER 钣金设计模块——Pro/SHEETMETAL进行介绍。

16.1.1　Pro/SHEETMETAL 简介

Pro/SHEETMETAL 是 Pro/ENGINEER 的钣金设计模块，在创建钣金薄壁特征的基础上，通过进行钣金特征相关操作能够实现复杂钣金零件的设计，并通过创建折弯顺序表，为钣金件的加工制造提供依据。Pro/SHEETMETAL 钣金设计环境如图 16-1 所示。

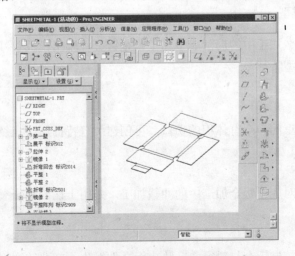

图 16-1　Pro/ENGINEER 钣金设计环境

在 Pro/SHEETMETAL 中可以进行灵活的特征编辑，可以创建壁、切口、凹槽、冲孔、折弯和展平等特征，还可创建倒角、孔和圆角等实体特征。使用 Pro/SHEETMETAL 进行钣金件设计的主要步骤如下。

(1) 进入钣金设计环境。

(2) 创建第一壁特征。

(3) 添加冲孔、折弯、成型、切割、展开等特征并编辑。

(4) 完成钣金件设计。

16.1.2 钣金件特征

钣金件的加工方法主要分为分离加工(如冲裁加工、切断加工)、成型加工(如弯曲加工、卷边加工、拉深加工)、局部成型加工(如翻边加工、胀形加工等)，钣金设计主要是指设计人员根据钣金件的特点和形状在金属薄板上进行的加工设计。根据钣金加工特点，Pro/ENGINEER 提供以下钣金特征供用户进行钣金设计使用。

1. 壁

壁特征主要用于创建作为设计基础的钣金材料。

2. 折弯、展平、折弯回去

折弯特征对应钣金加工中的弯曲加工，如压弯、折弯加工，是将板材、型材和管材等按照设计要求弯成一定的角度和一定的曲率，从而得到所需形状零件的加工方法。

展平特征是将钣金件的弯曲表面展开在同一平面上，从而根据展平的形状进行下料或排样等工作。

折弯回去特征是将展平曲面返回到它们的成形位置。

3. 成型、平整成型

成型特征对应钣金加工中的局部成型加工，是钣金件壁用模板(参照零件)模压成形。平整成型特征将展平成型特征。

4. 扯裂

扯裂特征是零件上的一个有体积的切口，可创建裂缝特征用于止裂及控制钣金件。

5. 凹槽与冲孔

凹槽与冲孔特征对应于钣金加工中的冲裁加工，是用于切割和止裂钣金件壁的模板。

6. 止裂槽

止裂槽特征用于控制钣金材料行为，防止钣金件发生不必要的变形。

7. 平整形态

平整形态特征相当于展平全部特征，它展平任何弯曲曲面，无论它是折弯特征还是弯曲壁。

16.1.3 常用工具按钮

在 Pro/SHEETMETAL 钣金设计模块中，新增【钣金件】工具栏各按钮的含义如下。

- 【拉伸】按钮 ⬚——创建拉伸特征。
- 【转换】按钮 ⬚——创建转换。
- 【平整壁】按钮 ⬚——创建平整壁。
- 【法兰】按钮 ⬚——创建法兰壁。
- 【平整】按钮 ⬚——创建分离的平整壁。
- 【旋转】按钮 ⬚——创建旋转壁。
- 【混合】按钮 ⬚——创建混合壁。
- 【偏移】按钮 ⬚——创建偏移壁。
- 【延伸】按钮 ⬚——创建延伸壁。
- 【折弯】按钮 ⬚——创建折弯。
- 【边折弯】按钮 ⬚——创建边折弯。
- 【展平】按钮 ⬚——创建展平。
- 【折弯回去】按钮 ⬚——创建折弯回去。
- 【拐角止裂槽】按钮 ⬚——创建拐角止裂槽。
- 【冲孔】按钮 ⬚——创建冲孔。
- 【凹槽】按钮 ⬚——创建凹槽。
- 【扯裂】按钮 ⬚——创建扯裂。
- 【合并壁】按钮 ⬚——合并壁。
- 【成形】按钮 ⬚——创建成型。
- 【平整成形】按钮 ⬚——创建平整成型。
- 【变形区域】按钮 ⬚——创建变形区域。
- 【平整形态】按钮 ⬚——创建平整形态。

16.2 基 本 特 征

16.2.1 钣金件壁特征概述

在钣金设计过程中，钣金件壁特征是其他钣金特征创建的基础，若要创建其他钣金特征，必须首先创建钣金壁特征，因此可称钣金件壁特征为钣金件基本特征。钣金件壁特征主要分为以下两类。

1．主要壁特征

主要壁特征指独立的壁特征，不需要从属于其他壁。主要壁特征主要包括分离壁特征、平整壁特征、旋转壁特征、混合壁特征、偏移壁特征、拉伸壁特征和高级壁特征(包括可变截面扫描壁特征、扫描混合壁特征、螺旋扫描壁特征、自边界壁特征、将剖面混合到曲面壁特征、在曲面间混合壁特征、从文件混合壁特征、将切面混合到曲面壁特征)。

在从头开始设计零件时，主要壁必须是第一个特征。只有在创建主要壁之后，所有特征选项才可用。然后可将任何适用的钣金件和实体类特征添加到设计模型中。

2．次要壁特征

次要壁特征至少从属于一个主要壁，是主要壁的子项。次要壁特征包括所有主要壁特征类型，此外还包括了法兰壁特征、延伸壁特征、扭转壁特征和合并壁特征。

创建次要壁时，可选择使壁为连接或未连接。除延伸壁外，次要壁可以连接到整个边，也可以连接到一部分边(它是壁一部分)。

16.2.2　创建主要壁特征

在钣金设计过程中，主要壁特征可根据创建方法分为基本壁特征和高级壁特征，本小节主要介绍在钣金设计过程中应用最多的基本壁特征。

1．平整壁特征

平整壁特征是通过创建一个封闭的截面拉伸出钣金的厚度来生成钣金件，是常用的生成第一壁的操作。创建平整壁特征的方法如下。

(1) 新建钣金件

在菜单栏中选择【文件】→【新建】命令，或单击工具栏中的【新建】按钮，弹出【新建】对话框，在【类型】选项区中点选【零件】单选钮，在对应的【子类型】选项区中点选【钣金件】单选钮，在【名称】文本框中输入模型名称，取消【使用缺省模板】复选框的勾选，单击【确定】按钮，在弹出的【新文件选项】对话框的【模板】选项区中选择【mmns_part_sheetmetal】选项作为单位制，单击【确定】按钮，进入钣金设计环境。

(2) 草绘平整壁特征截面

单击【钣金件】工具栏中的【平整】按钮，弹出【平整壁】操控面板，单击操控面板

图 16-2　草绘【参照】定义

上的【参照】按钮，弹出草绘【参照】面板，如图 16-2 所示，单击【定义】按钮，在弹出的【草绘】对话框中定义草绘【平面】及【参照】，单击【草绘】按钮进入草绘环境，绘制平整壁封闭截面，截面示例如图 16-3 所示。截面草绘方法与实体特征创建相同，故不再做详细介绍。

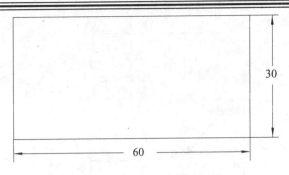

图 16-3 平整壁草绘截面定义

(3) 定义平整壁厚度和特征生成方向

完成截面草绘后，在【平整】操控面板的【壁厚】文本框中输入壁特征厚度，通过【更改厚度】按钮![icon]指定特征生成方向，如图 16-4 所示，最后单击操控面板右侧的【确定】按钮![icon]，完成平整壁特征的创建，如图 16-5 所示。

图 16-4 壁特征厚度及方向定义

图 16-5 平整壁特征创建示意图

注意：在钣金设计环境中，用线框模式显示钣金零件时，壁特征的表面分别用绿色和白色进行标识，其中绿色表面是模型的驱动表面，即白色表面是通过绿色表面生成的。在钣金设计过程中，需要注意壁特征的不同表面。

2. 旋转壁特征

旋转壁特征是将截面沿旋转中心线旋转一定角度而产生的壁特征，它通过草绘截面及旋转轴线并指定旋转角度及壁厚来生成。创建旋转壁特征的方法如下。

(1) 新建钣金件

单击工具栏中的【新建】按钮![icon]，定义钣金件名称及单位制，进入钣金设计环境。

(2) 草绘旋转壁特征截面

单击【钣金件】工具栏中的【旋转】按钮![icon]，在弹出的【菜单管理器】之【属性】菜单中可以选择【单侧】或【双侧】命令来定义旋转方向属性，在此选择【单侧】命令后再选择【完成】命令，在弹出的【菜单管理器】的相应菜单中设置旋转草绘平面，完成草绘平面及参照设置后进入草绘环境。

在草绘环境中绘制旋转壁特征截面，同时需绘制中心线作为旋转轴线。截面示例如图 16-6 所示。

(3) 定义旋转壁特征生成方向和厚度

完成草绘后，在【菜单管理器】之【方向】菜单中选择命令以指定旋转壁特征生成方向，在消息输入窗口的文本框中输入沿指定方向的壁特征厚度，单击【接受】按钮![icon]确认。

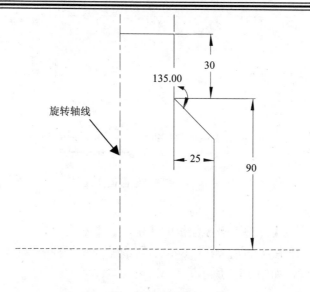

图 16-6　旋转壁草绘截面定义

（4）定义旋转角度

在【菜单管理器】之【REV TO】菜单中选择相关命令或在消息输入窗口的文本框中输入旋转壁特征的旋转角度（若在第（2）步选择【双侧】命令，则弹出【REV FRON】菜单）。选择【完成】命令，便完成旋转壁特征初步定义。单击【第一壁：旋转】对话框中的【预览】按钮，可在图形显示区查看生成的旋转壁特征。

在【第一壁：旋转】对话框中，如图 16-7 所示，依次列出了旋转壁定义参数，若需要对壁特征进行编辑修改，双击对话框中的对应参数，便可对其进行编辑。单击【确定】按钮完成旋转壁特征定义。图 16-6 中截面生成的 360° 旋转壁特征如图 16-8 所示。

图 16-7　【第一壁：旋转】对话框

图 16-8　旋转壁特征创建示意图

3. 混合壁特征

混合壁特征是由多个截面混合生成的薄壁，截面数目不能小于两个。创建混合壁特征可以使用如下 3 种混合方式。

- 【平行】——所有混合截面都位于草绘中的平行平面上。
- 【旋转的】——混合截面绕 Y 轴旋转，最大角度可达 120°，可单独草绘每一截面然后利用坐标系对齐。

- 【一般】——混合截面绕 X、Y 和 Z 轴旋转，也可沿这三条轴平移，可单独草绘每
  一截面然后利用坐标系对齐。

创建混合壁特征的方法如下。

（1）新建钣金件

单击工具栏中的【新建】按钮 □，定义钣金件名称及单位制，进入钣金设计环境。

（2）草绘混合壁特征截面

单击【钣金件】工具栏中的【混合】按钮 ⊘，弹出【菜单管理器】之【混合选项】菜单，在其中选择混合方式命令，并在【菜单管理器】之【属性】菜单中定义截面连接属性，草绘平面及草绘参照设置完成后进入草绘环境。

混合壁特征截面定义方式与实体模型混合特征截面定义方式类似，在草绘窗口中完成第一剖截面绘制后，在菜单栏中选择【草绘】→【特征工具】→【切换剖面】命令，便可切换到新剖截面，从而可实现多截面绘制。以【平行】方式创建的混合壁特征截面草绘示例如图16-9 所示。

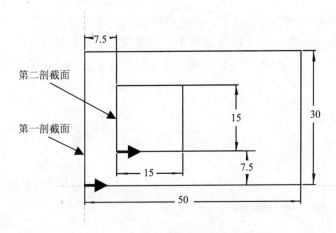

图 16-9 混合壁草绘截面定义

（3）定义混合壁特征生成方向、壁厚和深度

完成截面定义后，指定混合壁特征材料生成方向，在消息输入窗口的文本框中分别输入壁厚和截面间距离。完成定义后，单击【第一壁：混合、平行、规则截面】对话框中的【预览】按钮可查看生成的混合壁特征，双击对话框中的参数项可进行编辑修改。如图 16-9 所示，草绘截面定义壁厚为"1"，截面间距为"50"时，得到如图 16-10所示的混合壁特征。

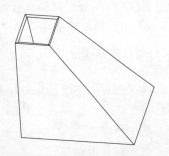

图 16-10 混合壁特征创建示意图

4. 偏移壁特征

偏移壁特征是将现有面组或实体曲面偏移特定距离而产生的薄壁特征。创建偏移壁特征首先需要选定偏移曲面，指定偏移距离，系统将创建与参照壁特征厚度相同的偏移壁特征。

创建偏移壁特征的方法如下。

(1) 新建钣金件

单击工具栏中的【新建】按钮 ，定义钣金件名称及单位制，进入钣金设计环境。

(2) 选择偏移壁参照

单击工作窗口右侧【钣金】工具栏中的【偏移】按钮 ，打开【不连接壁：偏距】对话框，如图 16-11 所示。在视图窗口中选取要开始偏移的面组或实体曲面。

图 16-11　【不连接壁：偏距】对话框

(3) 定义偏距值

选定要开始偏移的面组或实体曲面后，根据图形显示区中的偏距方向，在消息输入窗口的文本框中输入偏距数值。完成定义后，单击【不连接壁：偏距】对话框中的【预览】按钮可查看生成的偏移壁特征，单击【确定】按钮完成偏移壁特征的创建。偏移壁特征示意图如图 16-12 所示。

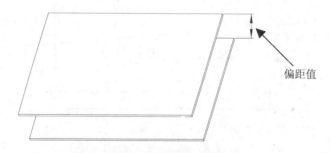

偏距值

图 16-12　偏移壁特征创建示意图

提示：偏移壁特征仅能在转换实体零件为钣金件时作为主要壁特征使用，否则偏移壁特征不能在设计中创建第一壁特征。转换实体零件为钣金件的方法见 16.4 节。

5. 拉伸壁特征

除了创建上述壁特征外，在钣金设计模块中还可创建拉伸壁特征。拉伸壁特征属于钣金实体特征，通过绘制截面轮廓线，给定拉伸深度和壁厚，生成拉伸壁特征。创建拉伸壁特征的方法如下。

(1) 新建钣金件

单击工具栏中的【新建】按钮 ，定义钣金件名称及单位制，进入钣金设计环境。

(2) 草绘拉伸壁特征截面

单击【钣金件】工具栏中的【拉伸】按钮 ，在弹出的【拉伸壁】操控面板中单击【放置】按钮，在弹出的草绘【放置】面板中单击【定义】按钮，在弹出的【草绘】对话框中定义草绘【平面】及【参照】，进入草绘环境，绘制拉伸壁截面轮廓线，截面示例如图 16-13 所示。截面草绘方法与实体特征创建相同，故不再做详细介绍。

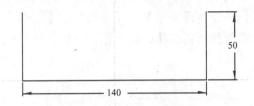

图 16-13 拉伸壁草绘截面定义

（3）定义拉伸壁特征长度、特征生成方向和壁厚

完成拉伸壁截面草绘后，可以采用与实体模型拉伸特征定义类似的方法，定义拉伸长度，同时可定义拉伸壁厚并指定拉伸壁特征生成方向。拉伸壁截面拉伸长度为"200"、壁厚为"2"时得到的拉伸壁特征如图 16-14 所示。

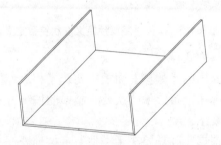

图 16-14 拉伸壁特征创建示意图

16.2.3 创建次要壁特征

次要壁特征是在第一个壁特征的基础上创建的，在进行次要壁特征创建时，仍使用第一个壁特征的创建方法，本小节主要介绍创建专用次要壁特征的方法。

1. 次要平整壁特征

次要平整壁特征是以第一个壁的一条直边作为依附，通过草绘截面创建的壁特征。

在菜单栏中选择【插入】→【钣金件壁】→【平整】命令，或单击【钣金件】工具栏中的【平整壁】按钮 ，弹出【次要平整壁】操控面板，如图 16-15 所示。在操控面板中，主要可执行以下操作。

图 16-15 【次要平整壁】操控面板

(1) 定义次要平整壁连接边

单击【位置】按钮，选择图形显示区中已定义壁特征中的直边作为次要平整壁的连接边。

(2) 定义次要平整壁形状

单击【形状】按钮，定义所选次要平整壁的尺寸参数，如图 16-16 所示。系统提供了 4 种预定义次要平整壁形状，分别是【矩形】、【梯形】、【L 形】和【T 形】，可从操控面板的【形状】下拉列表框中选择所需形状。除了预定义形状外，用户还可选择【用户定义】选项自行草绘次要平整壁形状。

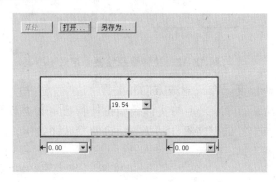

图 16-16　次要平整壁预定义形状参数定义

(3) 定义次要平整壁偏移方式

单击【偏移】按钮，在弹出的【偏移】面板中勾选【相对连接边偏移壁】复选框，可激活 3 个单选钮，点选不同单选钮，指定偏移次要平整壁的偏移方式，如图 16-17 所示。

(4) 定义次要平整壁止裂槽

单击【减轻】按钮，可根据实际需要在【类型】下拉列表框中选择止裂槽类型并定义相关尺寸参数，如图 16-18 所示。

图 16-17　次要平整壁偏移属性定义

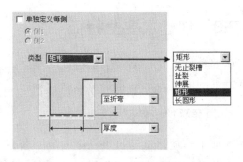

图 16-18　次要平整壁止裂槽属性定义

(5) 定义次要平整壁弯曲余量

单击【弯曲余量】按钮，可根据实际需要设置折弯参数。

(6) 定义折弯角度、壁厚、特征生成方向及折弯半径

在【次要平整壁】操控面板中，还可在相应文本框中输入折弯角度、壁厚和折弯半径，同时可指定次要平整壁特征的生成方向。

完成各项定义后，单击【确定】按钮 ✓ 完成次要平整壁的创建。4 种预定义形状的次要平整壁示例如图 16-19 所示。

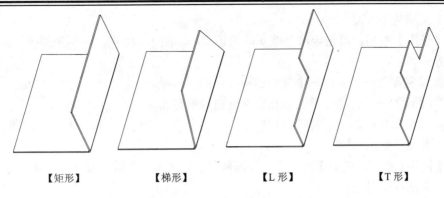

【矩形】　　　　【梯形】　　　　【L 形】　　　　【T 形】

图 16-19　次要平整壁特征示例

2. 法兰壁特征

法兰壁对应钣金加工中的弯边操作，法兰壁特征可放置在直边、弧形边或扫描边上。

在菜单栏中选择【插入】→【钣金件壁】→【法兰】命令，或单击【钣金件】工具栏中的【法兰】按钮 ，弹出【法兰壁】操控面板，如图 16-20 所示。在操控面板中，主要可执行以下操作。

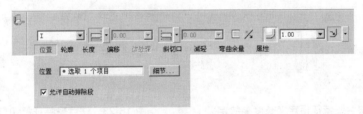

图 16-20　【法兰壁】操控面板

（1）定义法兰壁连接边

单击【位置】按钮，选择图形显示区中已定义壁特征中的边作为法兰壁的连接边。

（2）定义法兰壁轮廓

单击【轮廓】按钮，定义所选法兰壁轮廓的尺寸参数，如图 16-21 所示。系统提供了 8 种预定义次要平整壁形状，分别是【I】、【弧】、【S】、【打开】、【平齐的】、【鸭】、【C】和【Z】形，可从操控面板的【形状】下拉列表框中选择所需形状。除了预定义形状外，用户还可选择【用户定义】选项自行草绘法兰壁形状。

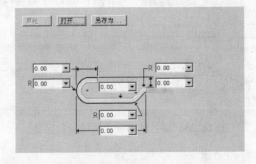

图 16-21　法兰壁特征预定义形状参数定义

（3）定义法兰壁长度

单击【长度】按钮，可指定法兰壁两端的长度，如图 16-22 所示，系统提供了以下 3 种长度定义方式。

- ⬚ 【链尾】——创建一个直到连接壁端的拉伸壁。
- ⬚ 【盲】——自草绘平面以指定深度值拉伸截面。
- ⬚ 【至选定的】——将截面拉伸至一个选定点、曲线、平面、曲面、轴或边。

（4）定义法兰壁偏移

单击【偏移】按钮，选中【相对连接边偏移壁】复选框，可指定偏移法兰壁的偏移方式。

（5）定义法兰壁斜切口

单击【斜切口】按钮，可定义法兰壁斜切口，勾选【添加斜切口】复选框，如图 16-23 所示，定义斜切口相关尺寸参数。

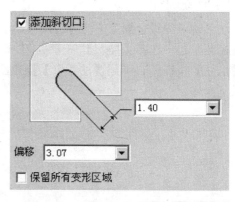

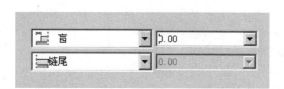

图 16-22 法兰壁特征预定义长度参数定义　　　图 16-23 法兰壁特征斜切口参数定义

（6）定义法兰壁止裂槽

单击【减轻】按钮，可根据实际需要选择止裂槽类型并定义相关尺寸参数。【止裂槽类别】有【折弯止裂槽】和【拐角止裂槽】两个选项，定义界面如图 16-24 所示。

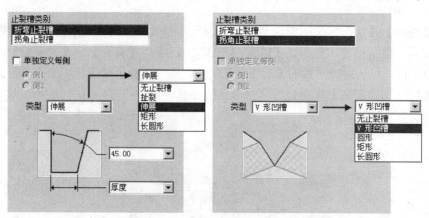

图 16-24 法兰壁特征止裂槽参数定义

（7）定义次要平整壁弯曲余量

单击【弯曲余量】按钮，可根据实际需要设置折弯参数。

（8）定义折弯半径、壁厚及特征生成方向

在【法兰壁】操控面板中，还可定义折弯半径、壁厚及法兰壁特征的生成方向。

完成各项定义后，单击【确定】按钮✔完成法兰壁的创建。8 种预定义形状的法兰壁示例如图 16-25 所示。

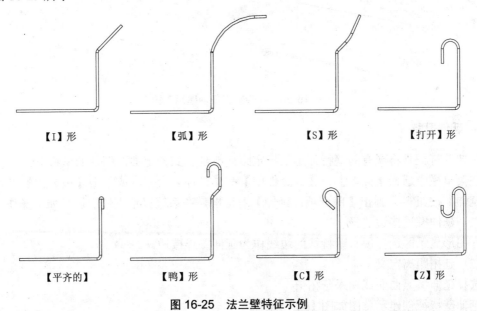

【I】形　　　　　　【弧】形　　　　　　【S】形　　　　　　【打开】形

【平齐的】　　　　　【鸭】形　　　　　　【C】形　　　　　　【Z】形

图 16-25　法兰壁特征示例

3. 扭转壁特征

扭转壁特征是平整壁沿中心线扭转某一角度后形成的壁特征，该中心线称为扭转轴。

在菜单栏中选择【插入】→【钣金件壁】→【扭转】命令，弹出【菜单管理器】之【特征参考】菜单和【扭曲】对话框，在系统提示下依次进行如下操作。

（1）扭转壁连接边选择

在图形显示区选择已存在壁特征的边线作为扭转壁连接边。

（2）扭转轴定义

在连接边上选择基准点或连接边中点进行扭转轴定义。

（3）起始宽度定义

在消息输入窗口的文本框中输入起始宽度，用于定义扭转壁在连接边处的宽度。

（4）终止宽度定义

在消息输入窗口的文本框中输入终止宽度，用于定义扭转壁在终止处的宽度。

（5）扭曲长度定义

在消息输入窗口的文本框中输入扭曲长度，用于定义连接边到扭转轴末端的长度。

（6）扭曲角度定义

在消息输入窗口的文本框中输入扭曲角度，用于定义扭转壁相对于连接边的扭转角度。

（7）扭曲发展长度定义

在消息输入窗口的文本框中输入扭曲发展长度，用于定义扭转壁反扭时的扭转壁长度。

扭转壁创建示意图如图 16-26 所示。

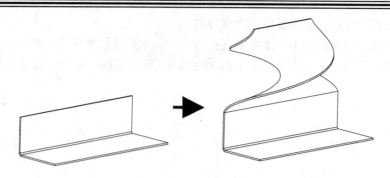

图 16-26　扭转壁特征创建示意图

4. 延伸壁特征

延伸壁特征是将现有的壁特征延长指定距离或延长到指定曲面创建的壁特征。

在菜单栏中选择【插入】→【钣金件壁】→【延伸】命令，或单击【钣金件】工具栏中的【延伸】按钮 ，弹出【壁选项：延伸】对话框，在系统提示下依次进行如下操作。

（1）延伸壁连接边选择

在图形显示区选择现有壁特征的边线作为延伸壁连接边。

（2）延拓距离定义

选择延伸参照曲面或输入延拓值。

延伸壁特征创建示意图如图 16-27 所示。

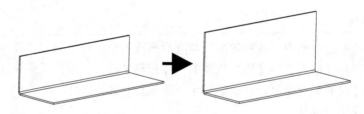

图 16-27　延伸壁特征创建示意图

5. 合并壁特征

合并壁特征是将两个相互接触但处于分离状态的壁合并成一个壁而创建的壁特征。

在菜单栏中选择【插入】→【合并壁】命令，或单击【钣金件】工具栏中的【合并壁】按钮 ，弹出【壁选项：合并】对话框和【菜单管理器】之【特征参考】菜单，在系统提示下依次选择基准壁和要合并的壁，完成合并壁操作。合并壁特征创建示意图如图 16-28 所示。

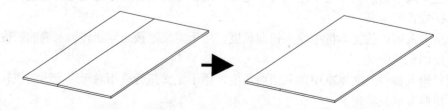

图 16-28　合并壁特征创建示意图

16.3 辅助特征

生成了基础的壁特征后，还需要根据设计需求添加钣金辅助特征，本小节主要介绍折弯、展平和成型等辅助特征的创建方法。

16.3.1 创建折弯特征

折弯特征是指将钣金件的平面区域弯曲某个角度或弯曲为弧状而形成的特征。创建折弯特征时需要定义折弯线和折弯方向。创建折弯特征的方法如下。

(1) 选择折弯类型

在菜单栏中选择【插入】→【折弯操作】→【折弯】命令，或单击【钣金件】工具栏中的【折弯】按钮 ，弹出【菜单管理器】之【选项】菜单，可通过选择【角度】和【滚动】命令来选择折弯类型，【角度】折弯与【滚动】折弯示意图如图 16-29 所示。

- 【角度】——需定义特定半径和角度，方向箭头决定折弯位置。角度折弯在折弯线的一侧形成，或者在两侧对等地形成。
- 【滚动】——需定义特定半径和角度，由半径和要折弯的平整材料的数量共同决定。滚动折弯在查看草绘的方向形成。

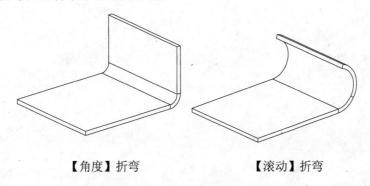

【角度】折弯　　　　　　　　【滚动】折弯

图 16-29 折弯壁特征示意图

不论是【角度】折弯还是【滚动】折弯，均可定义折弯方式，有【规则】、【带有转接】和【平面】4 种折弯方式供选择。

(2) 定义半径类型

折弯半径类型包括【内侧半径】和【外侧半径】，钣金件将被沿半径的轴折弯。

(3) 草绘折弯线

选择草绘平面及参照，在草绘环境中绘制折弯线。折弯线绘制示例如图 16-30 所示。

(4) 定义折弯侧和固定侧

以折弯线为分界线，指定生成折弯特征的部分和折弯时保持固定的部分。

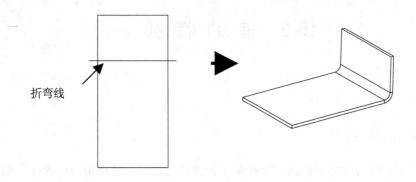

折弯线

图 16-30　绘制折弯线及边折弯特征创建示意图

（5）定义止裂槽

指定是否使用止裂槽，系统共提供了 4 种止裂槽定义方式，即【伸展止裂槽】、【缝止裂槽】、【矩形止裂槽】和【非圆形止裂槽】，如图 16-31 所示。

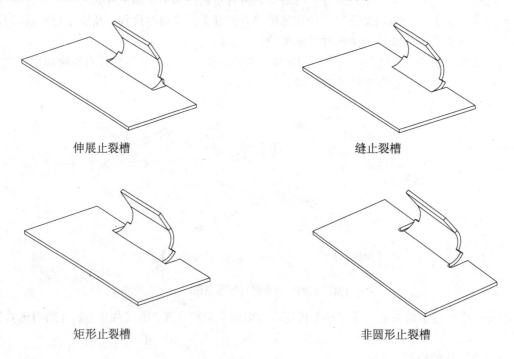

伸展止裂槽 　　　　　　　　　　　　　　缝止裂槽

矩形止裂槽 　　　　　　　　　　　　　　非圆形止裂槽

图 16-31　折弯止裂槽示意图

（6）定义折弯角和折弯半径

在【菜单管理器】的相应菜单中选择折弯角或在消息输入窗口的文本框中输入折弯角，指定折弯半径。

（7）完成折弯定义

单击【折弯选项】对话框中的【预览】按钮可查看折弯特征，单击【确定】按钮完成折弯定义。

16.3.2　创建展平特征、折弯回去特征、平整形态特征

1. 展平特征

展平特征是将钣金件上的任何弯曲曲面展平而创建的特征。创建展平特征需选择钣金展开固定面，然后选定固定边，对指定或全部曲面进行展平。创建展平特征的方法如下。

（1）选择展平类型

在菜单栏中选择【插入】→【折弯操作】→【展平】命令，或单击【钣金件】工具栏中的【展平】按钮 ，弹出【菜单管理器】之【展平选项】菜单。展平特征主要有三种类型，即【规则】、【过渡】、【剖截面驱动】。大多数折弯曲面都可以使用【规则】展平进行展开，但少数曲面如混合壁、法兰壁等，需要使用【过渡】或【剖截面驱动】的方法展开。

（2）选择保持固定的曲面或边

单击图形显示区中需要保持固定的曲面或边。

（3）选择需要展平的曲面

单击图形显示区中需要展平的曲面。

（4）完成展平特征创建

单击定义展平参数对话框中的【预览】按钮可查看展平特征，单击【确定】按钮完成展平定义。

2. 折弯回去特征

单击【钣金件】工具栏中的【折弯回去】按钮 可创建折弯回去特征。折弯回去特征是将展平后的钣金平板恢复到展平前的状态而得到的特征。展平特征及折弯回去特征创建示意图如图 16-32 所示。

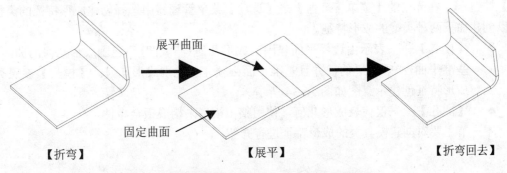

图 16-32　展平特征及折弯回去特征创建示意图

3. 平整形态特征

平整形态特征与展平特征类似，可以展平全部特征，一般是模型的最后一个特征。

16.3.3　创建边折弯特征

边折弯特征是将非相切、箱形边转换为折弯而形成的特征，可以实现快速倒圆角。创建

边折弯特征的方法如下。

（1）选择参照边

在菜单栏中选择【插入】→【边折弯】命令，或单击【钣金件】工具栏中的【边折弯】按钮，弹出【边折弯】对话框和【菜单管理器】之【折弯要件】菜单，在图形显示区选择需要进行折弯特征定义的边。

（2）完成边折弯特征创建

单击【边折弯】对话框中的【预览】按钮可查看边折弯特征，单击【确定】按钮完成边折弯定义。边折弯特征创建示意图如图 16-33 所示。

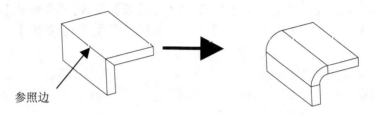

参照边

图 16-33　边折弯特征创建示意图

16.3.4　创建成形特征、平整成形特征

1. 成形特征

成形特征是钣金件壁用模板(参照零件)模压成形，将参照零件的几何合并到钣金零件而创建的特征。使用组件类型约束来确定模型中成形的位置。创建成形特征的方法如下。

（1）选择成形类型

在菜单栏中选择【插入】→【形状】→【成形】命令，或单击【钣金件】工具栏中的【成形】按钮，在弹出的【菜单管理器】之【选项】菜单管理器中选择创建成形特征的类型，可以创建如下两种类型的成形特征。

- 【模具】——表示由边界平面包围的成形几何(凸或凹)。包围成形几何的曲面(即基准平面)必须是平的，并且基准平面必须完全包围成形几何。【模具】参照类型成形特征创建示意图如图 16-34 所示。
- 【冲孔】——仅代表成形几何，使用整个模型来构成钣金零件。

本小节主要对创建模具类的成形特征进行介绍。

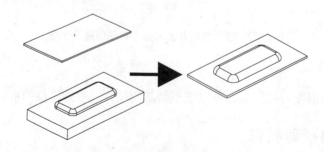

图 16-34　【模具】参照成形特征创建示意图

（2）选择参考模型

在【选项】菜单中选择【完成】命令后，在弹出的【打开】对话框中选择模具模型文件并单击【打开】按钮。

（3）定位参考模型

在弹出的【模板】对话框中，如图 16-35 所示，通过定义完整约束，确定参考模型的成形几何表面与待成型壁的相对位置关系。定义约束的方式与装配模式下约束定义方式相同。

图 16-35　参考模型放置位置定义

（4）选择边界平面和种子曲面

边界平面是模具上包围成形几何的平面，可在参照模型视图窗口中单击选择。种子曲面是模具上实际成形几何表面，也可以通过单击选择。边界平面及种子曲面定义示意图如图16-36 所示。

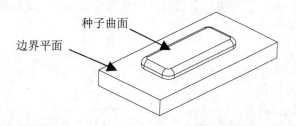

图 16-36　边界平面及种子曲面定义示意图

（5）完成成形特征创建

单击【模板】对话框中的【预览】按钮可查看生成的成型特征，单击【确定】按钮完成成形特征的创建。

2. 平整成形特征

平整成形特征是将生成的成形特征恢复为平整状态而形成的特征，一般在设计结束时创建。

16.3.5　创建切割特征

切割特征是从钣金件上去除材料而形成的特征。在钣金设计环境中，切割特征主要有实体切割和钣金切割(简称 SMT 切割)两种类型。实体切割与实体特征的创建方法一样，钣金切割与实体切割的不同之处在于钣金切割后的切口垂直于钣金件曲面，如同该零件是完全平整的，即使它处于折弯状态。

单击【钣金件】工具栏中的【拉伸】按钮 ，弹出【拉伸】操控面板，如前所述，定义草绘平面及参照，绘制切割特征截面，完成草绘后，输入切割深度或选定切割参照。当【移除材料】按钮 为选中状态时，表示此切割特征为钣金切割特征，同时可定义如下 3 种移除材料方式。

- 按钮 ——移除垂直于偏移曲面和驱动曲面的材料。
- 按钮 ——移除垂直于驱动曲面的材料。
- 按钮 ——移除垂直于偏移曲面的材料。

切割特征创建示意图如图 16-37 所示。

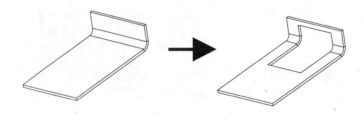

图 16-37　切割特征创建示意图

16.3.6　创建凹槽与冲孔特征

凹槽与冲孔特征与切割特征实现的功能类似，但需要使用用户自定义特征。凹槽特征作用在钣金件的边缘或内部，切割出一个缺口。冲孔特征是按照一定形状在钣金件上去除一部分材料而创建的特征。

1. 冲孔特征

创建冲孔特征的方法如下。

（1）创建用户自定义特征

用户自定义特征，简称 UDF，创建凹槽或冲孔特征之前首先需要创建需要定义为 UDF 的切割特征。在菜单栏中选择【工具】→【UDF 库】命令，在弹出的【菜单管理器】之【UDF】菜单中选择【创建】命令，在消息输入窗口的文本框中输入 UDF 的名称，单击【接受】按钮 。在【菜单管理器】的【UDF 选项】菜单中选择 UDF 属性，同时指定该 UDF 是否包含参考零件。完成属性定义后，弹出【UDF】对话框，在【菜单管理器】中弹出【UDF 特征】菜单，选择要定义的切割特征，定义该特征的参照平面，单击【UDF】对话框中的【确定】按钮，完成 UDF 定义。

（2）创建冲孔特征

在菜单栏中选择【插入】→【形状】→【冲孔】命令，或单击【钣金件】工具栏中的【冲孔】按钮 ，在弹出的【打开】对话框中选择创建好的 UDF 文件，单击【打开】按钮，弹出【用户自定义的特征放置】对话框，如图 16-38 所示。依次定义该特征的参照，单击对话框中的【确定】按钮 完成冲孔特征的放置。冲孔特征创建示意图如图 16-39 所示。

图 16-38　参考模型放置位置定义

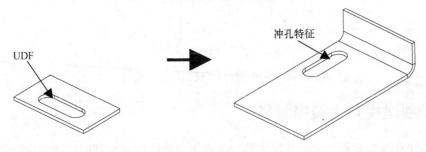

图 16-39　冲孔特征创建示意图

2. 凹槽特征

凹槽特征的创建方法与冲孔特征的创建方法相同，需要预先定义 UDF。

16.3.7　创建扯裂特征

扯裂特征又称缝特征，是一个有体积的零件切口，如果零件是材料的一个连续段，未割裂钣金件时，就不能被创建展平特征，因此要在展平特征前创建扯裂特征，展平时材料将沿着裂缝处破断。

扯裂特征可分为以下 3 种类型。

- 【规则缝】——沿草绘的缝线创建扯裂特征。
- 【曲面缝】——从模型中切除并排除整个曲面片。
- 【边缝】——沿边创建锯缝。

其中比较常用到的是【曲面缝】类型的扯裂特征。创建扯裂特征的方法如下。

（1）参照定义

在菜单栏中选择【插入】→【形状】→【扯裂】命令，或单击【钣金件】工具栏中的【扯裂】按钮，弹出【菜单管理器】之【选项】菜单，选择扯裂特征类型，在图形显示区定义参照。如果选择【规则缝】命令，则需草绘扯裂缝；如果选择【曲面缝】或【边缝】命令，从图形显示区选择对应曲面或边线即可。

（2）完成扯裂特征创建

单击【割裂】对话框中的【预览】按钮，可查看生成的扯裂特征。单击【确定】按钮，完成扯裂特征的创建。

扯裂特征创建示意图如图 16-40 所示。

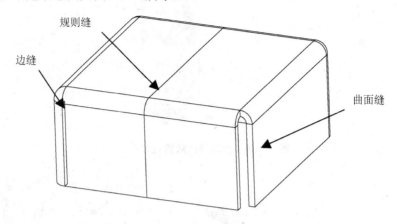

图 16-40　扯裂特征创建示意图

16.3.8　创建拐角止裂槽特征

为了防止在展平过程中钣金件发生畸变，在钣金件的拐角出可创建拐角止裂槽特征。拐角止裂槽共分为 4 种类型。

- 【无止裂槽】——不添加止裂槽。拐角保留扯裂特性。
- 【无】——生成方形拐角。缺省的 V 凹槽特性被移除。
- 【圆形】——添加圆形止裂槽。从拐角移除圆形剖面。
- 【斜圆形】——添加长圆形止裂槽。从拐角移除长圆形剖面。

在菜单栏中选择【插入】→【拐角止裂槽】命令，或单击【钣金件】工具栏中的【拐角止裂槽】按钮，弹出【顶角止裂槽】对话框和【菜单管理器】之【顶角止裂槽】菜单。选择需定义止裂槽的拐角，创建拐角止裂槽特征，圆形拐角止裂槽创建示意图如图 16-41 所示。

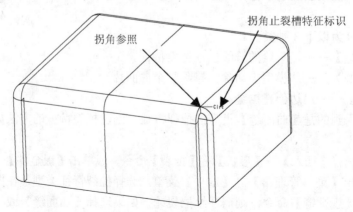

图 16-41　扯裂特征创建示意图

16.4　转　换　特　征

在实体模式下创建的实体模型可转换为钣金件，使钣金设计方法变得更为灵活。

16.4.1　从实体创建钣金件

在钣金设计过程中，能够使用现有的实体模型作为参照，通过转换工具将实体模型转为钣金模型，将多个独立特征整合在一起，因此可有效地提高设计效率。在菜单栏中选择【应用程序】→【钣金件】命令，在弹出的【菜单管理器】之【钣金件转换】菜单中选择创建方法，从实体创建钣金件有如下两种方法。

- 【驱动曲面】——从实体几何模型中选择驱动曲面，作为第一个壁的驱动曲面，指定壁厚，从而完成钣金件第一个壁特征的创建，如图 16-42 所示。

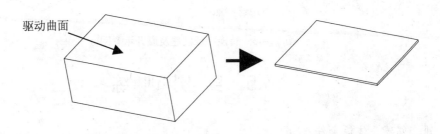

图 16-42　实体以【驱动曲面】方式创建钣金件

- 【壳】——将实体模型转换为薄壳模型，尤其针对块状零件，通过指定移除曲面及壁厚，从而创建钣金第一个壁特征，如图 16-43 所示。

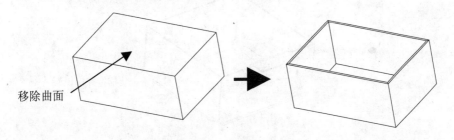

图 16-43　实体以【壳】方式创建钣金件

16.4.2　创建转换特征

实体转换成钣金件后，为了能够创建展开特征，可通过创建转换特征定义若干分割参照，以便执行展开操作。

在菜单栏中选择【插入】→【转换】命令，弹出【钣金件转换】对话框，如图 16-44 所示，可选择对应参照类型进行定义。转换特征创建及展开示意图如图 16-45 所示。

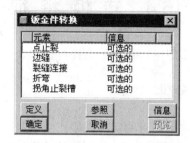

图 16-44　【钣金件转换】对话框

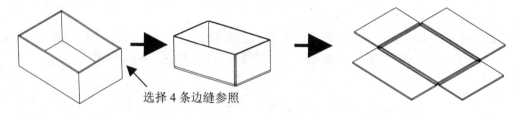

选择 4 条边缝参照

图 16-45　转换特征创建及展开示意图

16.5　实　例　训　练

 例： 创建壳体钣金件

本节将创建壳体钣金件，壳体示意图如图 16-46 所示。创建过程中使用了多种钣金特征创建方法，本实例模型文件见随书光盘中的"ch16 \sheetmetal.prt"。

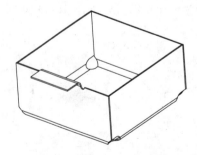

图 16-46　壳体钣金件设计示意图

1. 新建钣金件文件

在菜单栏中选择【文件】→【新建】命令，或单击工具栏中的【新建】按钮 ，打开【新建】对话框，在【类型】选项区中点选【零件】单选钮，在对应的【子类型】选项区中点选【钣金件】单选钮，定义模型【名称】，取消【使用缺省模板】复选框的勾选，单击【确定】按钮，在弹出的【新文件选项】对话框的【模板】选项区中选择【mmns_part_sheetmetal】选项作为单位制，单击【确定】按钮，进入钣金设计环境。

2. 创建主要壁特征

（1）单击【钣金件】工具栏中的【拉伸】按钮 ☑，在弹出的【拉伸】操控面板中单击【放置】按钮，并在弹出的【放置】面板中单击【定义】按钮。在弹出的【草绘】对话框中，选择"FRONT"平面作为草绘【平面】，选择"RIGHT"平面作为【参照】，在【方向】下拉列表框中选择【右】选项，单击【草绘】按钮，进入草绘环境，绘制草绘截面，如图 16-47 所示。

（2）完成截面草绘后，进行双侧拉伸，设置拉伸深度为"100"、壁厚为"1"，其余选项保持默认设置，单击【确定】按钮 ✔ 完成主要壁特征的创建，如图 16-48 所示。

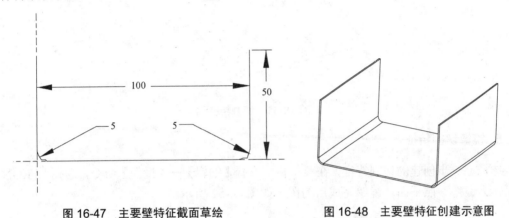

图 16-47　主要壁特征截面草绘　　　　图 16-48　主要壁特征创建示意图

3. 创建展平特征

单击【钣金件】工具栏中的【展平】按钮 ☑，弹出【菜单管理器】之【展平选项】菜单，选择【规则】命令，选择展平时保持固定的曲面后，在【展平选取】菜单中选择【展平全部】和【完成】命令，单击【(规则类型)】对话框中的【预览】按钮可预览展平特征，单击【确定】按钮完成展平特征的创建。保持固定的曲面及展平后的模型如图 16-49 所示。

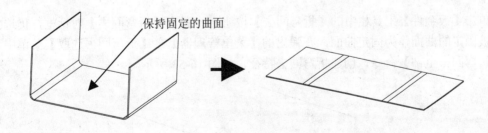

图 16-49　创建展平特征

4. 创建切割特征

单击【钣金件】工具栏中的【拉伸】按钮 ☑，分别在展开曲面处创建切割特征。选择草绘平面，绘制草绘截面，如图 16-50 所示。创建的切割特征如图 16-51 所示。

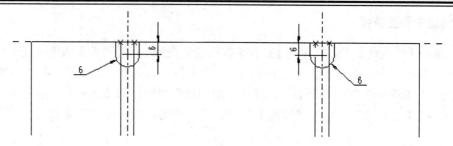

图 16-50　切割特征截面草绘

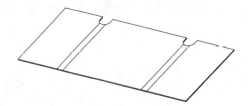

图 16-51　切割特征

5. 镜像切割特征

选择上一步创建的切割特征，在菜单栏中选择【编辑】→【镜像】命令，选择 "FRONT" 平面作为镜像参照平面。镜像完成后的图形如图 16-52 所示。

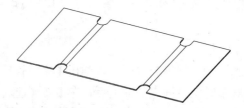

图 16-52　镜像切割特征

6. 创建折弯回去特征

单击【钣金件】工具栏中的【折弯回去】按钮，弹出【折弯回去】对话框，仍选择展开时被固定的曲面作为固定曲面，在弹出的【菜单管理器】之【折弯回去选取】菜单中，选择【折弯回去全部】命令，创建折弯回去特征，如图 16-53 所示。

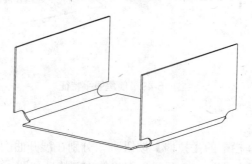

图 16-53　折弯回去特征

7. 创建次要平整壁特征

（1）单击【钣金件】工具栏中的【平整壁】按钮，在弹出的【平整壁】操控面板中单击【位置】按钮，将模型调整为线框模式显示，选择模型内侧白色边线作为连接边，在操控面板的第一个下拉列表框中选择【用户定义】，单击【形状】按钮，单击【草绘】按钮草绘开放截面形状，如图 16-54 所示，注意选择图中 6 个顶点作为参照。定义折弯角度为"90°"、折弯半径为"4"，单击【确定】按钮完成定义，创建的次要平整壁特征如图 16-55 所示。

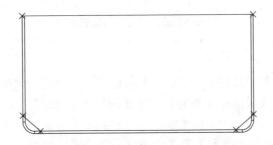

图 16-54　次要平整壁特征截面草绘

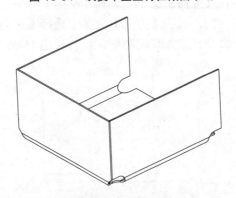

图 16-55　次要平整壁特征

（2）单击【钣金件】工具栏中的【平整壁】按钮，在弹出的操控面板中单击【位置】按钮，选择新创建的平整壁白色边线作为连接边，在操控面板的第一个下拉列表框中选择【用户定义】，折弯角度定义为【平整】，即无折弯，草绘形状如图 16-56 所示，创建的平整壁特征如图 16-57 所示。

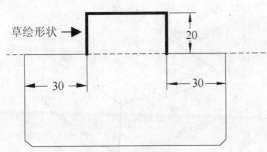

图 16-56　次要平整壁特征形状

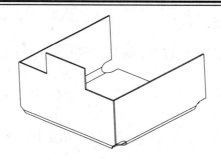

图 16-57　次要平整壁特征

8. 创建折弯特征

（1）单击【钣金件】工具栏中的【折弯】按钮 ，定义折弯特征。在弹出的【菜单管理器】之【选项】菜单中依次选择【角度】、【规则】和【完成】命令，再在弹出的【菜单管理器】之【使用表】菜单中依次选择【零件折弯表】和【完成/返回】命令，在弹出的【半径所在的侧】菜单中选择【内侧半径】和【完成/返回】命令，选择上一步生成的次要平整壁绿色表面作为草绘参照平面，在【方向】菜单中选择【反向】命令，确认图形显示区中的红色箭头方向为背离白色表面的方向，再在【方向】菜单中选择【正向】命令，在弹出的【草绘视图】菜单中选择【缺省】命令，进入草绘环境，绘制如图 16-58 所示的折弯线。

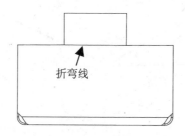

图 16-58　草绘折弯特征折弯线

（2）完成折弯线定义后，选择生成特征的侧、固定侧，如图 16-59 所示；在【止裂槽】菜单管理器中选择【使用止裂槽】，定义折弯线两端点的止裂槽，设置止裂槽类型为【非圆形止裂槽】、止裂槽尺寸为"4"，选择【止裂槽深度】为【与折弯相切】，定义折弯角度为"90°"、折弯半径为"4"，生成的折弯特征如图 16-59 所示。

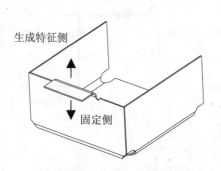

图 16-59　折弯特征

9. 创建另一侧次要平整壁

选择第一次创建的次要平整壁特征，在菜单栏中选择【编辑】→【镜像】命令，弹出【镜像】操控面板，选择"FRONT"平面作为镜像平面，单击【镜像】操控面板中的【确定】按钮 ✔。弹出【平整壁】操控面板，在图形显示区选择模型另一侧的白色边线作为连接边，再单击【平整壁】操控面板中的【确定】按钮 ✔，得到另一侧平整壁，如图 16-60 所示。

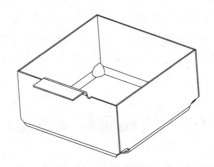

图 16-60　创建另一侧次要平整壁

10. 创建平整形态特征

单击【钣金件】工具栏中的【平整形态】按钮 ▦，选择图形显示区中模型的任意表面，便可创建钣金件全部展开的平整形态特征，如图 16-61 所示。

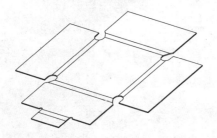

图 16-61　创建平整形态特征

16.6　练　习　题

(1) 试述钣金设计中可创建哪些钣金特征？

(2) 主要壁特征与次要壁特征有何区别？主要壁特征和次要壁特征各包括哪些特征？

(3) 展平特征与平整形态特征有何区别？

(4) 止裂槽的作用有哪些？创建折弯特征过程中如何创建止裂槽？止裂槽主要包括哪些类型？

(5) 钣金设计中，实体切割特征与钣金切割特征有何区别？

(6) 试述如何创建 UDF 特征及如何创建凹槽和冲孔特征。

(7) 如何从实体模型创建钣金模型？如何创建钣金转换特征？

第 17 章 综 合 实 例

本章通过两个设计实例来综合应用前面介绍过的实体建模、装配体设计、工程图设计、钣金设计和结构分析等知识，以加深读者对 Pro/ENGINEER 设计方法和技巧的掌握，并对工程设计过程建立起完整的概念，从而更加深刻地理解如何更好地让 Pro/ENGINEER 在工程设计中发挥作用。

17.1 气动阀装配体设计

本例主要介绍在 Pro/ENGINEER 装配环境中进行气动阀装配体设计并最终生成装配图的完整过程，气动阀示意图如图 17-1 所示，与第 10 章的实例不同，本例将介绍如何在装配设计环境中创建各个元件。

图 17-1 气动阀装配体

17.1.1 创建装配体文件

在菜单栏中选择【文件】→【设置工作目录】命令，在弹出的【选取工作目录】对话框中，创建名为"example-1"的文件夹并设为当前工作目录。在菜单栏中选择【文件】→【新建】命令，或单击工具栏中的【新建】按钮 □，弹出【新建】对话框，创建【名称】为"example-1"、【类型】为【组件】、【子类型】为【设计】的组件文件，取消【使用缺省模板】复选框的勾选，单击【确定】按钮，弹出【新文件选项】对话框，设定单位制【模板】为【mmns_asm_design】，单击【确定】按钮，进入装配体设计环境。

17.1.2 创建阀体元件

1. 选择定位基准

在装配设计环境中，单击【工程特征】工具栏中的【创建】按钮，弹出【元件创建】对话框，如图 17-2 所示。在【名称】文本框中定义模型【名称】为"3_base_part"，单击【确定】按钮，弹出如图 17-3 所示的【创建选项】对话框，在【创建方法】选项区中点选【定位缺省基准】单选钮，在【定位基准的方法】选项区中点选【对齐坐标系与坐标系】单选钮，单击【确定】按钮，选择图形显示区中的装配体坐标系"ASM_DEF_CSYS"作为参照。

图 17-2 【元件创建】对话框

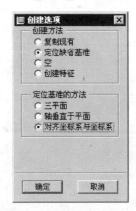

图 17-3 【创建选项】对话框

2. 创建阀体主体

阀体元件结构如图 17-4 所示。分析元件结构可知，主体结构可通过创建旋转特征的方法生成。

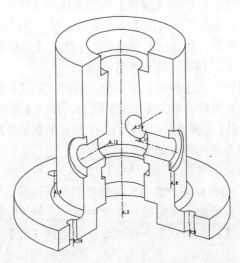

图 17-4 气动阀阀体结构

单击【基础特征】工具栏中的【旋转】按钮 ⋈ ，在弹出的【旋转】操控面板中单击【位置】按钮，在弹出的【位置】面板中单击【定义】按钮，弹出【草绘】对话框。在图形显示区选择"ASM_FRONT"平面作为草绘【平面】，选择"ASM_RIGHT"平面作为【参照】，在【方向】下拉列表框中选择【右】选项，单击【草绘】按钮，进入草绘环境并弹出【参照】对话框。分别选择"ASM_RIGHT"和"ASM_TOP"平面作为草绘参照，草绘旋转特征截面，如图 17-5 所示。完成草绘后，定义旋转轴，设置截面绕旋转轴线进行 360° 旋转，单击【旋转】面板中的【确定】按钮 ✔ 完成阀体主体创建。

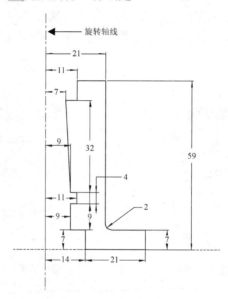

图 17-5　气动阀阀体旋转特征截面草绘

3. 创建阀体定位孔

单击导航区【模型树】选项卡中的【设置】按钮，选择【树过滤器】命令，弹出【模型树项目】对话框。在【显示】选项区中勾选【特征】复选框，应用后单击【确定】按钮退出。右击 "3_base_part" 模型文件名，在弹出的快捷菜单中选择【激活】命令，如图 17-6 所示，模型图标右下角出现绿色标识，便可对此元件进行编辑。

单击【基础特征】工具栏中的【拉伸】按钮 ⚏ ，在弹出的【拉伸】操控面板中单击【放置】按钮，在弹出的【放置】面板中单击【定义】按钮，弹出【草绘】对话框。草绘【平面】选择大圆柱体上表面，【参照】平面选择 "DTM1" 平面，在【方向】下拉列表框中选择【右】选项，草绘平面、草绘参照及草绘截面如图 17-7 所示。

完成草绘后，在操控面板中单击【去除材料】按钮 ⟋ ，拉伸类型选择【拉伸至选定的总曲线平面或曲面】按钮 ⟚ ，拉伸至下一曲面，拉伸参照曲面选择阀体底面，如图 17-8 所示。

选择【模型树】中刚创建的定位孔特征，在菜单栏中选择【编辑】→【阵列】命令，在弹出的【阵列】操控面板的【阵列方式】下拉列表框中选择【轴】选项，选择阀体中心轴线作为定义参照，设置阵列数目为 "4"、角度为 "90"，生成阀体凸缘部分的四个定位孔，如图 17-9 所示。

图 17-6 激活元件

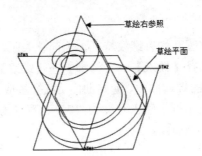

图 17-7 定位孔草绘参照及草绘截面

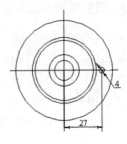

图 17-8 定位孔拉伸参照定义

图 17-9 完成定位孔定义

4. 创建阀体连接孔

在阀体侧壁上分布了 3 个连接孔，也可先创建一个孔后，再通过阵列的方法得到。单击【基础特征】工具栏中的【旋转】按钮，弹出【旋转】操控面板，【草绘平面】选择"DTM3"平面，【参照】平面选择"DTM1"平面，在【方向】下拉列表框中选择【右】选项，草绘截面如图 17-10 所示。在【旋转】操控面板中设置旋转角度为 360°，单击【去除材料】按钮，单击【旋转】操控面板中的【确定】按钮。完成一个连接孔定义后，参照定位孔阵列的方法，选择阀体轴线作为参照，设置阵列数目为"3"、角度为"90°"，在阀体侧壁阵列生成其余两个连接孔，如图 17-11 所示。

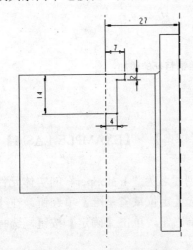

图 17-10 连接孔草绘截面

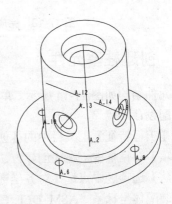

图 17-11 完成连接孔定义

5. 添加螺纹修饰特征

阀体连接孔和阀体底部圆孔均有螺纹特征，为简化表示，在此仅添加螺纹修饰特征。以连接孔为例，在菜单栏中选择【插入】→【修饰】→【螺纹】命令，弹出【修饰：螺纹】对话框，定义如图 17-12 所示的螺纹曲面、起始曲面、特征生成方向，定义螺纹深度类型为【盲孔】，在消息输入窗口的文本框中输入深度为"7"、直径为"8.8"。依据同样的方法可定义其余两个连接孔的螺纹修饰曲面。

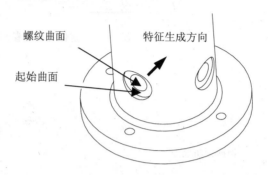

图 17-12   完成连接孔螺纹修饰特征添加

阀体底部需添加螺纹修饰的圆孔如图 17-13 所示，选择螺纹深度类型为【至曲线】，选择该孔终止边线作为参照，设置直径为"20"，完成螺纹修饰特征的添加。在菜单栏中选择【文件】→【保存】命令，保存阀体元件。

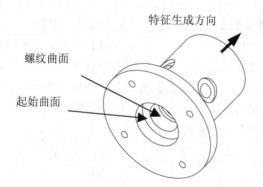

图 17-13   完成阀体底部孔螺纹修饰特征的添加

17.1.3   创建柱塞元件

柱塞元件结构如图 17-14 所示。单击菜单栏中的【窗口】→【EXAMPLE-1.ASM】命令，切换回装配设计环境。

单击【工程特征】工具栏中的【创建】按钮，创建名为"4_stopper"的实体元件，在【创建选项】对话框中，在【创建方法】选项区中点选【定位缺省基准】单选钮，在【定位基准的方法】选项区中点选【对齐坐标系与坐标系】单选钮，单击【确定】按钮，选择视图窗口中的装配体坐标系"ASM_DEF_CSYS"作为参照。

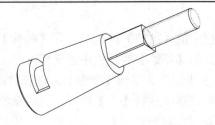

图 17-14　气动阀柱塞结构

1. 创建柱塞主体

单击【基础特征】工具栏中的【旋转】按钮 ⚹，弹出【旋转】操控面板，单击【位置】按钮，在弹出的【位置】面板中单击【定义】按钮，弹出【草绘】对话框。在图形显示区选择 "ASM_RIGHT" 平面作为草绘【平面】，选择 "ASM_TOP" 平面作为【参照】，在【方向】下拉列表框中选择【顶】选项，单击【草绘】按钮，进入草绘环境，并弹出【参照】对话框。除了定义两个基准面作为草绘参照外，单击【模型显示】工具栏中的【隐藏线】按钮 ▱，切换到隐藏线显示状态，选择阀体内部锥面投影线作为参照，草绘旋转特征截面，如图 17-15 所示。完成草绘后，在【旋转】操控面板中设置截面绕旋转轴线旋转的角度为 360°，单击【旋转】操控面板中的【确定】按钮 ✔，完成柱塞主体的创建。

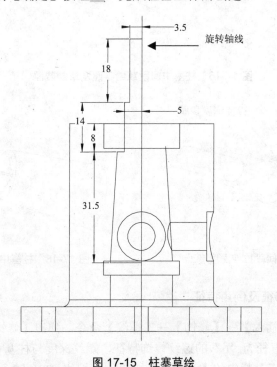

图 17-15　柱塞草绘

2. 创建柱塞中间段平面

右击【模型树】中的阀体元件名称，在弹出的快捷菜单中选择【隐藏】命令，在视图中仅显示柱塞元件。右击柱塞元件模型名称，在弹出的快捷菜单中选择【激活】命令，使柱塞元件处于可编辑状态。

单击【基础特征】工具栏中的【拉伸】按钮□，在【拉伸】操控面板的【放置】对话框中进行草绘参照定义。在打开的【草绘】对话框中定义草绘平面、草绘参照及草绘截面，如图 17-16 所示，选择中间段上表面作为草绘【平面】，选择"ASM_RIGHT"平面作为草绘【参照】，在【方向】下拉列表框中选择【左】选项。完成草绘后，单击【拉伸】操控面板中的【去除材料】按钮☑，设置此拉伸特征为去除材料，选择拉伸深度类型为【拉伸至选定的总曲线平面或曲面】按钮⊥，深度参照曲面如图 17-17 所示。经过以轴为参照的阵列，得到如图 17-18 所示的平面。

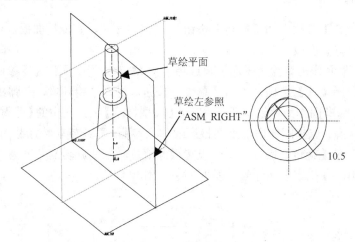

图 17-16　柱塞中间段草绘参照及草绘截面

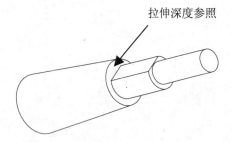

图 17-17　柱塞中间段拉伸深度参照

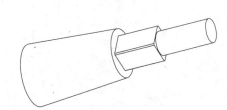

图 17-18　柱塞中间段拉伸特征

3. 创建螺纹修饰特征及倒角特征

在菜单栏中选择【插入】→【修饰】→【螺纹】命令，弹出【修饰：螺纹】对话框，在柱塞$\phi 7$段表面上添加直径为"6"的螺纹修饰特征，螺纹深度与柱塞$\phi 7$段长度相同。

单击【工程特征】工具栏中的【边倒角】按钮◇，按住<Ctrl>键，选择柱塞两端面边线，创建倒角特征，其中倒角参数【D】为"0.5"。

4. 创建导气槽

柱塞锥面上的导气槽通过旋转特征创建。确定柱塞元件处于激活状态，单击【基础特征】

工具栏中的【旋转】按钮 ⊙，弹出【旋转】操控面板，参照前面所述的操作方法，定义 "ASM_FRONT" 平面作为草绘【平面】，选择 "ASM_TOP" 平面作为草绘【参照】，在 【方向】下拉列表框中选择【顶】选项。进入草绘环境后，选择 "ASM_TOP" 平面和 "ASM_RIGHT" 作为草绘参照，绘制如图 17-19 所示的截面及旋转轴线，注意矩形的右下角点在柱塞的圆锥面上。

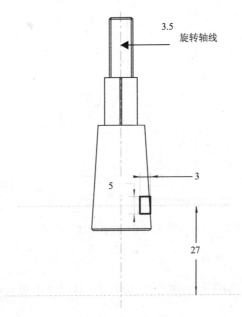

图 17-19　柱塞草绘

完成草绘后，在【旋转】操控面板中单击【去除材料】按钮 ⊘，设置旋转角度为 "150°"，单击【旋转】操控面板中的【确定】按钮 ✔，完成柱塞元件的创建。

17.1.4　创建螺塞元件

螺塞元件装配于柱塞底部，与阀体底部螺纹相配合，螺塞元件结构如图 17-20 所示。

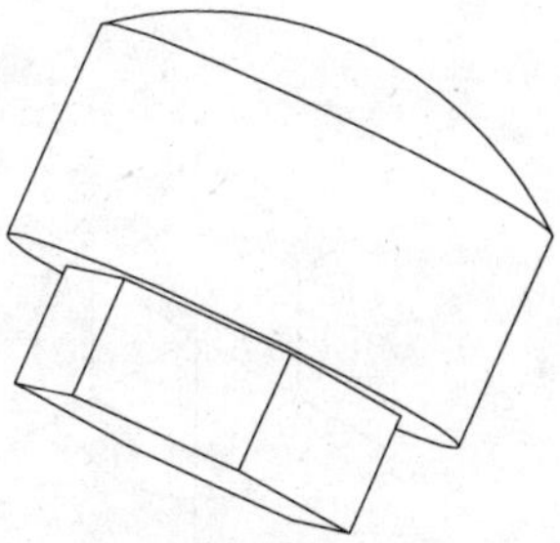

1. 创建螺塞主体

单击【工程特征】工具栏中的【创建】按钮 ，创建名为 "5_screw" 的实体元件，定位基准的定义方法同前，选择装配环境下的 "ASM_DEF_CSYS" 坐标系作为参照。

图 17-20　螺塞元件结构

单击【基础特征】工具栏中的【旋转】按钮 ⊙，弹出【旋转】操控面板，参照前面所述的操作方法，选择 "ASM_RIGHT" 平面作为草绘【平面】，选择 "ASM_TOP" 平面作为【参照】，在【方向】下拉列表框中选择【顶】选项，单击【草绘】按钮，进入草绘环境，除指定 "ASM_TOP" 平面和 "ASM_FRONT" 平面作为草绘基本参照外，还选择柱塞底面和阀体的两个面作为草绘参照，螺塞顶部圆弧与柱塞底面相切，绘制如图 17-21 所示的旋转特征截面，注意截面上各点都落在参照上，圆弧的圆心落在旋转轴线上。完成草绘后，在【旋转】操控面板中设置旋转角度为"360°"，单击【旋转】操控面板中的【确定】按钮✔，完成螺塞元件主体的创建。

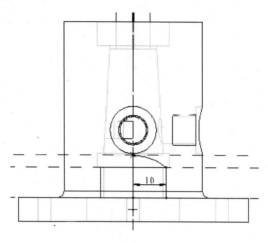

图 17-21　柱塞草绘

2．添加螺纹修饰特征

在生成的螺塞主体圆柱面上添加螺纹修饰特征，螺纹深度与圆柱面长度一致，定义螺纹直径为"18"。

3．创建端部特征

激活螺塞元件，单击【基础特征】工具栏中的【拉伸】按钮，弹出【拉伸】操控面板，参照前面所述的操作方法，定义螺塞主体平端面为草绘【平面】，指定"ASM_FRONT"平面作为草绘【参照】，在【方向】下拉列表框中选择【右】选项，进入草绘环境。选择基准面定义基本参照，选择螺塞主体圆柱面作为绘制六边形端面特征的参照，设置六边形外接圆直径为"15"，草绘截面如图 17-22 所示。完成草绘后，在【拉伸】操控面板中设置拉伸深度为"5"，单击【拉伸】操控面板中的【确定】按钮✔，完成螺塞元件定义。

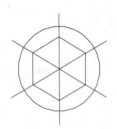

图 17-22　柱塞六边形端部草绘

17.1.5　创建垫圈、密封环元件

1．创建垫圈元件

单击【工程特征】工具栏中的【创建】按钮，创建名为"2_gasket_1"的垫圈实体元件，定位基准的定义方法同前，选择装配环境下的 ASM_DEF_CSYS 坐标系作为参照。

单击【基础特征】工具栏中的【拉伸】按钮 ⬚，弹出【拉伸】操控面板，参照前面所述的操作方法，草绘平面、草绘参照及草绘截面的定义如图 17-23 所示。完成草绘后，在【拉伸】操控面板中设置拉伸深度为"4"，单击【拉伸】操控面板中的【确定】按钮 ✔，完成垫圈元件的创建。由于此处需要两个垫圈，保存装配体文件后，单击【工程特征】工具栏中的【装配】按钮 ⬚，选择刚刚创建的垫圈元件，通过定义如图 17-24 所示的装配约束，即可完成垫圈元件创建与装配。

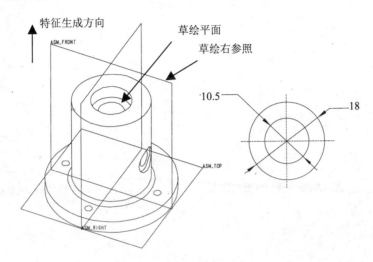

图 17-23　垫圈草绘

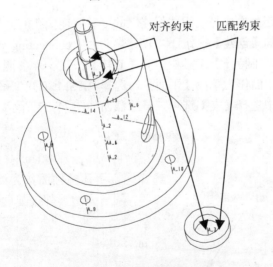

图 17-24　垫圈装配约束定义

2. 创建密封环元件

密封环元件创建方法与垫圈元件创建方法类似。设定密封环元件名称为"6_airproof"，同样使用【拉伸】按钮 ⬚ 创建，草绘平面、参照平面及草绘截面的定义如图 17-25 所示。完成草绘后，在【拉伸】操控面板中设置拉伸深度为"2"，特征生成方向指向阀体外侧，单击【拉伸】操控面板中的【确定】按钮 ✔，完成密封环元件的创建，如图 17-26 所示。

在模型树中右击"EXAMPLE_1.ASM"组件，在弹出的快捷菜单中选择"激活"命令。再在模型树中单击"6_AIRPROOF.PRT"零件，在菜单栏中选择【插入】→【阵列】命令，按照前面所述的阵列方法完成另外两个密封元件的创建，如图 17-26 所示。

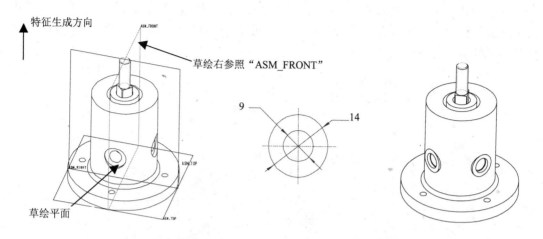

图 17-25　密封环元件草绘　　　　　　　　图 17-26　气动阀装配体密封环

17.1.6　创建接头元件

1. 创建接头主体

接头元件通过螺纹连接方式与气阀体相连，故可参照连接孔的创建方式进行创建。单击【工程特征】工具栏中的【创建】按钮，创建名为"7_connecting_part"的垫圈实体元件，定位方法同前。单击【基础特征】工具栏中的【旋转】按钮，参照前面所述的操作方法，选择"ASM_FRONT"平面作为草绘【平面】，选择"ASM_TOP"平面作为草绘【参照】，在【方向】下拉列表框中选择【左】选项，草绘截面如图 17-27 所示。

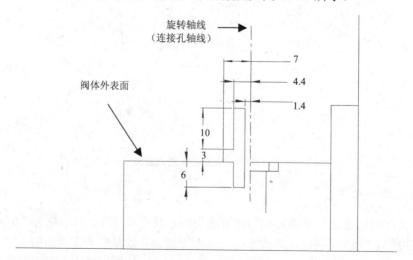

图 17-27　接头元件草绘截面

2. 添加螺纹修饰特征

在【模型树】中分别右击前面创建的阀体、柱塞等元件将其隐藏，在接头元件与连接孔的连接部分创建螺纹修饰特征，如图 17-28 所示，螺纹深度与该表面轴向长度一致，设置直径为"8"。

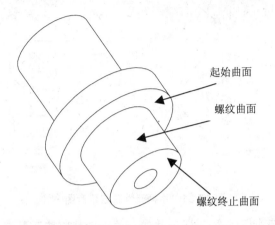

起始曲面

螺纹曲面

螺纹终止曲面

图 17-28　接头元件螺纹修饰特征定义

3. 创建倒角特征

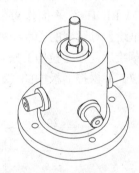

单击【工程特征】工具栏中的【边倒角】按钮，弹出【边倒角】操控面板，按<Ctrl>键同时选择接头元件两端面边线，设置参数【D】为"0.5"，单击【边倒角】操控面板中的【确定】按钮，完成倒角特征的创建。

完成倒角特征的创建后，阵列生成余下两个连接孔上的接头元件，如图 17-29 所示。

图 17-29　气动阀装配体已完成部分

17.1.7　创建手柄元件

手柄元件用于控制柱塞转动，下表面与垫圈接触，上表面通过螺母压紧，手柄结构如图 17-30 所示，可通过创建几次拉伸特征的方法生成。单击【工程特征】工具栏中的【创建】按钮，创建名为"1_handle"的手柄实体元件，定位方法同前。

单击【基础特征】工具栏中的【拉伸】按钮，弹出【拉伸】操控面板，参照前面所述的操作方法，草绘平面、草绘参照及草绘截面的定义如图 17-31 所示，注意绘制截面时要加选柱塞中间轴段的平面作为参照。完成草绘后，在【拉伸】操控面板中设置拉伸深度为"8"，单击【拉伸】操控面板中的【确定】按钮。

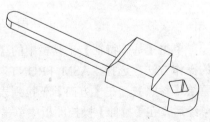

图 17-30　手柄元件草绘示意图

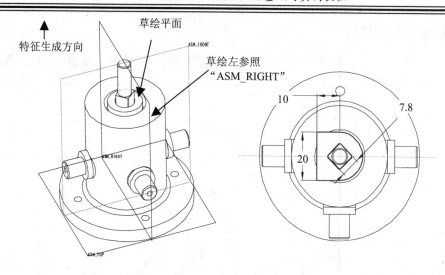

图 17-31　手柄元件草绘示意图一

　　检查模型树，保持手柄元件处于激活状态，单击【基础特征】工具栏中的【拉伸】按钮 ，参照前面所述的操作方法，选择"ASM_FRONT"平面作为草绘【平面】，选择"ASM_RIGHT"平面作为草绘【参照】，在【方向】下拉列表框中选择【左】选项，并单击【草绘】对话框的【草绘视图方向】选项区中的【反向】按钮，草绘截面如图 17-32 所示。完成草绘后，在【拉伸】操控面板中单击【双向拉伸】按钮 ，设置拉伸深度为"20"，单击【拉伸】操控面板中的【确定】按钮 。

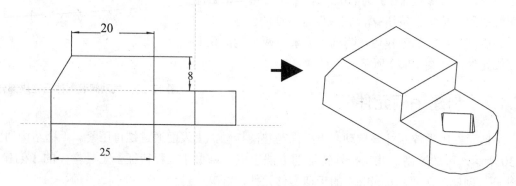

图 17-32　手柄元件草绘示意图二

　　单击【基础特征】工具栏中的【拉伸】按钮 ，弹出【拉伸】操控面板，参照前面所述的操作方法，选择"ASM_FRONT"平面作为草绘【平面】，选择"ASM_RIGHT"平面为草绘【参照】，在【方向】下拉列表框中选择【左】选项，草绘截面如图 17-33 所示。完成草绘后，在【拉伸】操控面板中单击【双向拉伸】按钮 ，设置拉伸深度为"8"，单击【拉伸】操控面板中的【确定】按钮 。

　　单击【工程特征】工具栏中的【倒圆角】按钮 ，弹出【倒圆角】操控面板，选择手柄杆末端边线，如图 17-34 所示，设置圆角半径为"4"，单击【倒圆角】操控面板中的【确定】按钮 ，生成手柄元件主体。

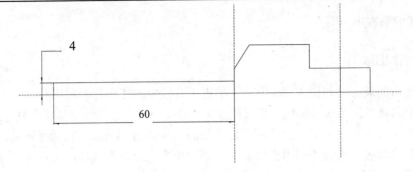

图 17-33 手柄元件草绘示意图三

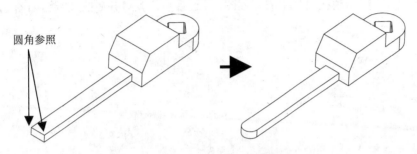

图 17-34 手柄圆角特征

17.1.8 装配螺母元件

螺母元件属于标准件，单击【工程特征】工具栏中的【装配】按钮 ，从随书光盘的"\ch17\Example-1"文件夹中选择文件名为"8_nut.prt"的螺母元件，定义【匹配】约束和【对齐】约束，如图 17-35 所示(连接体元件处于隐藏状态)，其中螺母表面与手柄上表面为匹配重合，螺母轴线与柱塞轴线为对齐重合。

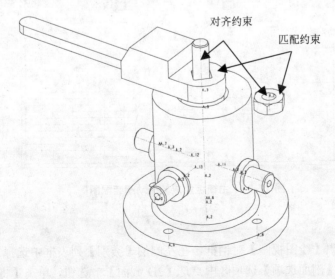

图 17-35 定义螺母元件装配约束

17.1.9　创建装配图

1. 创建装配图文件

完成装配后的装配体如图 17-36 所示。单击工具栏中的【新建】按钮，在弹出的【新建】对话框中创建名为"example-1"的【绘图】文件。取消【使用缺省模板】复选框的勾选，在弹出的【新制图】对话框中选择刚刚创建完成的"example-1.asm"作为【缺省模型】，在【指定模板】选项区中点选【使用模板】单选钮，单击【模板】选项区中的【浏览】按钮，打开随书光盘中"\ch17\Example-1"文件夹下的"a3.drw"模板文件，单击【确定】按钮，进入工程图设计环境，由模板自动生成工程图，经过视图位置对齐后的装配图如图 17-37 所示。

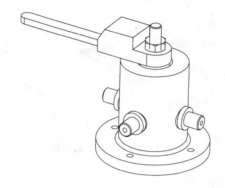

图 17-36　气动阀装配体模型

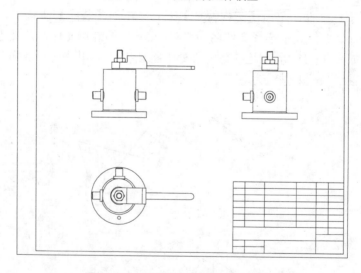

图 17-37　由模板生成的气动阀装配图

2. 创建剖视图

双击主视图，弹出【绘图视图】对话框，在左侧的【类别】列表框中选择【剖面】选项，在该属性定义界面的【剖面选项】选项区中点选【2D 截面】单选钮，单击【将横截面添加到视图】按钮　创建新的剖截面，输入截面【名称】为"front"，从俯视图中选择"ASM_FRONT"

基准面作为剖截面，在【剖切区域】下拉列表框中选择【完全】选项，得到主视图剖视图，如图 17-38 所示。

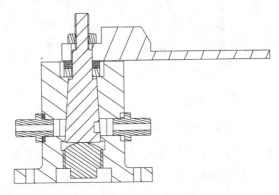

图 17-38　由模板生成的气动阀装配图的主视图剖视图

经观察分析，生成的剖视图并不符合装配图要求，因此下面以柱塞元件为例，介绍如何根据实际需要对装配图进行编辑修改。

（1）去除剖面线

鼠标移动到主视图上，当剖面线呈高亮显示时，双击剖面线，弹出【菜单管理器】之【修改剖面线】菜单，如图 17-39 所示。

在该菜单中依次选择【X 元件】和【下一个】命令，在不同元件剖截面间切换时，可根据需要调整各剖截面的剖面线间距和角度，当柱塞截面剖面线呈高亮显示时，选择【排除】命令，即可将柱塞表面剖面线去除，同时显示柱塞轮廓线，如图 17-40 所示。

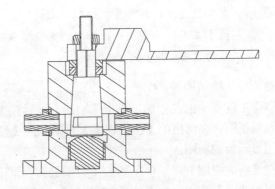

图 17-39　【修改剖面线】菜单　　　　　　图 17-40　柱塞元件轮廓线显示

提示：在进行剖面线去除时，若选择【拭除】命令，则将得到如图 17-41 所示的结果，虽然剖面线被拭除，但元件轮廓线不能够完全显示。

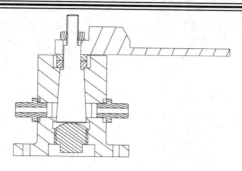

图 17-41　拭除柱塞表面剖面线

依次去除螺母、连接件、螺塞元件的剖面线，分别选中垫圈、密封环元件的剖面线，并在【修改剖面线】菜单中选择相关命令修改间距和角度。

（2）去除不显示的元件

由于接头元件在主视图中呈对称分布，故保留一个。在菜单栏中选择【视图】→【绘图显示】→【元件显示】→【遮蔽】→【所选视图】命令，弹出的【菜单管理器】如图 17-42 所示，在主视图中去除接头元件及密封环，并添加中心线，完成修改后的主视图如图 17-43 所示。

图 17-42　【成员显示】菜单

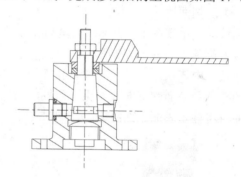

图 17-43　主视图剖视图修改结果

提示：在工程图设计环境中，绘制中心线可以单击视图窗口右侧的草绘工具栏中的【直线】工具，在视图中选择参照并根据参照绘制直线，双击直线，更改直线的线型属性为【中心线】。

（3）导气槽结构剖视图

删除工程图中的左视图，单击【绘制】工具栏中的【一般】按钮 ，在原左视图位置单击插入新视图，在弹出的【绘图视图】对话框的【模型视图名】下拉列表框中选择【TOP】，使视图显示为俯视图。

在【绘图视图】对话框左侧的【类别】列表框中选择【剖面】选项，在该属性定义界面的【剖面选项】选项区中点选【2D 截面】单选钮，单击【将横截面添加到视图】按钮 创建新的截面，在弹出的【菜单管理器】之【剖截面创建】菜单中，依次选择【平面】→【单一】→【完成】命令，在消息输入窗口的文本框中输入截面名称为"A"；在【设置平面】菜单中选择【产生基准】命令，在【基准平面】菜单中选择【偏矩】命令，再在主视图中选择基准平面"ASM_TOP"。在【选取】菜单中单击【确定】按钮，在弹出的【偏距】菜单中选择【输入值】命令，在消息输入窗口的文本框中输入偏移距离"27"，单击消息输入窗口右侧的【接受】按钮✔后，在【基准平面】菜单中选择【完成】命令，完成剖截面的创建。确认【绘图视图】对话框中的【剖切区域】选择的是【完全】选项，拖动对话框下方的拖动条，在【箭头显示】下方空白处单击，再在主视图上单击，在【绘图视图】对话框中单击【确定】按钮，完成剖视图的绘制。移动 A-A 视图，使之与主视图对齐，并对剖面线及轮廓线进行修改，生成的 A-A 视图如图 17-44 所示。

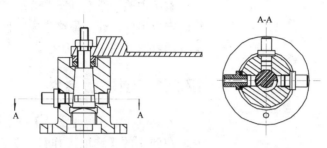

图 17-44　导气槽结构剖视图及主视图

提示：在工程图配置文件中，thread_standard 系统变量和 hlr_for_threads 系统变量联合控制视图中螺纹特征的显示，符合我国制图标准的变量值是将 hlr_for_threads 系统变量设为"yes"、thread_standard 系统变量设为"std_iso_imp"。

3. 标注尺寸及注释

在图形显示区中标注气动阀尺寸并添加注释，结果如图 17-45 所示。在菜单栏中选择【插入】→【注释】命令，在弹出的【菜单管理器】之【注释类型选】菜单中依次选择【ISO 引线】→【输入】→【水平】→【标准】→【缺省】→【制作注释】命令，在弹出的【菜单管理器】之【依附类型】菜单中选择【自由点】→【没有箭头】命令，然后在主视图中根据零件编号添加注释。

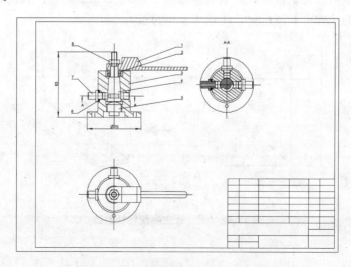

图 17-45　添加气动阀尺寸与注释

提示：添加注释时，为了方便对齐，可单击【绘制】工具栏中的【捕捉线】按钮▦创建偏距线，将注释与偏距线对齐。

17.2　固定板钣金设计及结构分析

本例主要介绍在 Pro/ENGINEER 钣金环境中进行固定板零件设计并最终生成工程图的完整过程，固定板示意图如图 17-46 所示。

17.2.1　创建钣金件

在菜单栏中选择【文件】→【设置工作目录】命令，在弹出的【选取工作目录】对话框中创建名为"example-2"的文件夹并设为当前工作目录。在菜单栏中选择【文件】→【新建】命令，或单击工具栏

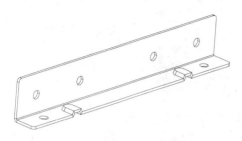

图 17-46　固定板示意图

中的【新建】按钮▯，弹出【新建】对话框，创建【名称】为"example-2"的钣金件零件，取消【使用缺省模板】复选框的勾选，单击【确定】按钮，在弹出的【新文件选项】对话框的【模板】列表框中选择【mmns_part_sheetmetal】，单击【确定】按钮，进入钣金设计环境。

1. 创建主要壁特征

单击【钣金件】工具栏中的【拉伸】按钮🗗，弹出【拉伸】操控面板，单击【放置】按钮，在弹出的【放置】面板中单击【定义】按钮，弹出【草绘】对话框，选择"TOP"平面作为草绘【平面】，选择"RIGHT"平面作为草绘【参照】，在【方向】下拉列表框中选择【右】选项，单击【草绘】按钮进入草绘环境，绘制如图 17-47 所示的截面。在【拉伸】操控面板中单击【双向拉伸】按钮⯑，设置深度为"160"、钣金壁厚度为"1.5"，单击【拉伸】操控面板中的【确定】按钮✔，生成主要壁特征。

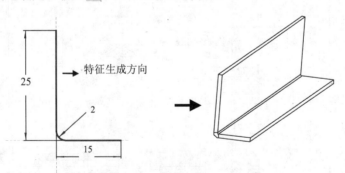

图 17-47　固定板主要壁特征创建

2. 创建模具

(1) 单击工具栏中的【新建】按钮▯，参照前面所述的操作方法，创建【名称】为

"die-part-1"的文件。其中【类型】选择【实体】，【子类型】选择【零件】，设置单位制【模板】为【mmns_part_solid】，单击【确定】按钮进入实体模型设计环境。

（2）单击【钣金件】工具栏中的【拉伸】按钮，弹出【拉伸】操控面板，单击【放置】按钮，在弹出的【放置】面板中单击【定义】按钮，弹出【草绘】对话框，选择"FRONT"平面作为草绘【平面】，选择"RIGHT"平面作为【参照】，在【方向】下拉列表框中选择【右】选项，草绘如图 17-48 所示的截面。在【拉伸】操控面板中选择拉伸深度类型为【盲孔】，设置拉伸深度为"10"，单击【拉伸】操控面板中的【确定】按钮，创建将作为模具边界平面的特征。

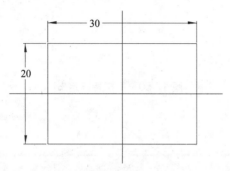

图 17-48　成形模具草绘

（3）单击【钣金件】工具栏中的【拉伸】按钮，弹出【拉伸】操控面板，单击【放置】按钮，弹出【放置】面板，单击【定义】按钮，弹出【草绘】对话框，选择如图 17-49 所示的平面作为草绘【平面】，选择"RIGHT"平面作为【参照】，在【方向】下拉列表框中选择【右】选项，草绘截面。在【拉伸】操控面板中设置拉伸深度为"3"，单击【拉伸】操控面板中的【确定】按钮，完成模具种子平面基础特征的创建。

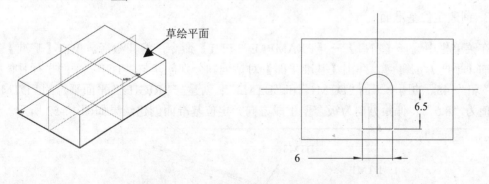

图 17-49　模具成形几何基础特征创建

（4）在菜单栏中选择【插入】→【扫描】→【切口】命令，并在弹出的【菜单管理器】之【扫描轨迹】菜单中选择【选取轨迹】命令，选择如图 17-50 所示的轨迹作为扫描轨迹，选择【完成】命令。再在【菜单管理器】中弹出的【选取】菜单中选择【下一个】命令，当包含所选轨迹的种子平面基础特征侧壁在视图窗口中呈绿色选中状态时，选择【接受】命令，在【方向】菜单中选择【正向】命令，草绘如图 17-50 所示的截面，特征生成方向指向零件内部，完成成形模具定义的实体如图 17-51 所示。

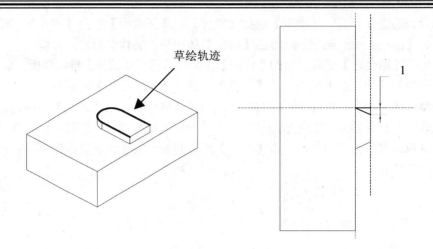

草绘轨迹

1

图 17-50　扫描特征定义

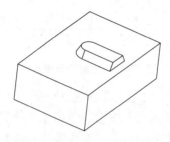

图 17-51　成形模具定义

3. 创建定位基准面

在菜单栏中选择【窗口】→【EXAMPLE_2.PRT】命令，将其激活。单击【基准】工具栏中的【平面】按钮 ▱，弹出【基准平面】对话框。分别创建与 "TOP" 平面平行且偏距为 "45" 和 "–45" 的两个平面 "DTM1" 和 "DTM2"；创建与 "RIGHT" 平面平行的 "DTM3"，偏距值为 "8.5"，偏距方向为钣金壁生成方向。定位基准面创建结果如图 17-52 所示。

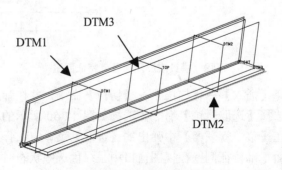

DTM3

DTM1

DTM2

图 17-52　创建定位基准面

4. 创建成型特征

(1) 单击【钣金件】工具栏中的【成形】按钮⬆,从弹出的【菜单管理器】相应菜单中依次中选择【模具】→【参考】→【完成】命令,在弹出的【打开】对话框中选择新创建的模具文件,单击【打开】按钮,系统打开辅助窗口显示模具文件,在【模板】对话框中定义如下约束。

- 匹配约束——模具"RIGHT"平面、固定板"DTM1"平面。
- 匹配约束——模具"TOP"平面、固定板"DTM3"平面。
- 匹配约束——模具边界平面、固定板"FRONT"平面上的绿色驱动曲面,如图 17-53 所示。

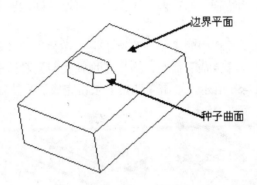

图 17-53　定义匹配约束的边界平面与种子平面

(2) 在【模板(约束定义)】对话框中,单击【预览】按钮□∞,可查看模型位置,单击【确定】按钮 ✔ ,结束约束定义。

(3) 在弹出的【模板】对话框中需要定义边界平面和种子曲面。方法是在模具文件的辅助窗口中,依次选择如图 17-53 所示的两个面。单击【模板】对话框中的【确定】按钮,生成如图 17-54 所示的成型特征。

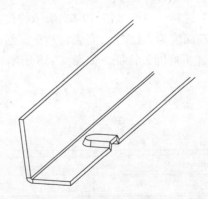

图 17-54　创建成型特征

(4) 选择创建的成型特征,在菜单栏中选择【编辑】→【镜像】命令,弹出【镜像】操控面板,选择"TOP"平面作为镜像参照,单击【镜像】操控面板中的【确定】按钮,完成成形特征的创建,如图 17-55 所示。

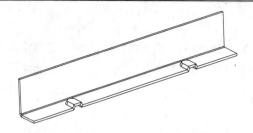

图 17-55　镜像成形特征

5. 创建切割特征

本例中固定板上的切割特征分布在两个平面上，可通过创建展平特征和折弯回去特征实现一次切割。

（1）单击【钣金件】工具栏中的【展平】按钮，在弹出的【菜单管理器】之【展平选项】菜单中选择【规则】→【完成】命令，弹出【规则类型】对话框，选择的展平曲面及需要保持固定的平面如图 17-56 所示，单击【确定】按钮完成展平特征的创建。

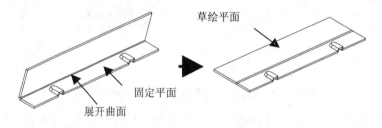

图 17-56　创建展平特征

（2）单击【钣金件】工具栏中的【拉伸】按钮创建切割特征。在【拉伸】操控面板中单击【放置】按钮，在弹出的【放置】面板中单击【定义】按钮，弹出【草绘】对话框，选择如图 17-56 所示的平面作为草绘【平面】，选择"TOP"平面作为草绘【参照】，在【方向】下拉列表框中选择【左】选项，草绘如图 17-57 所示的截面，切割特征以"TOP"平面为参照呈对称分布，设置切割深度为"1.5"。完成切割特征创建后，单击【钣金件】工具栏中的【折弯回去】按钮创建折弯回去特征，如图 17-58 所示。

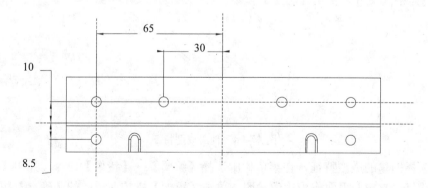

图 17-57　切割特征草绘截面

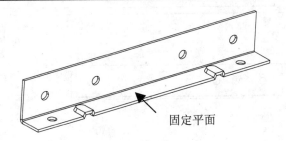

固定平面

图 17-58　创建折弯回去特征

6. 创建圆角特征

在菜单栏中选择【插入】→【倒圆角】命令，弹出【倒圆角】操控面板，选择沿固定板厚度方向的四条边线创建圆角特征，设置圆角半径为"2"，单击【倒圆角】操控面板中的【确定】按钮，生成的固定板如图 17-59 所示。

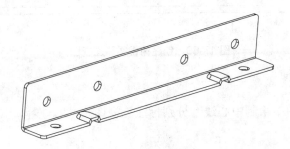

图 17-59　创建圆角特征

17.2.2　创建工程图

1. 创建工程图文件

单击工具栏中的【新建】按钮，新建名为"example-2"的工程图文件。在【类型】选项区中点选【绘图】单选钮，取消【使用缺省模板】复选框的勾选，选择第 13 章中创建的"a4.frm"作为格式文件，单击【确定】按钮，进入工程图设计环境。

2. 创建三视图

（1）在菜单栏中选择【插入】→【绘图视图】→【一般】命令，弹出【绘图视图】对话框，确认【视图方向】选项区的【选取定向方法】中点选的是【查看来自模型的名称】单选钮，再在【模型视图名】下拉列表框中选择【RIGHT】选项，然后单击对话框中的【应用】按钮。再在【视图方向】选项区的【选取定向方法】中点选【角度】单选钮，在【旋转参照】下拉列表框中选择【法向】选项，设置【角度值】为"90°"，单击【确定】按钮创建主视图。

（2）在菜单栏中选择【插入】→【绘图视图】→【投影】命令，分别创建俯视图和左视图，如图 17-60 所示。

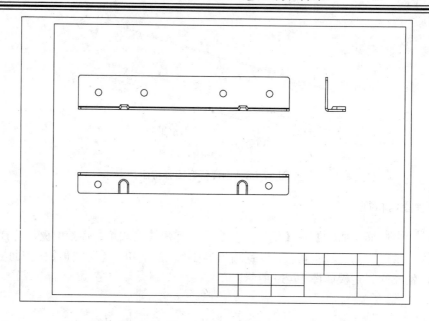

图 17-60　创建俯视图和左视图

3. 添加尺寸与注释

在主视图和俯视图中绘制中心线，分别标注三视图尺寸和注释，如图 17-61～图 17-63 所示。

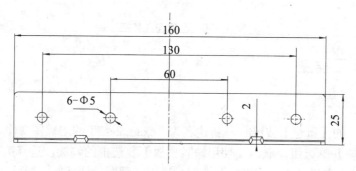

图 17-61　主视图尺寸标注

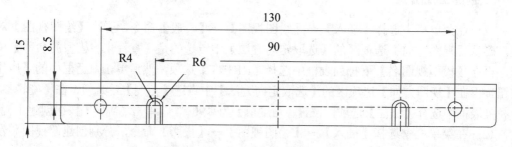

图 17-62　俯视图尺寸标注

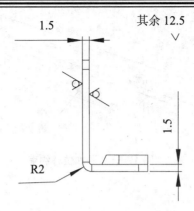

图 17-63　左视图尺寸标注及注释

17.2.3　固定板结构分析

根据固定板工作时的受力情况，如图 17-64 所示，在 Pro/Mechanica 中对固定板进行静力学分析。在菜单栏中选择【应用程序】→【Mechanica】命令，在弹出的【Mechanica Model Setup（Mechanica 模型设置）】对话框的【模型类型】下拉列表框中选择【Structure（结构）】选项，其余选项保持默认设置，单击【确定】按钮进入 Pro/Mechanica 结构分析环境。

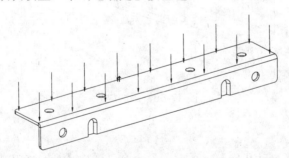

图 17-64　固定板工作受力示意图

1. 定义材料属性及材料分配

（1）单击【Mechanica 对象】工具栏中的【Materials（材料）】按钮🔲，弹出【材料】对话框，在【库中的材料】列表框中选择【steel.mtl】；单击按钮▶▶，该文件出现在【模型中的材料】列表框中，然后单击【确定】按钮，完成材料选择。

（2）单击【Mechanica 对象】工具栏中的【Material Assignment（材料分配）】按钮🔲，弹出【Material Assignment（材料分配）】对话框，将【Name（名称）】改为"MaterialAssign-example2"，其余各项保持默认设置，单击【OK（确定）】按钮，完成材料分配。

2. 添加约束条件

单击【Mechanica 对象】工具栏中的【位移约束】按钮🔲，弹出【Constraint（约束）】对话框，定义名为"Constraint 1"的约束，选择如图 17-65 所示的平面作为面参照，进行完全约束，单击【确定】按钮完成约束定义。

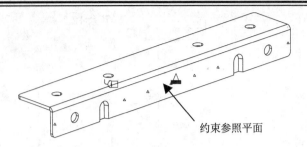

约束参照平面

图 17-65　添加位移约束

3. 添加载荷

单击【Mechanica 对象】工具栏中的【Pressure Load（压力载荷）】按钮，打开【Pressure Load（压力载荷）】对话框，定义名为"Load-1"的压力载荷，选择如图 17-66 所示的平面作为承载面，输入载荷大小为"10MPa"，单击【确定】按钮完成载荷定义。

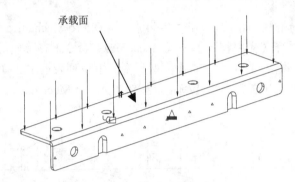

承载面

图 17-66　添加载荷

4. 划分网格

在菜单栏中选择【自动几何】→【设置】命令，弹出【Auto GEM Settings（自动几何设置）】对话框，保持默认设置，单击【确定】按钮关闭对话框。在菜单栏中选择【自动几何】→【创建】命令，在弹出的【自动几何（Auto GEM）】对话框中，选择【All With Properties（保持全部属性）】选项，单击【创建】按钮，完成网格的创建。

5. 运行分析计算及结果显示

（1）在菜单栏中选择【分析】→【Mechanica 分析/研究】命令，弹出【Analysis and Design Studies（分析与设计研究）】对话框。在该对话框的菜单栏中选择【File（文件）】→【New Static（新建静态分析）】命令，在弹出的【Static Analysis Definition（静态分析定义）】对话框中，创建名为"Example2Analysis"的分析，其余选项保持默认设置，单击【OK（确定）】按钮，完成分析任务定义。

（2）单击【Analysis and Design Studies（分析与设计研究）】对话框中的【进行分析】按钮，运行分析计算。计算完成后，单击【查看结果】按钮，查看分析结果。固定板应力、位移结果放大倍率为 5%时的云纹图如图 17-67 所示。

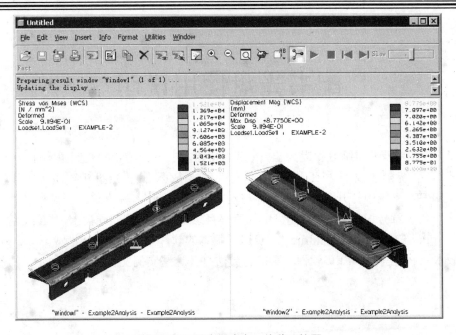

图 17-67 固定板应力、位移云纹图

配书光盘使用说明

　　为了方便读者操作、练习和提高学习效果，特将本书中所用到的实例源文件、素材文件、结果文件、系统配置文件和工程图配置文件等，放入配书光盘中。光盘可以直接在Pro/ENGINEER 系统中打开，其文件名称与正文中引用文件名称一致。光盘中以"\ch*"为目录名称，*代表章号。建议读者将光盘中的所有目录复制到电脑的硬盘上，以方便练习使用。

　　请使用 Pro/ENGINEER Wildfire 3.0 及以上版本的软件来调用这些实例文件，如果您使用低于此版本的 Pro/ENGINEER 软件，可能将无法打开这些实例文件。